HISTOIRE

NATURELLE

DES POISSONS.

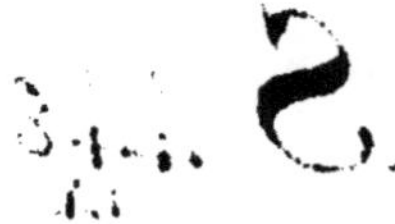

STRASBOURG, IMPRIMERIE DE F. G. LEVRAULT,
RUE DES JUIFS, N.° 33.

HISTOIRE
NATURELLE
DES POISSONS,

PAR

M. LE B.^{ON} CUVIER,

Pair de France, Grand-Officier de la Légion d'honneur, Conseiller d'État et au Conseil royal de
l'Instruction publique, l'un des quarante de l'Académie française, Associé libre de l'Académie
des Belles-Lettres, Secrétaire perpétuel de celle des Sciences, Membre des Sociétés et Académies
royales de Londres, de Berlin, de Pétersbourg, de Stockholm, de Turin, de Gœttingue, des
Pays-Bas, de Munich, de Modène, etc.;

ET PAR

M. VALENCIENNES,

Professeur de Zoologie au Muséum d'Histoire naturelle.

TOME NEUVIÈME.

A PARIS,

Chez F. G. LEVRAULT, rue de la Harpe, n.º 81.

STRASBOURG, même Maison, rue des Juifs, n.º 33.

BRUXELLES, Librairie parisienne, rue de la Magdeleine, n.º 438.

1833.

AVERTISSEMENT.

Nous suivions assidument l'impression de notre ouvrage;
je continuais de servir d'aide à mon illustre maître; qui
m'aurait dit que ce volume paraîtrait couvert d'un crêpe
funèbre!

Les premières pages étaient à peine imprimées, que les
sciences avaient à déplorer une des pertes les plus grandes
qu'elles pouvaient faire! Le premier naturaliste de notre
siècle ne devait pas voir terminer le grand ouvrage dont
il avait conçu le plan, et auquel il consacrait une grande
partie de ses forces!

A une puissance supérieure de génie que la nature accorde de loin en loin à ceux des hommes privilégiés qu'elle
veut élever sur la scène du monde, comme des monumens
de gloire de l'esprit humain, M. Cuvier réunissait deux
qualités éminentes, qui s'excluent chez la plupart des autres
hommes. Une activité qu'aucun travail ne pouvait fatiguer,
et une patience plus étonnante dans les recherches les plus
minutieuses et toujours nécessaires pour parvenir à la découverte de quelques vérités.

Ces deux qualités, aidées par une grande justesse dans l'esprit et par une vaste érudition, ont donné aux travaux de ce grand homme un caractère qu'on chercherait en vain dans ceux des autres naturalistes de notre siècle.

La curiosité de son esprit lui fait porter le scalpel dans les nombreux animaux dont l'organisation était encore à étudier; sa patience dans les observations apporte tant d'exactitude dans la connaissance des faits, que par ce premier travail la classe des Vers sort, on peut le dire, du chaos. Poursuivant ses premières recherches, il publie cette suite de Mémoires admirables pour servir à l'histoire naturelle des Mollusques; ils sont des modèles de critique littéraire, de précision dans les descriptions, et de sagacité dans l'art de choisir et de présenter des caractères zoologiques.

Son génie se montre encore avec plus de supériorité dans son ouvrage immortel sur les recherches des ossemens fossiles des animaux perdus.

M. Cuvier avait étudié les êtres qui animent et ornent la surface actuelle de notre globe.

Il en avait fait connaître l'organisation si variée sous le titre trop modeste de Leçons d'anatomie comparée.

Il les avait distribués suivant un ordre méthodique dans un ouvrage devenu classique du moment même de sa publication. Mais ce n'était pas assez pour un esprit qui veut forcer la nature à révéler ses secrets les plus intimes.

M. Cuvier remonte au-delà des âges que les traditions les plus anciennes accordent aux hommes de connaître; il s'élève au-dessus de notre planète, voit la terre peuplée d'espèces qu'il recrée, et en fait connaître les formes avec autant de certitude, comme il le dit lui-même, que s'il avait vu les animaux dans nos ménageries; il pénètre dans les profondeurs des immenses océans et y voit nager ces énormes reptiles marins dont nous ne retrouvons que des débris épars.

Pour arriver à ce degré de certitude dans la connaissance des animaux perdus, M. Cuvier est obligé de faire sur les espèces vivantes qu'il compare aux espèces antédiluviennes, des observations qui montrent son immense savoir, et la justesse de son esprit dans l'art de la critique. Son ouvrage devient une source féconde d'instruction pour le zoologue et pour l'anatomiste.

Ses discussions critiques et littéraires sur les animaux connus des anciens complètent l'histoire naturelle de plusieurs espèces, commencée par Buffon; il esquisse le tableau de l'histoire de plusieurs autres, découvertes depuis la mort de son prédécesseur et de son rival de gloire. Ses descriptions ostéologiques, pleines de faits aussi neufs que curieux, commencent une ostéologie comparée inconnue avant lui.

Le discours préliminaire de cet ouvrage, devenu lui-même distinct et séparé, et qu'on lit traduit dans toutes les langues vivantes de l'Europe, est rempli de principes aussi justes qu'admirables sur les perpétuités des espèces, sur les variations accidentelles qui peuvent survenir à certaines d'entre elles : ils serviront toujours de guide à ceux des naturalistes qui, ne se laissant pas entraîner par l'imagination, verront dans les phénomènes physiques ce que l'observation seule doit faire découvrir.

M. Cuvier n'avait pas encore écrit les dernières pages de ce livre impérissable, que l'ardeur de son génie lui fait entreprendre un nouvel ouvrage, plus considérable encore, l'Histoire naturelle des poissons. Nous retrouvons toujours le même caractère dans l'exécution du plan créé par le génie de M. Cuvier.

Il commence par étudier l'une après l'autre toutes les espèces qu'il a pu réunir, et le nombre s'élevait alors à plus de quatre mille. Ce travail préliminaire terminé, M. Cuvier écrit ensuite ces descriptions remarquables par leur exactitude sans sécheresse, et que les naturalistes, jaloux de produire des ouvrages durables, chercheront sans aucun doute à imiter.

M. Cuvier eut le bonheur de jouir déjà pendant sa vie de la durée et de la solidité de ses travaux. Ayant considéré sous tous les points de vue les objets qu'il a étudiés, il a établi des lois conçues par sa vaste intelligence, qui sont restées immuables, comme l'ordre de la nature sur lequel elles sont basées.

Mais je sens ma voix trop faible pour faire entendre l'éloge du grand maître! Élève reconnaissant, je ne dois proférer que des paroles de gratitude, et ne me souvenir que de ses dernières volontés. Il m'a chargé de terminer l'ouvrage auquel il avait bien voulu m'associer; les nombreux matériaux que nous avions réunis ensemble sont maintenant à ma disposition. J'exécuterai religieusement les derniers ordres de mon illustre ami; et, si je puis hasarder cette expression, j'aurai la gloire d'avoir complété ses œuvres, autant du moins que mes forces le permettront.

Nous continuons dans ce volume l'histoire des Scombéroïdes; et si les familles que nous y avons traitées ne se composent pas d'espèces aussi grandes, et d'une utilité aussi générale pour les besoins de l'homme, leur étude n'en est pas moins nécessaire, par leur liaison avec celles qui ont été mentionnées dans le volume précédent.

Un genre seul est presque aussi généralement connu que celui des maquereaux ou des thons; nous voulons parler des coryphènes, ou, comme les navigateurs les appellent, des dorades, dont l'éclat si brillant est l'objet de leur admiration, et dont le changement si varié des couleurs, dans les derniers momens de la vie, fait le sujet continuel de leur étonnement.

Ce genre est un exemple bien frappant de la richesse actuelle de nos collections et de l'accroissement considérable du nombre des espèces connues depuis nos travaux sur la classe des poissons. Linnæus réunissait les coryphènes sous les deux dénominations de *coryphæna hippurus* et de *coryphæna equisetis*. Nous en comptons aujourd'hui treize, parmi lesquelles dix sont établies sur la nature, et d'après la comparaison la plus minutieuse des nombreux individus qui ont été soumis à notre examen. Nous trouverions encore plus de richesses zoologiques, si, au lieu de citer des poissons dont le nom est pour ainsi dire vulgaire, nous avions choisi nos exemples parmi les caranx, les stromatées, et les

9. b

genres voisins de ceux-ci, qui composent nos différentes tribus.

J'inviterai les hommes éclairés à me prêter leur secours et leur appui. J'ai déjà trouvé dans quelques-uns des preuves de leur amour pour les sciences. M. Letronne, qui veut bien m'honorer de son amitié, a eu la bonté de me diriger dans des recherches de critique littéraire. Qu'il me permette, en le citant, de lui donner une preuve de ma reconnaissance.

Sous le rapport de l'histoire naturelle, j'ai reçu de nouveaux matériaux par quelques-uns de mes amis.

M. le docteur Holbroock, de Charlestown, m'a envoyé des espèces fort intéressantes dont plusieurs sont déjà décrites dans les additions qui suivront toujours chacun de nos volumes.

M. Gay, déjà connu par ses travaux en botanique, vient de se montrer zoologue non moins habile, par les recherches qu'il a faites à Valparaïso du Chili. Il m'a communiqué ce qui regarde l'ichtyologie, et m'a permis d'en faire usage avec une générosité pour laquelle je suis heureux de lui donner un témoignage public de ma reconnaissance.

Je ne dois pas moins de remercîmens à MM. les Professeurs de la Faculté de Montpellier, et à mes deux savans amis, M. Temminck, directeur du Cabinet royal d'histoire naturelle de Leyde, et M. Lichtenstein, professeur de zoologie de l'université de Berlin, qui ont bien voulu me laisser encore profiter des nombreux matériaux qu'ils s'étaient empressés de mettre à la disposition du savant illustre qui savait attirer à lui, autant par sa haute gloire littéraire, que par sa libéralité et son affabilité.

Nos lecteurs trouveront toujours, dans les tables de chaque volume, la signature de M. Cuvier à la suite des articles qu'il aura laissés en état d'être imprimés sous sa responsabilité scientifique.

La continuation de cette publication se rattachera ainsi au nom du grand naturaliste, qui avait commencé l'exécution de cet ouvrage, fruit de quarante années d'études préparatoires; heureux moi-même de pouvoir encore prolonger mes douces relations avec mon maître et mon ami, et de lui payer le juste tribut de ma profonde et sincère reconnaissance!

Au Jardin des Plantes, Décembre 1832.

TABLE

DU NEUVIÈME VOLUME.

SUITE DU LIVRE NEUVIÈME.

TROISIÈME GRANDE TRIBU.

CHAPITRE XV.

CHAPITRE XVI.

De plusieurs petits genres voisins des Caranx, dont la plupart avaient été placés parmi les Zeus : les Olistes, les Scyris, les Blépharis, les Gals, les Argyréioses, les Vomers et les Hynnis. 100

(Par M. le B.ᵒⁿ Cuvier.)

QUATRIÈME GRANDE TRIBU.

CHAPITRE XVII.

CHAPITRE XVIII.

(Par M. Valenciennes.)

CHAPITRE XIX.

(Par M. le B.⁰ⁿ Cuvier.)

(Par M. Valenciennes.)

CHAPITRE XX.

(Par M. le B.on Cuvier.)

ADDITIONS ET CORRECTIONS

AUX TOMES II, III, IV ET V.

(Par M. Valenciennes.)

HISTOIRE

NATURELLE

DES POISSONS.

SUITE DU LIVRE NEUVIÈME.

SCOMBÉROÏDES.

—

TROISIÈME GRANDE TRIBU.

LES SCOMBÉROÏDES A LIGNE LATÉRALE CUIRASSÉE.

Dans les thons, les espadons, et plusieurs genres de scombéroïdes voisins de ces deux-là, on observe une partie cartilagineuse saillante, qui forme une sorte d'arête ou de carène de chaque côté de la queue à l'extrémité de la ligne latérale. Dans ceux des scombéroïdes dont nous avons à parler maintenant, cette carène n'est point une simple proéminence du derme, mais elle est garnie et recouverte par des boucliers écailleux, carénés eux-mêmes, se recouvrant mutuellement, et dont l'arête est le plus souvent terminée en pointe ou en crochet, et ces boucliers ne sont pas toujours restreints à l'extrémité de la ligne latérale ; ils en occupent quelquefois la longueur

presque entière, et le plus souvent au moins une portion
considérable; cependant, à cet égard, la tribu pourrait
être partagée en deux sections : dans la première, qui ne
comprend que le grand genre des caranx, cette armure
a plus de force et d'étendue; dans la seconde, dont le
genre vomer est le type, elle se réduit par degrés à de
petites écailles, qui ne sont supérieures à celles du reste
du corps, que parce que celles-ci sont elles-mêmes d'une
petitesse excessive.

CHAPITRE XV.

Des Caranx (Caranx, nob.).

Nos caranx ne sont pas tout-à-fait les mêmes que ceux de M. de Lacépède. Ce naturaliste, qui a emprunté ce genre de Commerson, y comprend, comme ce savant voyageur, tous les scombéroïdes à deux dorsales sans fausses nageoires, et il se voit ainsi obligé d'en écarter des espèces très-semblables aux autres, ou de les y laisser contre la teneur de sa définition.

Pour nous, nous y comprenons des poissons de la famille des scombres qui, à l'exemple du *saurel* ou maquereau bâtard de nos mers, dont nous faisons le type du genre, ont la ligne latérale cuirassée, sur une plus ou moins grande étendue, de plaques ou de bandes écailleuses relevées en carènes et armées chacune d'un aiguillon.

Commerson dit avoir dérivé le nom de *caranx* du mot grec κάρα (tête), et justifie cette étymologie, parce que ces poissons, selon lui, prévalent par la tête (*quia capite prœvalent*), et parce que le saurel (*sc. trachurus*) exerce une sorte de tyrannie sur les poissons des côtes (*principatum et tyrannidem exercet inter littorales pisces*). Ce sont là de singulières raisons, et l'on a d'autant plus lieu de s'étonner qu'un homme tel que Commerson y ait eu recours, que certainement il n'avait pas été chercher son nom si loin. Plus d'un siècle avant lui les colons français des Antilles appelaient *carangue* les espèces de ce genre qu'ils prennent sur leurs côtes : on peut s'en assurer par le témoignage de Dutertre[1], de Rochefort[2], de Plumier[3] et de Labat[4]; et comme il n'y a nulle apparence que les premiers et ignorans habitans de nos îles aient eu l'idée de fabriquer un nom grec pour un poisson d'Amérique, il y a tout lieu de croire qu'ils ont simplement corrompu en *carangue* le nom d'*acarauna*, usité au Brésil et parmi les colons espagnols et portugais pour plusieurs chétodons et autres poissons très-comprimés. Celui de *carangue* est aujourd'hui général parmi nos marins français pour des poissons du genre actuel que l'on pêche dans la zone torride, et surtout pour ceux d'une forme élevée; et Commerson lui-même nous apprend que l'on n'en emploie pas d'autre à l'Isle-de-France. Il paraît même, d'après Duhamel, que ce nom a été rapporté en Europe par les marins, et que dans quelques endroits de nos côtes on le donne au saurel ordinaire[5]; enfin, Barbot l'a déjà, et le travestit en *corango*.[6]

Quoi qu'il en soit, tous les caranx ont deux dorsales distinctes; une épine couchée en avant de la première; deux épines libres en avant de l'anale; le corps couvert de petites écailles, celles de la ligne latérale exceptées; la crête du crâne tranchante; le bout de la queue menu; la caudale robuste : ils n'ont rien du corselet des thons, mais souvent les derniers rayons de leur dorsale et de leur anale sont faiblement liés ensemble, et même ils se

---

1. Histoire des Antilles, t. II, p. 215. — 2. Antilles, p. 172. — 3. Manuscrit cité par Bloch, article *scomber carangus*.

4. Voyage aux îles de l'Amérique, t. VI, p. 405. Mais sa figure est celle d'un tout autre poisson.

5. Pêches, part. 2, sect. 7, art. 13, p. 188, et pl. 1, fig. 2.

6. Hist. gén. des voyages, t. III, et Barbot, dans Churchill, t. V, p. 224.

séparent en fausses nageoires dans quelques espèces. Leurs viscères ont de grands rapports avec ceux des maquereaux, auxquels ils ressemblent aussi par la chair.

On pourrait, en conformité de la nomenclature populaire, les diviser en saurels, en caranx propres et en carangues.

Les *saurels* ont une forme oblongue, un profil oblique, peu convexe, et la ligne latérale armée sur toute sa longueur de lames écailleuses, qui prennent un bon tiers de la hauteur du corps.

Les *caranx* proprement dits, avec la forme des saurels, n'ont de lames ou de boucliers qu'à la dernière partie, à la partie non courbée de leur ligne latérale : ces boucliers sont bien moins hauts; la partie antérieure et courbée de leur ligne latérale en est dépourvue.

Les *carangues* ont avec la ligne latérale des caranx une forme plus élevée, et surtout plus de saillie au front et à la nuque.

Ces différences, trop faibles pour constituer des genres, peuvent cependant être utiles pour arriver à la détermination des nombreuses espèces.

Il en sera de même des subdivisions d'un ordre inférieur, que nous établirons parmi les caranx proprement dits.

———

DES SAURELS (*Trachurus*, nob.).

Les caranx les plus connus sur les côtes de l'Europe, et que l'on a même jusqu'à présent considérés comme ne formant qu'une espèce, celle qui se nomme particulièrement *saurel,* ont la ligne latérale entière garnie de lames plus hautes que longues, et qui conservent à peu près les mêmes dimensions d'une extrémité du corps à l'autre.

Il s'en trouve plus ou moins abondamment dans nos deux mers, où on les prend avec les maquereaux, avec les harengs et souvent aussi en troupes particulières. Il y en a dans toute la Méditerranée, et les anciens les connaissaient déjà sous le nom de *trachurus*, autant du moins qu'on peut le conclure d'après l'étymologie de ce mot, qui signifie *queue âpre* ($\tau\rho\alpha\chi\grave{\upsilon}\varsigma$, rude, et $\dot{\epsilon}\rho\grave{\alpha}$, queue); car ils n'en ont donné d'ailleurs aucune description.

Pallas nous assure qu'on en prend souvent sur les côtes de la Tauride, et que les Grecs établis dans ce pays les nomment *carides*. [1]

Selon Forskal, les Grecs de l'Archipel les appellent *stauridia*, d'où les Turcs ont fait *staurit-baluk*. [2]

Leurs noms italiens, provençaux et espagnols dérivent de *saurus*, nom grec du *lacertus* des Romains, qui embrasse plusieurs espèces de scombres. En Sicile on prononce *sauru* [3], à Malte *saurella* [4], à Venise *suro* [5], à Rome *suaro* [6], à Gênes *sou* [7], en Sardaigne *surellu* [8], à Marseille *souvereau* [9], à Montpellier *saurel* et *sieurel* [10], en Espagne *xurel* ou *jurel*. [11]

Sur les côtes de l'Océan ils commencent à prendre d'autres noms : *escribano* ou *chicarro* en Galice [12], *cicharou* en Gascogne et en Saintonge [13], *carré* à Granville [14],

---

1. Pallas, *Zoogr. ross.*, t. III, p. 218. — 2. Forskal, p. xvi. — 3. Rafinesque, *Indice*, p. 20. — 4. Forskal, p. xix. — 5. Bélon, p. 133. — 6. Salviani, fol. 79 recto. — 7. Bélon, *l. c.* — 8. Cetti, t. III, p. 193. — 9. Bélon et Salviani, *loc. cit.* — 10. Rondelet, p. 233. — 11. Cornide, p. 67. — 12. *Id.*, *ib.* — 13. Rondelet, *l. c.* — 14. Adanson, note manuscrite.

maquereau bâtard en Normandie et à Paris[1], *skad* et *horse macrell* (maquereau de cheval) en Angleterre[2], *marshanker* en Hollande[3], où l'on en prend beaucoup avec les harengs, *museken* et *stæker* en Holstein[4], *stoiker* en Danemarck[5], *piir* en Norvège.[6]

Quoiqu'il s'en pêche chaque automne dans la baie de Kiel, selon Schonevelde, ils paraissent rares dans la Baltique. Linnæus n'en avait pas parlé d'abord dans sa Faune de Suède, et Retzius, qui mentionne l'espèce dans la troisième édition, ne nous dit pas qu'elle ait un nom particulier en Suédois. On ne les trouve ni dans Wulf, pour la Prusse; ni dans Fischer, pour la Livonie.

Fabricius n'en parle pas dans sa Faune du Groënland.

Mais tous ces saurels qui, vus isolément, n'avaient paru aux naturalistes former qu'une seule espèce, lorsque nous les avons rapprochés, nous ont offert des différences qui portent sur leur forme générale plus ou moins alongée, sur la courbure de leur ligne latérale plus ou moins rapide, et commençant plus ou moins en avant, et par dessus tout, sur le nombre des boucliers dont cette ligne latérale est armée; nous en avons trouvé depuis soixante-treize jusqu'à quatre-vingt-dix-neuf, et beaucoup de nombres intermédiaires, comme on peut le voir par la table ci-jointe.

---

1. Duhamel, *Pêches*, p. 2, sect 7, p. 189. — 2. Willughby, p. 290; Ray, *Syn.*, p. 92; Pennant, *Zool. brit.*, p. 237, n.° 134. — 3. Gronovius, *Mus.*, t. I, p. 34, n.° 80. — 4. Schonevelde, p. 75. — 5. Müller, *Prodr. zool. dan.*, p. 147, n.° 397. — 6. *Id., ib.*, et Pontoppidan, *trad. angl.*, t. II, p. 140.

*Table des nombres de boucliers observés sur la ligne latérale
de différens Saurels.*

LIEU D'ORIGINE.	NOMBRE DE BOUCLIERS.	PROPORTION de la partie postérieure et droite à la portion antérieure et courbée.
Granville...................	70	
Naples....................	70	Supérieure.
Idem.	73	Supérieure.
Abbeville................	73 à 75	Supérieure.
Martigue................	75	Égale.
Messine.................	77	Supérieure.
Naples..................	78	Peu supérieure.
Arles...................	82	Égale.
La Rochelle	83	Peu supérieure.
Iviça...................	85	Supérieure.
Algésiras...............	86	Peu supérieure.
Malte...................	87	Presque égale.
Toulon..................	87	Égale.
Corse...................	88	Égale.
Naples..................	88	Supérieure.
Ténériffe...............	94, 95 à 97	Presque égale.
Nice....................	95	Égale.
Iviça...................	95 à 97	Égale.
Madère..................	97	Égale.
Iviça...................	99	Égale.

Ainsi, entre le premier et le dernier de la liste il y a
une différence de vingt-neuf boucliers sur quatre-vingt-
dix-neuf. Les autres différences semblent, jusqu'à un certain point, être en rapport avec celle-là et indiquer des
différences d'espèces : la ligne latérale, par exemple, se
ploie plus en arrière dans ceux qui ont les boucliers les
plus nombreux, etc. Mais avant d'entrer dans ce détail,
nous croyons devoir prendre pour point de comparaison
et décrire exactement le saurel de nos côtes de la Manche,
tel que nous le voyons d'ordinaire sur les marchés de Paris.

Le Saurel, *ou* Maquereau batard de la Manche.

(*Caranx trachurus*, Lacép.; *Scomber trachurus*, Linn. Bl.)

La forme générale du saurel ressemble beaucoup à celle du maquereau, c'est-à-dire que son corps est en fuseau, plus haut et plus épais dans le milieu; la tête un peu pointue, et la queue fort amincie avant l'épanouissement de la caudale. Sa plus grande hauteur, prise entre les deux dorsales, est près de cinq fois dans sa longueur totale. Son épaisseur, au même endroit, fait moitié de sa hauteur. La longueur de sa tête est quatre fois et demie dans la longueur totale, et sa hauteur à la nuque, une fois et un tiers dans sa longueur.

La courbe du dos descend par une convexité légère et à peu près uniforme vers la tête et vers la queue. Le profil de la tête en est une continuation presque rectiligne. La courbe du ventre est à peu près semblable à celle du dos. Il y a un diamètre d'œil entre l'œil et le bout du museau, et un diamètre et demi entre l'œil et l'ouïe. L'œil est au-dessus du milieu de la hauteur de la tête. Le crâne et le front, entre les yeux, sont légèrement convexes transversalement. La distance d'un œil à l'autre est d'un de leurs diamètres. La mâchoire inférieure avance un peu plus que l'autre. La bouche est fendue obliquement, en descendant un peu jusque sous le bord antérieur de l'œil. L'intermaxillaire est mince et assez protractile. Le maxillaire s'élargit en arrière et est coupé carrément; il ne peut cacher que sa racine sous le sous-orbitaire, qui est oblong, plus large en avant et sans dentelures à son bord, lequel est à peu près horizontal. Chaque mâchoire a une ligne très-étroite de dents, à peine visibles, et que l'on pourrait nommer une simple âpreté; celles d'en bas sont plus fortes que les supérieures; il y a une âpreté analogue, mais encore moins marquée, au-devant du vomer, le long de la crête moyenne de cet os, et au bord du palatin, mais sur des lignes presque sans largeur. L'orbite est garni,

comme dans le maquereau, de membranes adipeuses, demi-transparentes, qui ne laissent qu'une ouverture verticale elliptique,
dont le diamètre transverse n'est que la moitié du vertical, lequel
est à peu près celui de l'œil. En arrière, cette membrane adipeuse
s'étend beaucoup vers la tempe.

Le préopercule a son angle arrondi en un assez grand arc de
cercle. Son limbe est large et veiné, et le rebord antérieur n'en
saille presque point. La largeur de l'opercule n'est que du cinquième
de la longueur de la tête. Sa partie osseuse, échancrée en arc de
cercle, a deux pointes obtuses, et son bord inférieur descend fort
obliquement en avant. Le subopercule, placé de même obliquement, est plus de trois fois plus long que large. L'interopercule
marche parallèlement au bord inférieur du préopercule. Toutes ces
pièces sont lisses, entières, et sans dentelures. La fente des ouïes
règne jusque sous la commissure des mâchoires, et leur membrane
contient sept rayons. La pectorale est taillée en faux, très-pointue,
et de la longueur de la tête. On y compte vingt-un rayons, dont
le premier, court et simple; le second, large, mais de moitié plus
court que le huitième et le neuvième, qui sont les plus longs. Son
aisselle est nue, et le coracoïdien y forme une lame libre, quoique
appliquée à la peau. Les ventrales, attachées un peu plus en arrière
que les pectorales et presque de moitié plus courtes, se touchent
par leur base. Leur épine est faible et n'a que moitié de la longueur
de leur premier rayon mou, qui est le plus long. La peau du
ventre a de chaque côté un repli longitudinal; ce qui produit un
enfoncement où les ventrales se logent dans l'état de repos. La
première dorsale naît encore un peu plus en arrière que les ventrales; elle est triangulaire, presque de moitié moins haute que le
corps sous elle, et a huit rayons, dont le troisième et le quatrième
sont les plus longs, et le huitième le plus court. En avant du
premier est une épine très-aiguë, couchée et dirigée vers la tête,
que l'on ne découvre guère qu'avec le doigt. La membrane de la
première dorsale finit au pied de la seconde, qui s'élève d'abord
un peu moins que la première, et demeure ensuite très-basse sur
le reste de sa longueur. Son premier rayon est épineux et moitié

moindre que le premier mou, qui est le plus long; il y en a trente-deux : mais je vois des individus où il ne s'en trouve que trente ou trente-un, et d'autres où il y en a trente-trois. Le dernier reprend un peu de longueur. La membrane qui les unit, est très-frêle, et il y a aux deux côtés de leur base des replis un peu écailleux de la peau, entre lesquels ils peuvent se coucher. En arrière de l'anus sont d'abord deux rayons épineux, robustes et pointus, dont les bases s'unissent par une courte membrane, et qui peuvent se cacher dans un sillon du corps; puis vient la deuxième anale, en tout semblable à la deuxième dorsale, bien qu'elle commence un peu plus en arrière, et n'ait que vingt-six rayons mous, précédés par une épine grêle, de moitié plus courte que le rayon mou qui la suit. Quelquefois on en compte jusqu'à vingt-neuf. La petite portion de queue, entre ces nageoires et la caudale, n'a pas le vingtième de la longueur du corps, et sa hauteur ne fait que moitié de sa longueur. Son épaisseur est un peu plus grande, à cause des carènes de la ligne latérale, qui s'élargissent. La caudale est fourchue sur plus de moitié de sa longueur; chacun de ses lobes a plus du sixième de celle du poisson. Outre ses dix-sept rayons entiers, dont les deux extrêmes n'ont point de branches, elle en a cinq ou six, décroissans en dessus et en dessous de sa base.

Ainsi ses nombres sont :

B. 7; D. 8 — 1/32; A. 2 — 1/26; C. 17 et 12; P. 21; V. 1/5.

Le corps de ce poisson est couvert de petites écailles à angles arrondis, minces, entières, n'ayant que deux ou trois stries à leur éventail; à surface où une forte loupe seule peut montrer de fines stries. Leur nombre est de cent vingt au moins sur une ligne longitudinale, et de cinquante environ sur une ligne verticale prise au milieu du corps. Le crâne, la tempe et la joue, en portent aussi; mais le museau, les mâchoires et les pièces operculaires, en sont exemptes, la moitié supérieure de l'opercule exceptée. On en voit quelques petites entre les premiers rayons de la dorsale et de l'anale.

La ligne latérale marche parallèlement au dos et au quart supérieur de la hauteur, jusque vis-à-vis le commencement de la deuxième dorsale, où elle s'infléchit obliquement vers le bas et en arrière; arrivée vis-à-vis le dixième rayon, et descendue au milieu de la hauteur, elle va droit à la caudale et se termine entre ses deux lobes.

Les lames qui la garnissent, au nombre de soixante-dix, sont toutes trois ou quatre fois plus hautes que larges, rétrécies en haut et en bas, creusées d'une petite fossette à leur bord radical, et armées d'une petite pointe à leur bord extérieur; elles forment ainsi un ruban large, à peu près du sixième de la plus grande hauteur du corps. Celles qui occupent la première moitié de la ligne, ont leur surface lisse; mais après l'inflexion elles commencent à relever leur milieu en carène. Ces carènes deviennent de plus en plus saillantes et tranchantes, et la pointe aiguë qui termine chacune d'elles, en fait ressembler la suite au tranchant d'une scie; ce qui donne au poisson une armure à la fois offensive et défensive très-puissante : c'est à la partie mince de la queue qu'elles se relèvent le plus. Il y a des écailles entre ces boucliers; une rangée ou deux entre chaque paire. Il y a de plus une autre sorte de ligne latérale; ou plutôt, une strie ou un vaisseau, qui part de la nuque, marche de chaque côté près de la base des dorsales, et se termine à la fin de la seconde. Sa moitié antérieure donne de petites branches, semblables à des veines. L'espace au-dessus de cette ligne a des écailles plus petites, et forme surtout les replis entre lesquels les rayons des dorsales se cachent.

Le corps du saurel est d'un plombé bleu dans sa moitié supérieure, et argenté à l'inférieure. Une tache noire occupe le bord de l'opercule à l'endroit où sa lame osseuse est échancrée. L'iris de son œil est doré. Il y a quelques teintes rougeâtres aux côtés de la tête. Les nageoires sont grisâtres.

Nos échantillons vont à un pied de longueur, et Salvien dit que l'espèce passe rarement cette taille. Un seul échantillon, qui nous a été envoyé de la Rochelle comme une rareté, est long de dix-neuf pouces. Bloch[1] prétend que dans la Méditerranée le saurel a deux pieds, mais il ne cite pour garant que Rondelet, qui n'en dit pas un mot. M. de Lacépède (III, p. 62), qui va bien plus loin, et assure qu'il n'est pas rare d'en voir de longs d'un mètre, n'allègue aucune autorité, et je suppose qu'il aura appliqué à notre saurel quelque passage relatif à la carangue des tropiques.

Tel est notre saurel ordinaire de la Manche, et j'en ai de tout pareils de la Méditerranée; mais, comme je l'ai dit, il y en a aussi de plus ou moins différens, et dans la liste d'individus dont j'ai donné ci-dessus les nombres, je crois apercevoir deux sections distinctes de ceux de la Manche par des caractères qui, bien que peu apparens, pourraient être spécifiques, surtout à cause de leurs rapports avec les nombres des boucliers. La première de ces subdivisions est encore assez mal caractérisée; elle comprend les individus qui ont de quatre-vingts à quatre-vingt-huit boucliers : ces boucliers y sont moins élevés, et par conséquent la bande paraît plus étroite; elle fait aussi une inflexion plus rapide, en sorte que sa partie postérieure et droite ne surpasse que de peu de chose sa partie antérieure.

L'autre subdivision est des individus qui ont quatre-vingt-quatorze ou quatre-vingt-quinze et jusqu'à quatre-vingt-dix-neuf boucliers. Je les crois tout-à-fait d'une autre espèce; leur corps est plus grêle, leur ligne latérale plus étroite, son inflexion plus rapide, et sa partie postérieure,

---

1. Ichtyologie, in-folio, part. 2, p. 98.

après l'inflexion, est égale en longueur à l'antérieure, dans laquelle je comprends la partie infléchie ou oblique.

Ces deux espèces ou variétés sont, comme l'espèce principale, répandues dans la Méditerranée et dans l'Océan; puisqu'on en trouve depuis la Sicile jusqu'à la Rochelle d'une part, et à Ténériffe de l'autre; mais je n'en ai point encore reçu de la Manche. Des observations faites avec l'attention nécessaire, nous apprendront par la suite si elles y viennent aussi quelquefois.

M. Risso, lors de sa première édition (p. 173 et 174), admettait dans la Méditerranée deux saurels différens, le commun, que l'on nomme à Nice *suck-cagnenc,* et le bleu, qui s'y nomme *suck-blaou :* le premier aurait la chair fade et ne pèserait pas plus de deux livres; le second en pèserait souvent quatre et serait beaucoup meilleur.

M. Risso appliquait à son *suck-blaou* la dénomination de *caranx amia,* qu'il prenait dans Lacépède, mais qui n'est dans cet auteur que le résultat d'une confusion, ainsi que nous l'avons fait voir au chapitre des liches.

Il nous aurait été impossible d'appliquer les caractères que M. Risso donne à ses deux espèces, aux individus que nous possédons; mais d'après un dessin qu'il nous a communiqué, et surtout d'après des échantillons qu'il a remis à M. Savigny, étiquetés de sa main, nous nous sommes assurés que son *suck-blaou* est de notre troisième subdivision.

Dans sa nouvelle édition (p. 421) ce naturaliste ne regarde plus ce poisson que comme une variété du saurel ordinaire.

On a déjà pu remarquer combien d'espèces du Cap se trouvent semblables à leurs congénères de la Méditerranée : le genre des saurels en offre un nouvel exemple. Feu Delalande en a apporté du cap de Bonne-Espérance de tellement semblables à ceux de la Manche, que la seule différence que j'aye pu y apercevoir, c'est que leur ligne latérale n'éprouve pas une inflexion aussi rapide, et qu'elle descend par une obliquité un peu plus lente : du reste, tout est pareil, formes, couleurs, nombre des rayons, et il est impossible de soutenir avec quelque certitude qu'ils ne sont pas de la même espèce que les nôtres. Ils ont de même de soixante-treize à soixante-quinze boucliers.

Les poissons qui peuvent doubler le Cap, n'éprouvant aucun obstacle à pénétrer dans la mer des Indes, on ne sera point étonné d'apprendre qu'il s'y trouve des saurels, et peut-être encore plus semblables aux nôtres que ceux du Cap.

Les naturalistes de l'expédition de M. Freycinet en ont trouvé à la baie des Chiens-Marins à la Nouvelle-Hollande, et ceux de l'expédition de M. Duperrey, à la Nouvelle-Zélande et à Amboine, où l'on n'observe pas même cette différence dont je viens de parler dans l'inflexion de la ligne latérale. Leurs nombres de boucliers vont de soixante-huit à soixante-treize.

Les individus sont plus petits; ils ne passent pas sept pouces.

Forster a cru aussi avoir retrouvé une variété de notre saurel à la baie Obscure de la Nouvelle-Zélande. Mais pour peu que le dessin qu'il en a laissé soit exact, il semble annoncer une espèce assez différente. Il présente bien les mêmes proportions et la même courbure de la ligne latérale que dans nos individus du Cap; mais toute la partie antérieure de cette ligne ne montre point de boucliers.

Je ne crois pas non plus que l'*ara* des Japonais, représenté par Kæmpfer, soit notre saurel, comme le pense Bloch. La figure [1], sans être suffisamment caractérisée, ne ressemble pas assez à notre espèce d'Europe, pour que l'on puisse en admettre l'identité sans autre preuve. Notre imprimé japonais sur les poissons ne contenant aucun caranx, nous ne pouvons rien ajouter aux détails que cette figure présente.

Il y a enfin des saurels jusque sur la côte de l'Amérique méridionale sur la mer Pacifique. M. d'Orbigny vient de nous en envoyer de Valparaiso au Chili deux individus de seize à dix-huit pouces, très-semblables, pour la forme générale et les détails, à ceux du Cap et de la Manche; mais dont la ligne latérale se courbe plus en arrière et se redresse plus rapidement : l'un a quatre-vingt-quinze, l'autre quatre-vingt-dix-neuf boucliers. Ils ont encore d'autres caractères qui semblent en faire une espèce plus distincte : leur tête et leur pectorale sont de près du quart de leur longueur totale. Les colons espagnols du Chili leur ont conservé le nom de *xurel*.

M. de Lacépède a établi un genre qu'il nomme *caranxomore*, d'après une mauvaise peinture d'Aubriet, qui est dans les Vélins du Muséum, et qu'il a fait graver dans son ouvrage (t. III, pl. 11, fig. 1). On pouvait déjà juger par cette figure que ce devait être quelque caranx dont la première dorsale, cachée dans le sillon du dos, comme elle

---

1. Kæmpfer, *Jap.*, t. I, pl. 9, fig. 5.

l'est le plus souvent dans ces poissons après leur mort, avait échappé au dessinateur ; mais pour fixer ses idées, il était nécessaire de retrouver l'original copié par Aubriet. Il n'est pas dans les manuscrits de Plumier conservés à la bibliothèque du Roi ; mais nous l'avons découvert parmi ceux de Feuillée, dont le recueil donné par lui à Mariette, est aujourd'hui dans la bibliothèque de M. Huzard. Il y est intitulé *trachurus maximus, squamis minutissimis* (*colilavarou cara*). Le nombre des rayons y est bien plus considérable que dans la copie d'Aubriet ; il y en a trente-sept à la dorsale et trente-quatre à l'anale ; et bien que l'auteur ne les ait peut-être pas comptés avec beaucoup de scrupule, ces nombres, joints à l'ensemble de la figure, doivent nous porter à conclure qu'il ne s'agissait que du saurel de Valparaiso. Aubriet, copié par le graveur de M. de Lacépède, ne montre que vingt-quatre rayons à la dorsale et dix-neuf à l'anale.

Mais ces poissons, qui, sans changer notablement de forme, se répandent, comme on voit, jusqu'aux antipodes et jusqu'au Chili, ne paraissent pas exister sur les côtes atlantiques de l'Amérique ; au moins nous n'en avons jamais reçu de ce pays-là, et nous ne voyons pas qu'aucun observateur y en ait trouvé.

Ce n'est point, comme l'a cru Bloch, le *curvata pinima* de Margrave[1], lequel n'a que de petites écailles à la partie antérieure de sa ligne latérale, ni la bonite de Dutertre[2], de Rochefort[3] et de Labat[4], qui n'est autre chose qu'une copie du *curvata pinima*.

---

1. *Bras.*, p. 150 ; Pison, *Ind.*, p. 51. — 2. Antilles, t. II, p. 214. — 3. Antilles, p. 150. — 4. Voyage de Desmarchais, t. VI, p. 403.

Nous avons examiné avec soin les viscères de nos différens saurels, et nous n'avons trouvé entre eux que des différences peu considérables, que nous signalerons successivement. Commençons par décrire ceux du saurel de nos côtes de Picardie, à qui nous avons compté soixante-treize écussons le long de la ligne latérale.

Le foie est médiocre. De ses deux lobes, c'est le droit qui est le plus petit. Le gauche descend jusqu'à la pointe de l'estomac, qu'il couvre presque en entier. Le bord inférieur de ce lobe est digité.

Sa couleur est jaunâtre; la consistance est molle.

L'œsophage est assez long. Ses parois sont épaisses et plissées; il se termine promptement par un cul-de-sac pointu, qui est l'estomac. La branche montante de l'estomac forme la plus grande partie de ce viscère : elle descend d'abord obliquement vers les parois inférieures de l'abdomen, se fléchit un peu et se porte vers le diaphragme, entre la bifurcation des lobes du foie. Ses parois sont épaisses, tandis que celles du duodénum sont très-minces, différence qui est le seul indice externe du siége du pylore. En dedans, un bourrelet charnu rétrécit un peu le diamètre du canal intestinal. On compte douze appendices cœcales au pylore; elles sont longues, assez grosses; mais leurs parois sont d'une telle finesse, qu'il est presque impossible de ne pas les déchirer. Les tuniques du canal intestinal sont à peine plus épaisses; il commence à se courber entre les lobes du foie; puis il descend jusque vers l'arrière de l'abdomen, où il fait un second repli, et remonte vers le diaphragme; mais il se courbe bientôt de nouveau pour aller déboucher à l'anus.

Les sacs à ovaires sont grands, alongés et remplis d'une quantité innombrable de houppes, qui contiennent les œufs, dont la petitesse est extrême.

La vessie natatoire est très-grande; elle occupe toute la longueur de l'abdomen, et se prolonge en arrière dans les muscles de la queue par deux cornes peu alongées. Sa face inférieure est arrondie. Les reins sont médiocres, alongés, et d'une couleur noire très-foncée.

Dans un caranx à quatre-vingt-huit plaques, qui nous est venu de Corse par M. Péraudot, nous avons trouvé

l'œsophage un peu plus court, l'estomac plus grand, et les parois de ce viscère beaucoup plus minces, ainsi que celles de la branche montante.

La vessie aérienne, plus brillante, donnait en arrière deux cornes plus longues et plus grêles.

Nous n'avons pas pu compter le nombre des cœcums.

Dans celui que nous avons reçu de Madère par MM. Kuhl et Van Hasselt, et qui a quatre-vingt-dix-sept plaques à la ligne latérale,

l'estomac était encore plus alongé, et ses parois très-minces. La branche montante était au contraire beaucoup plus courte, et ses parois musculeuses et beaucoup plus épaisses; elle ressemble à un petit gésier, de forme elliptique. Le reste du tube intestinal était détruit. Les cornes de la vessie aérienne sont plus grandes que celles des caranx d'Abbeville; mais plus petites que celles des caranx de Corse.

Dans le saurel d'Iviça, à qui nous comptons quatre-vingt-dix-neuf plaques à la ligne latérale, nous trouvons

un foie plus court et plus épais; l'estomac petit, pointu, à parois épaisses, ainsi que celles de la branche montante. Un étranglement assez fort marque le pylore, qui est entouré de dix-sept appendices cœcales longues, vermiformes, à parois excessivement minces. La vessie aérienne est grande, mince, et donne deux cornes médiocres en arrière. Les reins sont de couleur grise.

Le saurel de la Nouvelle-Zélande diffère encore plus de celui de nos côtes par les viscères que tous ceux de nos mers.

Son foie est très-petit et composé de deux lobes triangulaires et pointus. Le gauche est le plus grand.

L'œsophage est assez large, plissé, et se termine en un sac pointu, comme dans les autres saurels; mais la branche montante diffère d'une manière remarquable : elle est très-grosse, et dilatée à sa naissance en une boule arrondie, qui donne ensuite une pointe à parois épaisses, qui se recourbe vers le haut de l'abdomen et s'y rétrécit beaucoup.

Le pylore est entouré de vingt appendices cœcales longues et grêles.

L'intestin se courbe entre les deux lobes du foie, descend toute la longueur de l'abdomen, remonte dans l'hypocondre droit jusqu'à la hauteur du pylore, et se plie pour se porter en droite ligne à l'anus. L'intestin est donc ici beaucoup plus long.

La rate est grosse, noire.

La vessie aérienne est grande. Ses parois argentées sont d'une ténuité extrême; elle donne en arrière deux cornes très-larges à leur base, et qui se prolongent assez loin entre les muscles de la queue.

Indépendamment de ce qu'on voit à l'extérieur, le squelette du saurel présente les particularités suivantes ;

La crête mitoyenne du crâne est un peu plus élevée que les latérales. Les os du nez s'écartent et laissent entre eux un intervalle triangulaire pour les pédicules des intermaxillaires.

Le maxillaire a une pièce ajoutée le long de son bord supérieur.

Le cubital n'a d'échancrure que vers sa pointe inférieure; ce qui éloigne beaucoup le trou qui en résulte de celui qui est entre le cubital et le radial.

Les vertèbres sont au nombre de vingt-quatre, dont dix abdominales; toutes plus longues que hautes, un peu comprimées et creusées d'une fossette de chaque côté. Les deux dernières de l'abdomen ont des apophyses transverses un peu élargies, et un petit anneau entre elles.

Le premier interépineux inférieur porte les épines libres de derrière l'anus.

Il y a au dos deux petits interépineux, sans rayons, avant celui dont la tête forme l'épine couchée en avant.

La vertèbre qui porte la caudale a de chaque côté un petit crochet.

Sa partie comprimée est petite et profondément échancrée.

Les côtes sont médiocrement fortes, comprimées, et ont chacune vers le haut un petit appendice filiforme.

———

Tous les autres caranx se distinguent de ces saurels par ce caractère commun, que leur ligne latérale n'a sur sa partie antérieure et arquée, laquelle occupe une portion plus ou moins considérable de sa longueur, que de petites écailles, et non des bandes larges, ni des boucliers, tels qu'il s'en trouve seulement sur sa partie postérieure et droite.

On peut, comme nous l'avons dit, les subdiviser d'après leurs formes générales, et les petites fausses nageoires, détachées à l'arrière de leur dorsale et de leur anale, peuvent aussi servir à y établir des coupures propres à les grouper utilement pour l'étude.

DES CARANX PROPREMENT DITS.

Parmi les caranx proprement dits nous détacherons d'abord, pour en diminuer la masse, ceux qui ont à l'arrière de la deuxième dorsale et de l'anale un ou plusieurs de ces rayons libres que l'on a appelés fausses nageoires, et nous formons un premier groupe de ceux qui ont *plusieurs de ces fausses nageoires*. Leur ligne latérale n'a de plaques que sur sa partie droite, qui commence sous le milieu de la première dorsale; la partie arquée n'a que de petites écailles, et cette circonstance leur est commune avec tous les caranx propres et avec toutes les carangues.

Néanmoins ces premières espèces ayant cette partie courbée fort courte, et leurs plaques étant aussi hautes qu'aux saurels ordinaires, elles sont presque aussi bien cuirassées, et c'est pourquoi nous les en rapprochons.

Le Caranx de Rotler.

(*Caranx Rotleri,* nob.; *Scomber Rotleri,* Bl.; *Scomber cordyla,* Linn.?)

Bloch (p. 346) en a décrit un de la côte de Coromandel, qu'il nomme *scomber Rotleri,* d'après le correspondant qui le lui avait envoyé. Russel (n.° 143) l'a représenté aussi sous le nom de *woragoo,* qu'il porte à Vizagapatam. A Tranquebar on le nomme *walangadeiparei*[1]. C'est un mets peu estimé, et qui n'est qu'à l'usage des gens du peuple.

Sa tête est plus courte à proportion que celle du saurel. Sa longueur égale celle du corps et est près de quatre fois et demie dans la longueur totale. Sa hauteur fait les trois quarts de sa longueur. La ligne du profil et celle de la gorge sont légèrement convexes. La mâchoire inférieure est la plus avancée. Les orifices de la narine sont deux petites fentes très-rapprochées l'une de l'autre, à égale distance entre l'œil et le bout du museau. Il y a à l'orbite les mêmes rideaux membraneux que dans le saurel, et plus ou moins dans toutes les autres espèces. Le bord inférieur de l'opercule est un peu convexe. Son échancrure est anguleuse, mais fort petite. La pectorale, en faux aiguë, n'est que trois fois et demie dans la

---

1. Bloch, t. X, p. 40, et Bl. Schn. Sur l'original du Cabinet de Bloch, ce nom est écrit *warangada-paru.*

longueur totale. Il y a neuf fausses nageoires en dessus et huit en dessous.

La ligne latérale décrit d'abord une courbe convexe vers le dos jusque sous le milieu de la première dorsale, et dans cet intervalle elle est sans armure et ne se marque que par de petites écailles rondes, imperceptibles; ensuite elle a cinquante-quatre ou cinquante-cinq bandes écailleuses, couvrant dans le milieu près de moitié de la hauteur du corps, et vers la fin de la queue la garnissant presque entière. Leurs carènes s'élèvent par degrés, et leurs pointes s'aiguisent à mesure. D'abord à peu près plates, elles finissent par rendre les côtés de la queue tranchans et par lui donner plus de largeur que de hauteur. Le dernier aiguillon de la première dorsale est très-court et à peu près libre entre elle et la seconde.

D. 8 — 1/10 ou 11 — IX; A. 2 — 1/8 — VIII; C. 17 et 8; P. 22; V. 1/5.

Tout le poisson est d'une belle couleur argentée, qui éclate principalement sur les lames qui arment ses flancs. Son dos est teint de verdâtre ou de bleu d'acier. Ses nageoires sont jaunâtres, et il a, à l'opercule, la tache noire ordinaire. La deuxième dorsale a du noirâtre vers sa pointe.

Nos individus sont longs de huit pouces.

Bloch, d'après John, dit que l'espèce atteint une longueur de dix-huit pouces. Il parle d'un filet prolongé à la dernière fausse nageoire de quelques individus, qui pourrait être une marque du sexe. Nous ne l'avons point observé dans ceux que nous avons eu sous les yeux, pas même dans l'individu que Bloch possédait, et qui nous a été communiqué par M. Lichtenstein.

Les nôtres viennent de la côte de Coromandel par M. Leschenault, de la côte de Malabar par M. Dussumier et par M. Bélenger, et de la mer Rouge par M. Ruppel. Nous y rapportons un dessin fait à Malaga pour M. Farkhar, intitulé en malais *ikan-tungooroongan*.

Le squelette de ce poisson a dix vertèbres abdominales et quatorze caudales, toutes comprimées, fortes, et augmentées d'une petite crête en dessus et même en dessous dans les caudales. Celles de la queue, surtout les dernières, ont des apophyses latérales, déprimées, pour porter, sans doute, la série des grandes écailles latérales. Les apophyses épineuses sont aussi comprimées et fortes. Les côtes sont médiocrement épaisses, mais enveloppent toute la hauteur de l'abdomen; elles ont des appendices petits et grêles. Le radius est court, percé d'un trou rond; mais le cubitus n'a qu'une très-petite échancrure. La crête mitoyenne n'est pas très-haute et règne sur toute la longueur du crâne. Les latérales se terminent au bord supérieur de l'orbite.

Il y a grande apparence que Linnæus avait ce *scomber Rotleri* sous les yeux quand il a écrit son article du *scomber cordyla,* qu'il définit *scombre à dix fausses nageoires et à ligne latérale cuirassée*[1]; mais par une distraction bien pardonnable à un homme occupé d'esquisser un tableau aussi vaste que le système entier de la nature, il ajouta à cette phrase comme synonymes un scombre de Gronovius[2], qui est évidemment une carangue, et le *guara tereba* de Margrave, ou *trachurus brasiliensis* de Ray, qui est bien synonyme du scombre de Gronovius, mais non pas du sien; en sorte qu'il n'a plus été possible de savoir au juste de quel poisson il avait voulu parler, et que les auteurs postérieurs se sont

---

1. *Cordyla; Scomber pinnulis decem, linea laterali loricata.* (*Syst. nat.,* 10.ᵉ édit., t. I, p. 298, n.° 4; 12.ᵉ édit., t. I, p. 483, n.° 4.)

2. *Scomber linea laterali curva, tabellis osseis loricata, corpore lato et tenui.* (Gronovius, *Act. Upsal.,* 1750, p. 36, et *Mus.,* t. I, p. 34, n.° 82, et *Zoophyl.,* t. I, p. 94, n.° 307.) Gronovius lui-même donne plusieurs synonymes tirés de Valentyn, mais tous faux.

bornés à copier sa définition et ses citations, sans s'inquiéter de les faire concorder ensemble.[1]

———

Nous réunissons en un autre petit groupe des espèces de caranx propres, qui ont *une seule fausse nageoire* libre derrière la dorsale et derrière l'anale.

Toutes celles que l'on connaît se font remarquer par des formes plus alongées, surtout à la tête, et la plupart ont aussi les pectorales plus courtes que les autres; l'armure de leur ligne latérale est beaucoup moins considérable qu'aux précédens, et surtout qu'aux saurels, leurs plaques étant moins hautes et ne commençant pas sitôt.

Le Suaréou.

(*Caranx suareus*, Riss.)

Nous venons d'apprendre par M. Risso, qu'il en paraît quelquefois une espèce sur nos côtes de la Mediterranée; mais elle doit y être fort rare, car la figure et la description que ce savant observateur nous a communiquées, sont les seuls documens que nous ayons reçus à son sujet.

Sa forme générale diffère peu de celle du saurel; aussi les pêcheurs de Nice lui donnent-ils le même nom de *suaréou.*

Sa hauteur est six fois dans sa longueur, sa tête quatre fois et demie. Son profil est presque droit. Sa mâchoire inférieure avance

———

1. Gmelin, p. 1332, n.° 4; Bl. Schn., p. 23, n.° 5, et Lacépède, t. II, p. 604, sous le nom de *scombre guare*. Bonnaterre a même fait graver (fol. 229), comme étant le *scomber cordyla*, une figure de la carangue tirée de Seba (t. III, p. 27, fig. 3), où il lui aurait été bien aisé de voir qu'il n'y a pas de fausses nageoires.

un peu plus que l'autre. Sa ligne latérale est droite sur les deux tiers postérieurs du tronc, et y porte quarante-six plaques aiguës. La première dorsale est à peine d'un cinquième moins haute que le corps. Ses deuxième, troisième et quatrième rayons sont les plus longs. La pectorale est en faux, et de plus du quart de la longueur totale. Les ventrales ont un quart de moins.

B. 7; D. 8 — 1/30, et une fausse nageoire; A. 2 — 1/24, et une fausse nageoire; C. 17; P. 25; V. 6.

Le dos a des nuances gorge de pigeon. Les côtés sont argentés et irisés. Le dessous est d'un blanc mat. Il y a une tache noire à l'opercule et du noir à la sommité des plaques. Les nageoires sont transparentes. La seconde dorsale a du noirâtre vers son bord. L'anale est lavée de rose. Il y a du brun-rouge à la caudale.

Cette espèce, selon M. Risso, égale à peu près le saurel, et atteint fréquemment dix-huit pouces; elle se montre au mois de Mai, et se tient dans les moyennes profondeurs.

Le *kurra* des Indes, que nous décrivons à la fin de ce groupe, est celui qui paraît se rapprocher le plus de ce *suaréou;* mais ses proportions sont moins grêles.

Le CARANX RONFLEUR.

(*Caranx rhonchus,* Geóff.; *Caranx alexandrinus,* Ehrenb.)

La Méditerranée en produit une autre espèce, mais seulement dans sa partie orientale : M. Ehrenberg l'a rapportée d'Alexandrie, et l'avait nommée d'après cette ville; mais nous nous sommes assurés que c'est la même dont M. Geoffroy Saint-Hilaire, qui l'a aussi observée à Alexandrie, a publié une figure dans le grand ouvrage sur l'Égypte (pl. 24, fig. 1 et 2), et que son fils a décrite dans le texte du même ouvrage sous le nom de *caranx rhonchus* ou *ronfleur*. Seulement dans l'ouvrage d'Égypte on a négligé de marquer la séparation du dernier rayon de la dorsale et de l'anale, qui est cependant bien constante.

Ronfleur est la traduction du nom arabe *chakhoura*, que lui donnent les pêcheurs d'Alexandrie.

Ses formes générales sont à peu près celles du saurel. Sa hauteur, la longueur de sa tête et celle de sa pectorale, sont environ quatre fois et demie dans sa longueur totale. Son épaisseur est de moitié de sa hauteur. Le diamètre de son œil est du quart de la longueur de sa tête. Le limbe de son préopercule est arrondi, assez large au milieu et veiné. Le bord inférieur de son opercule est droit. Ses dents sont en velours ras et sur des bandes étroites. Sa ligne latérale suit à peu près la courbure du dos et n'est garnie que de petites écailles rondes jusque sous le tiers de la deuxième dorsale, où elle devient droite, et prend bientôt des boucliers. On ne peut guère en compter plus de vingt-six, carénés et aiguillonnés. C'est vers leur tiers postérieur qu'ils sont le plus larges et le plus saillans, sans y couvrir toute la hauteur du bout de la queue.

D. 8 — 1/28 — I; A. 2 — 1/24 — I; C. 17; P. 18; V. 1/5.

Le dos de ce poisson est d'un plombé bleuâtre. Ses flancs et le dessous argentés. Le dessus du museau, en avant, est teint de noirâtre. Il y a une tache noire sur la deuxième dorsale, à la partie supérieure des six premiers rayons. Le reste des nageoires est gris ou jaunâtre. On voit aussi un peu de noir à l'échancrure de l'opercule.

L'individu de M. Ehrenberg est long de sept pouces. M. Geoffroy en a donné un de neuf.

L'espèce se répand aussi dans l'Atlantique, car M. Rang nous l'a envoyée de Gorée.

Le Caranx de Sainte-Hélène.

(*Caranx Sanctæ Helenæ*, nob.)

Il y a d'autres représentans de ce petit groupe dans l'Atlantique; tous nos voyageurs naturalistes nous en ont rapporté de Sainte-Hélène une espèce remarquable par sa tête plus oblongue et son museau plus pointu même qu'au saurel. Son corps est aussi bien moins comprimé, et sa rondeur égale celle du maquereau.

Sa hauteur est cinq fois et trois quarts dans sa longueur totale. Sa tête y est presque cinq fois, et a sa hauteur une fois et trois quarts dans sa longueur. Son museau est pointu. Sa bouche peu fendue. Ses dents presque insensibles. Le diamètre de l'œil est du quart de la longueur de la tête. Le limbe du préopercule est large et plat. L'opercule petit, à bord inférieur concave et presque vertical. Ses pectorales sont demi-ovales et du sixième seulement de la longueur. Les ventrales sortent un peu plus en arrière, et ne vont pas aussi loin. Il y a un intervalle sans épines entre la première et la seconde dorsale. Le dernier rayon de la dorsale et de l'anale forme une fausse nageoire bien distincte. Sa ligne latérale n'est presque pas courbée; elle ne prend des boucliers que sous le tiers antérieur de la deuxième dorsale; ils sont assez larges, dentelés aux bords, échancrés, avec une pointe au milieu. Ce n'est que vers la fin de la dorsale que leurs carènes et leurs pointes se relèvent d'une manière sensible. Leur nombre est d'environ trente-cinq.

B. 7; D. 8 — 1/35 — I; A. 2 — 1/30 — I; C. 17; P. 21; V. 1/5.

Ce poisson est d'une couleur argentée et irisée, teinte de bleu sur le dos. Dans le frais, une bande jaune orangée règne tout le long du corps entre le bleu et l'argenté. La ligne latérale est marquée d'une suite de points noirs. Ses nageoires sont blanchâtres. La tache noire de l'opercule est petite.

Nos individus sont longs de neuf pouces.

Nous avons reçu de la Martinique deux caranx qui ont quelque rapport avec celui de Sainte-Hélène par la forme alongée, les pectorales médiocres, et le rayon détaché à l'arrière de la dorsale et de l'anale.

Le Caranx ponctué.

(*Caranx punctatus,* nob.)

Le premier se porte jusques sur les côtes de l'État de New-York, car il a été représenté par le docteur Mitchill dans ses Poissons de New-York (pl. 5, fig. 5), mais sous le nom impropre de *scomber hippos.*

Sa tête est un peu moins alongée que dans celui de Sainte-Hélène. Son profil un peu plus en ligne droite avec le dos. Le bord inférieur de son opercule un peu plus oblique. Ses dents ne se sentent guère qu'avec le doigt. Sa ligne latérale est aussi très-peu courbée. Ses boucliers commencent sous le quart antérieur de sa deuxième dorsale. Il y en a une quarantaine, dont les mitoyens sont un peu plus larges à proportion que dans l'espèce de Sainte-Hélène ; ils ne sont pas dentelés, et leurs carènes se relèvent un peu plus tôt. Sa pectorale est du sixième de sa longueur totale.

D. 8 — 1/31 — I; A. 2 — 1/27 — I, etc.

Il est argenté et teint de plombé sur le dos. La tache noire est médiocre. Il a des points noirs semés d'espace en espace sur la portion lisse de sa ligne latérale, et ils sont plus nombreux et plus marqués que dans le précédent.

Nos individus sont longs de six pouces. C'est M. Plée qui nous les a envoyés. L'on nomme cette espèce à la Martinique *quia-quia,* ce qui dans le jargon de l'île signifie *fi-fi,* et marque qu'elle est commune, petite et peu estimée. Sa plus grande taille est de dix pouces.

Ce poisson ressemble parfaitement à la figure 5, planche 5, de M. Mitchill : mais il s'en faut de beaucoup qu'il ne soit le *scomber hippos* de Linnæus[1], lequel a les *deux dents antérieures plus grandes, la ligne latérale très-courbée et vingt-deux rayons mous seulement à la seconde dorsale.*

Le Caranx faux maquereau.

(*Caranx macarellus*, nob.)

Le second de ces caranx américains, de forme alongée et à fausse nageoire unique, se nomme *maquereau* à la Martinique, où il est assez commun. Il y devient plus grand et est meilleur que le *quia.*

Sa hauteur est six fois et demie dans sa longueur, et sa tête cinq fois et demie. La hauteur de sa tête est une fois et deux tiers dans sa longueur. Sa pectorale n'a que le sixième de la longueur totale. Le bord inférieur de son opercule est en ligne droite. Sa ligne latérale n'est presque pas courbée ; elle a tout du long des écailles rondes, assez larges (pour des écailles), et ne commence à prendre des boucliers que vers la fin de la dorsale. On en peut compter vingt-cinq, tous petits, quoique carénés.

D. 8 — 1/33 — I; A. 2 — 1/27 — I, etc.

La tache noire est petite. Tout le corps est argenté, avec une teinte plombée sur le dos. Il y a des individus de plus d'un pied.

C'est cette espèce qui me paraît se rapprocher le plus du *curvata-pinima* de Margrave[2], que les Portugais de son temps appelaient *bonito ;* et même je ne vois pas comment on l'en distinguerait, si ce n'est que la figure montre la tête un peu plus petite et que dans la descrip-

---

1. Linnæus, 12.ᵉ édit., p. 494. — 2. *Bras.*, p. 150.

tion il est question d'une ligne dorée entre le bleu ou le
vert du dos, et le blanc du ventre, dont il ne reste guère
de vestige dans nos individus : ce sera aux naturalistes du
Brésil à nous apprendre si le *curvata-pinima* en offre de
plus considérables. Dans aucun cas il ne peut être notre
saurel d'Europe, comme l'ont cru Bloch et Lacépède.

Le *caranx macarellus* a le foie petit, presque réduit au seul
lobe gauche. L'œsophage est long et plissé longitudinalement. Il
se prolonge en un sac pointu, assez long, qui forme l'estomac. La
branche montante est aussi longue que l'estomac, à partir de la
naissance de la branche à la pointe du sac. Cette branche est
épaisse, se contourne en bec, qui regarde l'épine du dos. Il y a
un grand nombre d'appendices cœcales au pylore, disposées de
chaque côté de la branche montante de l'estomac sur deux lignes.
Les supérieures sont les plus grandes, et elles diminuent graduellement jusqu'à celles du milieu, qui n'ont pas le quart de la longueur
des premières.

Le tube intestinal est étroit et peu alongé. Il se porte jusqu'à
l'arrière de l'abdomen, remonte jusqu'à la pointe de l'estomac. Il
se plie de nouveau et se rend à l'anus. Ce dernier repli est un peu
plus large que l'autre portion de l'intestin, et à l'endroit où se
fait le pli, il y a un rétrécissement, et en dedans une valvule qui
marque la naissance du rectum. La rate est noire, alongée, et
placée sous l'estomac entre les appendices cœcales au-dessus du
rectum.

La vessie aérienne est grande, alongée, et donne en arrière deux
petites cornes très-pointues.

Les reins sont très-épais, enfoncés dans une rainure très-profonde
sous la colonne vertébrale.

Le CARANX DE SAN-JAGO.

(*Caranx Jacobæus,* nob.)

MM. Quoy et Gaimard viennent d'envoyer de Praia-San-Jago, des îles du Cap-Vert, un caranx de cette subdivision, qui tient pour la forme de celui de Sainte-Hélène, et pour d'autres caractères du deuxième de la Martinique.

Sa hauteur est cinq fois et demie dans sa longueur. Sa tête y est quatre fois et un tiers. Son profil est droit, son museau pointu. Ses dents insensibles même au tact. La membrane adipeuse qui recouvre ses yeux, plus étendue même qu'au maquereau. La ligne inférieure de son opercule légèrement convexe. Celle de son subopercule est en arc rentrant. Sa ligne latérale presque droite, formée d'écailles rondes, qui ne se changent en boucliers que sous la fin de sa deuxième dorsale. Ces boucliers carénés sont au nombre de vingt-trois ou vingt-quatre. Sa pectorale est assez pointue, et du septième de la longueur. La fausse nageoire, derrière la dorsale et l'anale, est forte et bien prononcée.

D. 8 — 1/34; A. 2 — 1/28.

Le dos est bleu d'acier. Le ventre argenté. Il paraît y avoir eu des reflets dorés sur les flancs. La deuxième dorsale a un fin pointillé noirâtre vers sa pointe.

L'individu est long de onze pouces.

Le CARANX KILICHÉ.

(*Caranx kiliche,* nob.)

Il y a aussi dans la mer des Indes de ces caranx à fausse pinnule simple; une espèce nous en est venue de Pondichéry sous le nom de *kiliché.*

Sa hauteur est cinq fois et demie dans sa longueur. La longueur de sa tête est de près du quart de sa longueur totale; celle de sa pectorale de plus du cinquième. Sa ligne latérale est très-peu arquée, et devient droite seulement sous le tiers antérieur de la seconde dorsale. Sa moitié antérieure a des écailles égales, rondes, et, quoique petites, beaucoup plus apparentes que dans les espèces à dorsales continues. Sa partie postérieure a, comme à l'ordinaire, des boucliers carénés et aiguillonnés, au nombre de trente environ. Sa tête est à peu près aussi oblongue que dans notre saurel. Le bord inférieur de son opercule est à peu près droit. Le dernier rayon de sa dorsale et de son anale est une vraie fausse nageoire, bien séparée des autres. La membrane adipeuse de son orbite a sa partie postérieure très-large.

D. 8 — 1/27 — I; A. 2 — 1/25 — I, etc.

Sa couleur est argentée et plombée ou azurée sur le dos. Il a une tache noire très-visible à l'opercule.

C'est à M. Leschenault que nous devons cette espèce; elle n'a que sept pouces de longueur. On la mange.

Le Caranx kurra.

(Caranx kurra, nob.; Kurra-wodagahwah, Russ.)

Plusieurs des caractères de ce *kiliche* se rencontrent dans le *kurra-wodagahwah* de Russel (t. II, n.º 139):

La tête un peu plus oblongue que dans les autres espèces des Indes; la fausse nageoire séparée derrière la dorsale et l'anale; la ligne latérale peu arquée et ne devenant droite que presque sous le milieu de la seconde dorsale; mais, soit les écailles, soit les boucliers de cette ligne, sont beaucoup plus petits, et le dessinateur marque quarante-six ou quarante-sept de ces derniers. Les rayons sont aussi plus nombreux.

D. 8 — 1/30 — I; A. 2 — 1/23 — I, etc.

Ainsi tout annonce que c'est une espèce particulière.

Elle est longue de cinq ou six pouces, argentée, plombée sur le dos, et a la caudale jaunâtre. L'auteur ne parle d'aucune tache à l'opercule.

M. Ruppel assure l'avoir trouvée dans la mer Rouge, mais une seule fois à Tor ; il ne lui donne pas tout-à-fait les mêmes nombres.

D. 8 — 31 — 1 ; A. 2 — 1/26 — 1, etc.

Les caranx qui vont suivre et qui composent notre troisième groupe, n'ont point de fausses nageoires, et tous les rayons de leur seconde dorsale, ainsi que ceux de leur seconde anale, sont réunis par une membrane commune. La première espèce exceptée, il s'en faut aussi de beaucoup que les bandes écailleuses de leur ligne latérale forment des rubans aussi larges que ceux du saurel et du rotler : mais d'ailleurs ils en ont *la forme peu élevée et le profil à peu près droit.*

Les caractères distinctifs de la plupart de ces espèces sont trop peu apparens pour que les naturalistes qui ne les ont pas rapprochées et ne les ont pas décrites en regard les unes des autres, aient pu les signaler suffisamment, en sorte qu'il restera à leur égard quelques embarras de synonymie. On peut les distinguer les unes des autres principalement par les proportions relatives des deux portions de leur ligne latérale, par le plus ou moins de courbure de sa première moitié, par la ligne tantôt droite, tantôt courbée en différens sens, que forme le bord inférieur de leur opercule, et par leur corps qui, d'une forme assez voisine de celle du saurel, prend par degrés plus de hauteur proportionnelle et se comprime davantage.

Dans les espèces plus élevées il en est de remarquables par le nu de leur poitrine, et d'autres par leurs dents maxillaires rangées en une seule série, tandis que le grand nombre les a en velours.

Le CARANX GROS-ŒIL.

(*Caranx boops*, nob.)

Notre première espèce approche du rotler par l'étendue de la partie cuirassée de sa ligne latérale, et par la grandeur des boucliers dont elle est garnie, qui est du quart de la hauteur du corps.

Ce poisson est plus court que le maquereau et que le saurel. Sa hauteur est du quart de sa longueur. Son épaisseur de moitié de sa hauteur. Sa tête a le quart de sa longueur totale. Son œil est grand, d'un peu plus du tiers de la longueur de sa tête, garni de deux grandes paupières graisseuses, semblables à celles du maquereau. La bouche n'est fendue que jusque sous le devant de l'œil. Son maxillaire va jusque sous le milieu, et son extrémité est tronquée en arc rentrant. Une rangée de dents très-fines et très-serrées garnit chaque mâchoire. Il y en a deux petits groupes à l'extrémité antérieure du vomer, une bande à chaque palatin et une sur la langue, en velours très-ras. L'angle du préopercule est arrondi. Son limbe ne se distingue point de la joue par une saillie; il est large et légèrement strié ou veiné. L'opercule est échancré en arc de cercle; ce qui lui fait une pointe obtuse au-dessous, et une arrondie au-dessus de l'échancrure. Son bord inférieur descend obliquement et est rectiligne. La joue et l'opercule ont des écailles, et le crâne et le front jusques entre les yeux.

La courbure assez faible de la ligne latérale cesse sous le dernier quart de la première dorsale. Sa partie droite a quarante-huit ou quarante-neuf boucliers, presque tous du quart de la plus grande hauteur du corps. Leurs carènes et leurs épines vont en augmentant de saillie jusque près de la fin. Les pectorales sont taillées en faux, pointues, et leur longueur est quatre fois et demie dans celle de tout le poisson. Les ventrales sont attachées un peu plus en arrière et de moitié moins longues. Les pointes des dorsales et de l'anale sont à peu près de moitié de la hauteur du corps. Les lobes de la queue ont le cinquième de sa longueur.

B. 7; D. 8 — 1/25; A. 2 — 1/21; C. 17; P. 19; V. 1/5.

Ce poisson est d'un bel argenté, teint vers le dos d'un bleu clair d'acier bruni, fort brillant, tirant au verdâtre. Ses nageoires paraissent grises. La deuxième dorsale est un peu teinte de noirâtre.

Dans une esquisse que MM. Quoy et Gaimard en ont faite à Amboine, ils marquent une belle ligne orangée, qui s'étend depuis l'ouïe jusqu'à la caudale, mais qui disparaît, disent-ils, peu de temps après la mort. Les dorsales et l'anale y sont légèrement verdâtres, la pectorale orangé très-clair.

Leurs individus d'Amboine n'ont que cinq pouces, et s'y trouvaient en quantité prodigieuse.

Ils ont pris ensuite à Vanicolo un individu long de onze pouces, qui nous paraît de la même espèce.

Le CARANX VARI.

(*Caranx vari*, nob.)

Une seconde espèce a le bord inférieur de son opercule en courbe concave. La partie arquée et à petites écailles de sa ligne latérale s'étend jusque sous le commencement de sa deuxième dorsale. La partie droite a de cinquante-cinq à cinquante-sept lames osseuses ou boucliers, qui vont en grandissant et en relevant leurs carènes à mesure qu'elles approchent de la queue; mais qui n'ont nulle part plus du neuvième ou du dixième de la hauteur du corps au milieu.

Pour tout le reste, ses formes et ses couleurs sont les mêmes que dans le boops et le rotler; mêmes pectorales pointues, même caudale fourchue, même profil légèrement convexe, mêmes grandes pectorales en faux, de plus du quart de la longueur totale, même tache noire à l'opercule, etc.

D. 8 — 1 — 1/25; A. 2 — 1/22, etc.

Indépendamment de la petitesse de ses boucliers, cette espèce se distingue aisément de la précédente par sa tête plus courte et son œil plus petit. Elle parvient à un pied de longueur.

On la pêche abondamment pendant toute l'année dans la rade de Pondichéry, où on la nomme *vari-paré*. C'est un bon manger.

Le CARANX CALLA.

(*Caranx kalla*, nob.)

Une troisième espèce a la tête presque aussi haute que longue, et le bord inférieur de l'opercule en courbe légèrement convexe et quelquefois un peu à double courbure. La partie recourbée de sa ligne latérale se porte, comme dans le vari, jusque sous le commencement de la seconde dorsale; mais le nombre des lames n'est que de quarante-trois ou quarante-quatre. Plus haute et plus comprimée que les précédentes, sa hauteur, au milieu, est trois fois et demie dans sa longueur, et son épaisseur trois fois dans sa hauteur. La ligne de son ventre est plus convexe que celle de son dos.

D. 7 — 1 — 1/23; A. 2 — 1/18.

Le dernier rayon, tant en haut qu'en bas, est un peu plus long et plus détaché que les autres.

Dans tout le reste l'espèce ressemble au vari : elle parvient aussi à un pied de longueur.

Dans le frais, selon M. Dussumier, ce poisson a le dessus d'un bleu changeant en vert et prenant sous certains jours des reflets argentés; les flancs et le ventre argentés, avec des reflets de nacre; la partie rétrécie de la queue et la caudale d'un beau jaune. Le lobe supérieur prend une teinte verdâtre. Les autres nageoires sont blanches; mais la dorsale est variée de noir.

On le distingue à Pondichéry par le nom de *kalla-paré;* mais, comme on doit s'y attendre pour des espèces aussi voisines, il y a quelquefois entre elles des échanges de nom.

Celle-ci se trouve aussi à la côte de Malabar et dans la mer Rouge : nous l'avons reconnue parmi les poissons de M. Geoffroy. M. Bélenger et M. Dussumier nous l'ont envoyée de Mahé.

Nous en avons vu un exemplaire parmi les anciens poissons de Bloch; il était intitulé *scomber bimaculatus :* mais cet auteur ne paraît pas en avoir parlé dans ses ouvrages.

Le CARANX DJEDDABA.

(*Caranx djeddaba,* Rupp.)

Le *caranx djeddaba* de M. Ruppel (Atl., pl. 25, fig. 4) ressemble infiniment au *vari* et au *calla,*

surtout par la tête courte et le profil très-légèrement convexe. Sa ligne latérale, courbée jusque sous la fin de la première dorsale, paraît avoir de quarante-huit à cinquante boucliers dans sa partie droite.

D. 7 — 1/25; A. 2 — 1/22; C. 17; P. 22; V. 1/5.

Ce qui distinguerait beaucoup cette espèce, c'est que la figure lui donne une pectorale bien plus courte, et du quart seulement

de la longueur totale. Elle ne lui marque d'ailleurs aucune tache, et
l'opercule y a son bord inférieur légèrement convexe. D'après **le**
texte, le corps est argenté, teint de violâtre vers le dos. Les nageoires sont jaunâtres. La deuxième dorsale et l'anale ont le bord
noirâtre. La caudale est d'un brun jaunâtre. Sa taille est de sept à
neuf pouces.

Ce poisson se trouve dans toute la mer Rouge.

M. Ruppel le regarde comme de l'espèce que Forskal
(p. 56, n.° 75) dit se nommer *djeddaba* à Djedda, et qui
porterait aussi les noms de *futnok* à Lohaia, et de *bajad*
à Suez. La description de Forskal s'y rapporte en effet
assez bien, excepté ce qui est dit d'une série unique de
dents pointues, qui nous avait fait penser au *caranx
luna* de M. Geoffroy; mais la ligne latérale convient mieux
à l'espèce actuelle.

Parmi les dessins envoyés de Java par MM. Kuhl et
Van Hasselt, nous en avons remarqué un qui répond
parfaitement à la figure de M. Ruppel, et qui est enluminé de bleu sur le dos, d'argenté sur le ventre, de
jaunâtre aux opercules et à la caudale : ses autres nageoires
sont grises; il n'a pas non plus de tache à l'opercule.

Le CARANX FUSEAU

(*Caranx fusus*, Geoff.)

nous paraît très-voisin de ce *djeddaba;* mais ce que
M. Ruppel rapporte des nombres de celui-ci, ne répond
pas entièrement à ce que nous avons observé sur le fuseau.

Le *fuseau* a le profil plus convexe que toutes les espèces voisines,
et ressemble même un peu en ce point aux carangues.

Sa tête est à peine d'un sixième plus longue que haute. Le bord inférieur de son opercule est droit. Ses dents sont en velours, mais avec un rang extérieur d'un peu plus fortes et très-pointues. Sa ligne latérale, médiocrement courbée, devient droite sous le commencement de sa seconde dorsale, et a environ quarante-cinq boucliers. Sa pectorale n'a qu'un peu moins du quart de sa longueur totale : c'est aussi là mesure de sa hauteur au milieu.

D. 8 — 1/24 ; A. 2 — 1/20, etc.

Toute la moitié supérieure paraît d'un plombé bleuâtre. La moitié inférieure est d'un bel argenté. Il y a une tache noire à l'opercule. Les nageoires paraissent grises ou blanchâtres. Dans l'état frais, selon M. Geoffroy, la caudale et la deuxième dorsale sont d'un vert jaunâtre. Le dos a des reflets verdâtres, et le ventre des reflets roses.

Nous en avons un individu de sept pouces, rapporté d'Égypte par M. Lefebvre. Ceux de M. Geoffroy sont moins grands : il assure les avoir eus à Alexandrie, où les pêcheurs les nomment *tougalé,* c'est-à-dire *fuseau.* C'est de là qu'il a tiré la dénomination de l'espèce.

Il l'a fait représenter dans le grand ouvrage d'Égypte (Poiss., pl. 24, fig. 3), et M. Isidore Geoffroy l'a décrite dans le texte du même ouvrage.

Le CARANX MATÉ.

(*Caranx mate,* nob.)

Dans une sixième espèce, qui se nomme à Pondichéry *maté-paré,*

la tête est d'un quart plus longue que haute. Le bord inférieur du préopercule est en courbe à peine convexe ou même tout-à-fait droit. La courbure de la ligne latérale est plus lente, et sa partie arquée s'étend jusque sous le quart antérieur de la seconde dorsale. Les écailles de cette partie, d'abord très-petites, s'agrandissent par degrés. Arrivées à la partie droite, elles se changent par degrés aussi en plaques carénées, et l'on ne compte que de trente-six à quarante de ces dernières.

D. 7 — 1/24 ou 25; A. 2 — 1/19, etc.

Le dernier rayon, tant en dessus qu'en dessous, est un peu plus long et moins bien attaché que les autres.

Sa hauteur, au milieu, est trois fois et demie dans sa longueur. Son épaisseur, deux fois dans sa hauteur. Sa pectorale est trois fois et un tiers dans sa longueur. Sa tète, quatre fois et demie.

Tous les autres caractères de ce poisson lui sont communs avec les précédens. Il a la tache noire à l'opercule et au haut de l'épaule. Son corps est d'un bel argenté, teint de bleuâtre vers le dos, et dans le frais de vert clair. Tout le dessous est argenté, avec des reflets de nacre. La deuxième dorsale et la caudale sont d'un beau jaune clair. Les pectorales teintes légèrement de jaune. Les autres nageoires blanches. L'espèce parvient à une longueur de dix pouces.

M. Dussumier l'a rapportée des Séchelles, où on la nomme *carangue ronde*. MM. Quoy et Gaimard l'ont rapportée de la Nouvelle-Guinée, et M. Raynaud du détroit d'Antjer.

Le CARANX A QUEUE JAUNE.

(*Caranx xanthurus*, K. et V. H.)

MM. Kuhl et Van Hasselt ont aussi envoyé de Java au Musée des Pays-Bas un poisson

qui a les mêmes formes que ce *maté*, les mêmes nombres (D. 8 — 1/24; A. 2 — 1/19), la même tache noire à l'opercule; mais le dessin qu'ils en ont fait d'après le frais, montre sur le bleu du dos une suite de huit ou neuf grandes taches d'un bleu plus foncé, dont nous ne voyons pas de traces dans nos échantillons. La

pectorale, la deuxième dorsale et la caudale y sont peintes en jaune.
La première dorsale, les ventrales et l'anale y sont blanches.

Ces jeunes naturalistes l'avaient appelé *caranx xanthurus,* nom que nous avons cru devoir conserver.

Le Caranx ferdau.

(*Caranx ferdau,* Rupp.; *Scomber ferdau,* Forsk.)

Le *caranx ferdau* de la mer Rouge, tel que le représente M. Ruppel (Atl., pl. 25, fig. 6), doit ressembler
beaucoup à ce poisson de Java.

Il a cinq taches ou demi-bandes verticales brunâtres le long de
chaque côté à la hauteur de la ligne latérale, qui a la même courbure
que dans le maté; mais son corps paraît plus court, surtout de la
partie postérieure. Sa hauteur n'est pas trois fois et demie dans sa
longueur. La longueur de ses pectorales égale cette hauteur. On
ne lui remarque point de tache noire à l'opercule.

Les nombres donnés par M. Ruppel sont :

D. 7 — 0?/23; A. 2 — 0?/20; C. 23? P. 20; V. 1/5.

Sa longueur est de seize pouces.

Ferdau est son nom vulgaire à Gomfod. Le *scomber
ferdau* de Forskal, ainsi nommé à Djidda, a bien les
mêmes taches verticales, auxquelles s'ajoutent quelques
gouttes dorées sur les flancs; mais Forskal lui donne
pour nombres : B 7; D. 6 — 1 — 1/29; A. 2 — 1/24;
C. 16; P. 21; V. 1/5; ce qui s'accorde bien mal avec ceux
de M. Ruppel.

Le Caranx iré.

(*Caranx ire*, nob.)

Une espèce très-semblable au *maté-paré* par sa ligne latérale,

mais dont les pectorales sont beaucoup plus courtes (elles n'ont pas tout-à-fait le cinquième de la longueur totale), se distingue d'ailleurs, et de celle-là et de toutes les autres, par une large tache noire au sommet de la partie antérieure et élevée de sa deuxième dorsale; elle n'en a point à l'opercule. Tout son corps est argenté et teint d'azur vers le dos. Dans l'état frais, il est très-brillant. Ses nageoires sont jaunâtres. On compte trente-trois ou trente-quatre boucliers à la partie droite de sa ligne latérale. Son profil est légèrement concave, et le bord très-oblique de son préopercule un peu arqué en ∞.

D. 8 ou 7 — 1 — 1/25; A. 2 — 1/20, etc.

Sa hauteur, au milieu, est trois fois et un tiers dans sa longueur. Son épaisseur, trois fois dans sa hauteur. Sa pectorale et sa tête quatre fois et demie dans sa longueur.

Notre individu n'a que six pouces, et l'espèce n'en atteint que huit.

On la pêche toute l'année dans la baie de Pondichéry, où les indigènes la nomment *iré-paré*. Elle se mange.

Le Caranx para.

(*Caranx para*, nob.)

Nous avons reçu de la côte de Malabar par M. Bélenger et par M. Dussumier, et par ce dernier de Coromandel, un caranx qui, avec les nombres de boucliers du *maté* et de l'*iré*, a le corps beaucoup plus court, plus haut, et plus comprimé; la tête plus courte et plus obtuse, et l'œil plus grand. Sa longueur ne comprend sa hauteur que trois fois et un cinquième. La longueur de sa tête égale sa hauteur, et est quatre fois et un tiers dans la longueur totale. Son épaisseur est trois fois et demie dans sa hauteur. Sa pectorale quatre fois dans sa longueur. Sa tête, quatre fois et deux tiers. Le diamètre de son œil est de plus du tiers de la longueur de sa tête, ce qui lui donne une physionomie particulière; néanmoins il n'a pas la crête du crâne assez convexe pour être rangé parmi les carangues. Ses dents sont à peine apparentes. Le bord inférieur de son opercule est un peu convexe. Sa ligne latérale se courbe médiocrement et ne reprend la direction droite et les boucliers que sous le cinquième antérieur de la deuxième dorsale : il y a trente-six ou quarante boucliers. Ses pectorales ont plus du quart de la longueur totale.

D. 7 — 1/25; A. 2 — 1/21, etc.

Notre individu est long de quatre pouces et demi.

M. Bélenger ne le désigne dans son catalogue que sous le nom générique de *para*.

Le CARANX A PETITES PECTORALES.

(*Caranx microchir*, nob.)

M. Raynaud a rapporté du détroit de la Sonde de très-petits individus de caranx assez voisins de ce *para*, mais qui paraissent appartenir à une espèce distincte.

Leur corps est haut et comprimé. Sa hauteur n'est pas trois fois dans sa longueur. Son épaisseur est trois fois dans sa hauteur. Les pectorales ovales n'ont pas le cinquième de sa longueur. La ligne latérale, assez convexe en avant, devient droite sous le quart antérieur de la deuxième dorsale. Cette partie droite a trente-neuf à quarante boucliers, faiblement carénés.

D. 8 — 1/22; A. 2 — 1/20, etc.

Les épines de la première dorsale sont fortes. La couleur est un bel argenté, teint de grisâtre vers le dos ; il y a une tache noire ovale, bien tranchée sur l'opercule, en dedans de son bord. Les nageoires sont transparentes.

Nos individus n'ont que dix-huit lignes.

Le CARANX CAMBON.

(*Caranx cambon*, nob.)

Il y a à Batavia une espèce qui s'y nomme *cambon*, aussi courte et encore plus comprimée que le *para*,

mais dont la ligne latérale est à peu près la même, c'est-à-dire qu'elle ne devient droite que sous le cinquième antérieur de la seconde dorsale, et compte environ trente-six boucliers ; son œil n'a pas le tiers de la longueur de la tête, et ses pectorales n'ont que le cinquième de celle du poisson.

D. 8 — 24 ; A. 2 — 1/21, etc.

Sa couleur est d'un bel argenté, un peu plombé vers le dos. Ses nageoires sont jaunâtres. Il y a une tache noire au haut de l'épaule, tout près du haut de l'opercule, et qui s'étend un peu sur l'opercule même.

Nos individus n'ont que de trois à quatre pouces.

Le CARANX DE L'ISLE-DE-FRANCE.

(*Caranx mauritianus*, Q. et G.; *Caranx macrophtalmus*, Rupp.)

Une espèce trouvée à l'île de Bourbon par M. Leschenault, à l'Isle-de-France par MM. Quoy et Gaimard et par M. Desjardins, et aux Séchelles par M. Dussumier,

a la ligne latérale encore moins arquée qu'aucune des précédentes : c'est à peine si l'on remarque une légère courbure, qui ne finit que sous le tiers antérieur de la deuxième dorsale. Ses écailles, d'abord

petites, prennent par degré quelque accroissement, et même lorsqu'elles prennent la forme de lames ou de boucliers, elles ne deviennent pas si hautes que dans les autres espèces. Les plus larges,
qui sont entre la fin de la dorsale et celle de l'anale, ne garnissent
pas toute la hauteur de cet endroit, et il en est de même sur le
reste de la queue, où elles diminuent un peu. Une trentaine environ
de ces pièces peuvent prendre le titre de boucliers; mais, comme
nous l'avons dit, le passage des écailles aux boucliers est presque
insensible. Sa hauteur est près de cinq fois dans sa longueur; son
épaisseur, deux fois dans sa hauteur; sa tête, quatre fois dans sa
longueur; sa pectorale, quatre fois et demie. Le bord inférieur de
l'opercule est en ligne droite. Son œil est grand et a le tiers de la
longueur de la tête en diamètre. La tache noire est faible et disparaît
quelquefois. Le corps est argenté, teint de plombé ou de bleu
d'acier clair sur le dos, et au premier coup d'œil on serait tenté de
prendre ce poisson pour un petit hareng.

D. 7 — 1 — 1/26; A. 2 — 1/23.

Nous en avons des individus depuis quatre pouces jusqu'à sept.

Il y en a un de cette dernière taille dans la collection
de Broussonnet, étiqueté *scomber dimidiatus*. MM. Quoy
et Gaimard ont décrit l'espèce dans la partie zoologique
de leur premier voyage (p. 359), sous le nom de *caranx
mauritianus*; c'est aussi, à ce qu'il nous paraît, le *caranx
macrophtalmus* de M. Ruppel (pl. 25, fig. 4).

Le Caranx a grandes paupières.

(*Caranx crumenophtalmus*, Bl., pl. 343; Lacép., t. IV, p. 107.)

Le *scomber crumenophtalmus* de Bloch (pl. 343) ressemble à ce *mauritianus* plus qu'à aucune autre de nos
espèces; la direction de la ligne latérale, la largeur de ses

boucliers, leur nombre, celui des rayons s'accordent : mais le dessin donne plus de force aux aiguillons des boucliers.

D'après ce nom de *crumenophtalmus* (œil dans un sac) on pourrait croire que l'espèce de Bloch a quelque chose de particulier dans ses paupières; mais ce sont des membranes adipeuses, semblables à celles de tous les autres caranx et même de tous les maquereaux. Si Bloch en a été particulièrement frappé dans celui-ci, c'est qu'il n'avait peut-être vu les autres qu'à l'état sec.

Ce *crumenophtalme* venait de la côte de Guinée, où il est abondant, et où sa chair passe pour un mets agréable.

L'individu était double de nos *mauritianus* pour la grandeur.

Le Caranx de la Nouvelle-Guinée.

(*Caranx Novæ Guineæ*, nob.)

De petits individus, rapportés de la Nouvelle-Guinée par MM. Quoy et Gaimard lors de leur seconde expédition avec M. d'Urville, ressemblent à s'y méprendre au *mauritianus* par la ligne latérale, et cependant ils ne sont pas de la même espèce,

car leur museau est sensiblement plus obtus, et leur œil, plus petit, a son diamètre trois fois et demie dans la longueur de la tête. Leurs couleurs sont les mêmes; ils n'ont pas de tache noire. Leurs boucliers sont au nombre de vingt-cinq à vingt-sept.

D. 8 — 1/25; A. 2 — 2/23, etc.

Ces poissons n'ont que trois pouces.

Le CARANX A MINCE ARMURE.

(*Caranx leptolepis*, K. et V. H.)

Un des caranx qui ont la ligne latérale le moins cuirassée, a été envoyé de Java au Musée des Pays-Bas par MM. Kuhl et Van Hasselt sous le nom de *caranx leptolepis.*

Sa ligne est très-peu arquée et sa courbure ne finit que sous le milieu de la seconde dorsale. Ses écailles ne commencent à prendre un élargissement sensible que sous le tiers postérieur de cette nageoire, et devenues boucliers, elles ne couvrent pas même moitié de la hauteur de la queue. On peut en compter vingt-cinq de cette nature. Cette espèce est haute et comprimée. Sa longueur ne comprend sa hauteur que trois fois et un tiers. Son épaisseur est près de trois fois dans la hauteur. Sa tête est à peu près aussi haute que longue; mais les lignes en sont d'ailleurs semblables à celles de ces caranx des Indes. Le bord inférieur de son opercule est droit et parallèle à celui du subopercule.

D. 8 — 1/25; A. 2 — 1/22, etc.

Ce poisson est d'une belle couleur d'argent, irisé de bleu clair vers le dos. Ses nageoires sont blanchâtres ou d'un jaune pâle; il a la tache noire très-marquée.

Notre individu est long de cinq pouces.

Le CARANX DE MERTENS.

(*Caranx Mertensii*, nob.)

M. de Mertens nous a fait voir la figure d'un caranx recueilli à Manille,

très-semblable au *leptolepis* pour la forme, le peu de courbure de la ligne latérale et la petitesse de ses boucliers; mais qui n'a aucune tache noire. Son corps est argenté, irisé, teint de bleu d'acier vers le dos, et orné d'une large bande jaune ou dorée, qui règne tout le long du flanc.

D. 8 — 1/26 ; A. 2 — 1/23, etc.

Le Caranx de Plumier.

(*Caranx Plumieri*, nob. ; *Scomber Plumieri*, Bl. ; *Caranx Daubenton, Caranx Plumier*, Lacép.)

A tous ces caranx des Indes sans fausses nageoires et à profil à peu près droit, nous en associerons un d'Amérique qui leur ressemble presque de tout point, et sur lequel il y a plusieurs confusions à rectifier dans les auteurs.

Sa forme diffère peu de celle du *mauritianus*, et il lui ressemble aussi par sa ligne latérale ; mais il est un peu plus haut, et a la tête plus grande à proportion.

Sa hauteur, au milieu du tronc, est quatre fois et demie dans sa longueur totale ; son épaisseur, deux fois dans sa hauteur. La longueur de sa tête est trois fois et deux tiers dans sa longueur totale, et sa hauteur une fois et deux cinquièmes dans sa longueur. Les profils supérieur et inférieur sont légèrement convexes, et à peu près semblables. Le diamètre de l'œil est de plus du tiers de la longueur de la tête. Il a de grands voiles membraneux et adipeux. La bouche est fendue jusque sous son bord antérieur. La mâchoire inférieure avance plus que l'autre. Les dents sont très-fines et sur une ligne fort étroite. Le préopercule est coupé presque en demi-cercle. Le bord inférieur de l'opercule est légèrement concave, et son échancrure semi-circulaire. La pectorale est taillée en faux, pointue et presque du quart de la longueur totale. Du reste, ses nageoires sont comme dans les espèces avec lesquelles nous le comparons.

D. 8 — 1/26 ; A. 2 — 1/22 ; C. 17 ; P. 20 ; V. 1/5.

9.

La ligne latérale est à peine sensiblement courbée; elle n'a que des écailles rondes dans sa moitié antérieure. Sous le commencement de la deuxième dorsale elles commencent à grandir un peu. Sous son quart antérieur, où la ligne devient droite, elles se changent petit à petit en boucliers. L'endroit où ces boucliers sont le plus larges est sous le quart postérieur de la deuxième dorsale; ensuite ils diminuent. On peut en compter de trente à trente-six, suivant qu'on les prend plus en avant.

Ce poisson est très-brillant. D'après M. Plée, qui nous la envoyé de Saint-Barthélemi,

il a le ventre argenté, le dessus du dos d'un noir bleuâtre, ses côtés de couleur d'or, avec des reflets qui y forment des espèces de bandes; mais d'après un dessin que je dois à M. l'Herminier, cette teinte dorée s'affaiblit beaucoup en certains temps ou dans certains individus. Nous voyons des figures où le dos est simplement verdâtre et le corps argenté. Ses nageoires sont jaunâtres ou grisâtres. S'il a une tache noire, elle n'occupe que la partie membraneuse dans l'échancrure de l'opercule; mais je crois plutôt qu'il n'en a pas. Je n'en vois pas de trace dans les dessins dont je viens de parler. La longueur de nos individus est de huit à neuf pouces.

Le squelette de ce caranx de Plumier ressemble assez, pour la tête, à celui du saurel d'Europe, sauf les différences de proportion qui se montrent à l'extérieur. Il a de même vingt-quatre vertèbres, dont dix abdominales et dix caudales.

M. Plée dit que la chair de ce poisson est ferme comme celle du maquereau, et qu'il est commun au mois de Décembre près de l'île de Saint-Barthélemi, où on le nomme *coulirou*. On lui donne le même nom à la Guadeloupe. Selon M. l'Herminier, il y est très-bon et très-abondant, mais sujet à devenir vénéneux, ce dont on s'aperçoit à la rougeur que prennent ses os. Dans cet état son venin est tel qu'on l'emploie pour faire périr les rats., en le saupoudrant de farine de manioc.

M. Poey nous en a communiqué un dessin fait à la Havane, où on lui a donné le nom galicien du saurel d'Europe, *chicharo.* C'est un des poissons les plus abondans de ce port; on l'y prend en troupes, et on peut le manger sans crainte : il ne pèse guère plus d'une demi-livre.

Cette espèce est, à ce que nous espérons, bien déterminée maintenant, d'après les caractères que nous venons de lui assigner; mais elle a déjà été présentée sous deux noms différens dans les auteurs systématiques, et personne, dans ce qu'ils en ont dit, ne pourrait en reconnaître l'identité, si l'on n'avait la faculté de remonter aux sources.

Il en existe dans les vélins du Muséum une figure faite par Aubriet d'après les esquisses de Plumier, et qui est parfaite pour l'ensemble, ainsi que pour ses couleurs bleue, jaune et blanche, mais où les rayons sont mal comptés comme d'ordinaire à cette époque, et les boucliers des côtés de la queue mal rendus.

C'est sur cette figure que M. de Lacépède (t. III, p. 59 et 71) a établi son espèce du *caranx Daubenton :* elle est intitulée sur le vélin : *Trachurus argenteo-cœruleus, aureis maculis notatus,* Plum.; et l'on voit par cette phrase que c'est une copie de la même esquisse dont s'est servi Bloch pour établir son *scomber Plumieri;* sa figure (pl. 344) est d'ailleurs conforme à celle d'Aubriet, même pour quelques erreurs, comme les deux épines à la seconde dorsale : mais Bloch y a changé les nombres de rayons; il y a exprimé autrement les boucliers, et comme il voyait dans la phrase de Plumier ces mots :

aureis maculis notatus, il a semé sur tout le corps des taches rondes et jaunes. Il n'y a donc aucun sujet de douter que le caranx Daubenton et le caranx Plumier ne soient le même.

Le Caranx de Bloch.

(*Caranx Blochii,* nob.; *Scomber ruber,* Bl.)

Il en existe dans le golfe du Mexique une autre espèce, facile à distinguer par sa tête plus courte et son œil plus petit.

Sa tête est à peine du quart de sa longueur totale, et son œil n'a guère plus du quart de la longueur de sa tête. Le bord inférieur de son opercule est sensiblement convexe, et son échancrure peu marquée. Du reste, les proportions de ses nageoires, la courbure de sa ligne latérale, ses boucliers, sont à peu près les mêmes. Sa couleur est argentée et teinte de bleu ou de verdâtre sur le dos;

ce qui n'empêche pas que nous ne le considérions comme le même que le *scomber ruber* de Bloch (pl. 342), dont nous avons en ce moment sous les yeux l'original, qui nous a été confié par M. Lichtenstein. Bloch, qui avait reçu ce poisson du docteur Isert, altéré par la liqueur et devenu un peu rougeâtre, n'a pas hésité de l'enluminer d'une vive couche de carmin. C'est ainsi qu'il n'a que trop souvent donné des couleurs fausses à ses poissons étrangers; mais ici l'exagération était aussi par trop forte.

L'individu de Bloch est long de onze pouces et venait de Sainte-Croix. Isert lui avait dit qu'il y en avait de plus grands et que leur goût est agréable.

Le Caranx a bandes.

(*Caranx fasciatus*, Coll. mexic.)

Il se pourrait au reste qu'il y eût encore quelques espèces voisines dans les mers d'Amérique. Nous en trouvons par exemple dans la collection de MM. Mocigno et
Sessé une figure

où le verdâtre du dos descend en huit ou dix bandes verticales
nuageuses sur le jaunâtre des flancs et du ventre. Sa ligne latérale
paraît beaucoup plus fortement courbée qu'au précédent, et autant
qu'au vari; elle devient droite sous le commencement de la seconde
dorsale, et y prend des boucliers à pointes assez acérées. Le profil
de sa tête est à peu près rectiligne. Je ne puis compter ses rayons,
qui ne sont pas assez nettement exprimés.

Cette figure porte pour étiquette *scomber fasciatus,*
vulgo *xurel;* nous avons vu que *xurel* est le nom espagnol
du saurel.

Les espèces suivantes commencent à avoir un corps
plus haut et plus comprimé que celles dont nous avons
parlé jusqu'à présent, et sous ce rapport elles commencent
aussi à nous conduire aux carangues; mais leur profil n'est
pas si relevé, ni leur nuque si courbe; la ligne de leur
profil descend obliquement.

Il y en a d'abord qui joignent à ce corps élevé et comprimé le caractère remarquable d'un espace nu, plus ou
moins considérable, sous la poitrine; caractère que nous
retrouverons dans quelques carangues.

Le CARANX A GOUTTES D'OR.

(*Caranx auroguttatus*, Ehrenb.; *Scomber fulvoguttatus*, Rupp.)

M. Ehrenberg a rapporté un caranx de cette division pris dans la mer Rouge, et qui doit ressembler beaucoup au *scomber fulvoguttatus* de Forskal, mais dont les nombres de rayons ne s'accordent pas avec ceux du voyageur danois. Cependant M. Ruppel l'a aussi représenté sous le nom de *fulvoguttatus*, et nous l'a même donné sous ce nom.

Ses dents sont en très-fin velours ras. Ses pièces operculaires sont écailleuses comme sa joue. L'intervalle des yeux, au contraire, est nu comme le museau, et ce nu monte en se rétrécissant sur la nuque et s'étend en ligne étroite jusqu'à la première dorsale. Il y a une petite place nue sous la gorge. Sa hauteur est trois fois et un tiers dans sa longueur, et celle de sa tête y est quatre fois. Sa tête est d'un cinquième plus longue que haute. Cette espèce est une de celles dont les pectorales sont les plus longues : elles ont le tiers de la longueur totale; mais la première dorsale est petite, et la deuxième, ainsi que la deuxième anale, est plus élevée. Ces deux nageoires sont presque entièrement écailleuses. La ligne latérale n'est guère plus courbée que le dos jusque sous le milieu de la seconde dorsale, où elle devient droite; elle ne se carène que sous la fin de cette nageoire; mais sur le bout de la queue les carènes des boucliers sont plus saillantes et plus tranchantes que dans aucune autre espèce, au point qu'à cet endroit la distance transverse d'un tranchant à l'autre surpasse la hauteur. Il n'y a guère que quinze boucliers, dont les sept ou huit derniers seulement forment ces tranchans. Il y a de plus comme d'ordinaire deux petites crêtes, une au-dessus, l'autre au-dessous de la carène.

Ce poisson est argenté, plombé sur le dos, et semé partout de points jaunes très-brillans.

On voit qu'il serait entièrement conforme à la description que Forskal donne de son *fulvoguttatus* sans les nombres, qui sont dans notre individu, D. 6 — 1 — 1/23; A. 2 — 1/22, et dans celui de Forskal, D. 7 — 1 — 1/27; A. 2 — 1/24.

M. Ruppel dans son texte donne à son *fulvoguttatus*: D. 8 — 0/25; A. 2 — 0/23; mais sa figure marque D. 7 — 1/20; A. 2 — 1/22; et l'individu qu'il nous a remis, a D. 7 — 1/23; A. 2 — 1/22, comme celui de M. Ehrenberg.

M. Ruppel a pris ce poisson pour le *luna* de M. Geoffroy; mais la différence des dents à elle seule les ferait distinguer.

Il y a encore dans les collections de M. Ehrenberg un poisson tout semblable, mais sans taches, qu'il a nommé *immaculatus*. Ce n'est peut-être qu'une variété.

Le CARANX A POITRINE NUE.

(*Caranx gymnostethus*, nob.)

M. Dussumier a rapporté des Séchelles un caranx qui s'y nomme *carangue ronde*, et qui a plus d'un rapport avec le précédent, mais où le nu de la gorge prend une bien plus grande extension et occupe toute la poitrine.

Sa tête, d'un cinquième plus longue que haute, a, en épaisseur, moitié de sa hauteur. Son profil supérieur, à peine légèrement convexe, descend à peu près comme celui de sa gorge monte. Le bout du museau est mousse. Le front est large, et l'on sent faiblement la carène longitudinale de son milieu. L'œil, éloigné du museau de deux cinquièmes de la longueur de la tête, et qui en a lui-même un sixième en diamètre, est bien rond et au milieu de la hauteur. Les deux orifices de la narine sont très-près l'un de l'autre;

le premier, en fente verticale, un peu rebordé, le second, ovale, sans rebord, sont à la hauteur du bord supérieur de l'œil et à peu près à égale distance de son sommet et du bout du museau. La bouche, au bout du museau, à mâchoires à peu près égales, descend très-peu, et sa commissure est sous l'aplomb de la narine. Le maxillaire, découvert seulement en arrière et coupé carrément, va jusque sous le bord antérieur de l'œil. Les dents sont en velours très-ras, sur des bandes fort étroites. Le limbe nu du préopercule est très-large. La ligne de séparation de l'opercule et du sous-opercule est légèrement convexe. La pectorale, en faux très-longue et très-pointue, a le tiers de la longueur totale. La ventrale est trois fois plus courte. La première dorsale triangulaire a son troisième et son quatrième rayon, qui sont les plus hauts, du quart de la hauteur du tronc. Le premier et le dernier sont fort petits. La pointe antérieure de la seconde n'est pas plus haute. Sur presque toute son étendue elle est fort basse. Son dernier rayon se relève en pointe, et a de chaque côté une membrane, qui en fait un prisme triangulaire. L'anale correspond à peu près à cette seconde dorsale. Les deux épines qui la précèdent sont fort petites. Les lobes de la caudale n'ont que le sixième de la longueur du poisson.

D. 7 — 1/28 ; A. 2 — 1/26 ; P. 1/21 ; V. 1/5 ; C. 19, et 13 ou 14 petits.

Les écailles, petites, verticalement ovales, sans cils, dentelures, ni éventail, ne montrent qu'à une forte loupe de très-fines stries circulaires. Un grand espace rhomboïdal nu occupe la poitrine entre les pectorales et depuis la gorge jusque derrière les ventrales. Tout le dessus du crâne est aussi nu, ainsi qu'une grande partie des pièces operculaires ; ce nu monte par une ligne étroite jusqu'à la première dorsale. La ligne latérale commence à descendre sous le commencement de la deuxième dorsale, et devient droite sous son milieu ; mais elle ne commence à prendre des boucliers carénés que sous les trois derniers rayons ; elle en a quatorze ou quinze assez forts.

A l'état frais, selon M. Dussumier, ce poisson est d'un vert clair

argenté, avec de beaux reflets de nacre, et a les nageoires d'un vert
jaunâtre transparent. Il atteint une longueur de deux pieds.

C'est l'un des plus abondans aux Séchelles; il est bon,
mais un peu sec.

Le Caranx a taches fauves.

(*Caranx fulvoguttatus*, nob.; *Scomber fulvoguttatus*, Forsk.;
Caranx bayad, Rupp.?)

M. Dussumier a rapporté des Séchelles en 1827 un autre
caranx à poitrine nue comme le précédent,

mais à tête moins alongée, et qui n'a pas tant de rayons à la
deuxième dorsale. La longueur de sa tête ne surpasse pas sa hauteur, et n'est que quatre fois dans celle du poisson. Sa hauteur,
au milieu, est un peu plus de trois fois dans sa longueur totale.
Sa nuque a un léger commencement de convexité, qui indique le
passage aux carangues. Du reste, le nu de son crâne et de sa
poitrine, les proportions de ses nageoires, sa ligne latérale et les
boucliers qui arment son extrémité, sont à peu près comme dans
le gymnostèthe; ainsi sa pectorale est du tiers de sa longueur,
mais les lobes de sa caudale sont du cinquième.

D. 7 — 1/27; A. 2 — 1/24, etc.

A l'état frais il est argenté, avec des reflets de nacre et de petites
taches de couleur d'or. Les nageoires sont transparentes. La dorsale
et l'anale ont leur extrémité d'un vert clair.

L'espèce est très-commune aux Séchelles, et peu estimée. Je crois la reconnaître dans la figure du *caranx
bajad* de M. Ruppel (Atl., pl. 25, fig. 5). Les couleurs
et les autres caractères sont les mêmes, et cette figure
marque vingt-six rayons mous à la deuxième dorsale, mais
le texte en compte vingt-neuf; et de plus l'anale, qui en

a vingt et un dans la figure, n'en a que vingt selon le texte; enfin, il n'est pas question du nu de la poitrine.

Notre poisson est plus probablement encore le *fulvo-guttatus* de Forskal, j'oserais même dire que cela est certain, puisque les couleurs et les nombres des rayons sont identiques. Forskal parle même du nu du crâne, qui s'étend jusqu'à la première dorsale; mais il n'a point remarqué le nu de la poitrine. Son nom arabe est *goezz*, qui signifie *peu*.

Le CARANX A SOURCIL D'OR.

(*Caranx chrysophrys*, nob.)

Il nous est encore venu des Séchelles, et toujours par le zèle éclairé de M. Dussumier, un troisième de ces caranx, à poitrine aussi nue que dans les deux précédens; c'est le plus élevé des trois, et il ne le cède à cet égard à aucune carangue; toutefois il n'a pas la nuque aussi relevée, ni le profil aussi vertical.

Sa hauteur, au milieu, n'est que deux fois et deux tiers dans sa longueur. La longueur de sa tête y est trois fois et deux tiers, et elle est aussi haute que longue. L'épaisseur du corps est le tiers de sa hauteur. Les pointes de sa deuxième dorsale et de son anale ont moitié de la hauteur du corps entre elles. La première dorsale est moitié moins haute, et a huit rayons, dont les deux derniers sont isolés. La pectorale a, comme dans les précédens, le tiers de la longueur du poisson. Les lobes de la caudale en ont le cinquième.

D. 8 — 1/19; A. 2 — 1/16.

La ligne latérale ne devient droite que sous le tiers postérieur de la deuxième dorsale, et n'a de boucliers un peu carénés qu'après avoir dépassé cette nageoire.

Sa couleur, dans le frais, est, en dessus, d'un verdâtre clair; aux côtés et en dessous, d'un argenté brillant. Il y a des reflets nacrés à la partie nue. Le crâne est verdâtre; le museau noir; le sourcil et le tour de la bouche jaune doré. Les pectorales sont transparentes, et les autres nageoires verdâtres.

L'individu est long de onze pouces; mais l'espèce devient plus grande.

C'est un très-bon poisson.

M. Ruppel, qui donne à son caranx *fulvoguttatus* dans son texte vingt-cinq rayons mous à la seconde dorsale, ne lui en marque que vingt dans sa figure (pl. 25, fig. 7). Il serait possible qu'elle eût été faite d'après un individu de l'espèce actuelle; cependant elle marque vingt-deux rayons à l'anale.

Le Caranx du Sénégal.

(*Caranx senegallus*, nob.)

M. Roger nous a envoyé du Sénégal, et M. Rang de Gorée, un caranx

qui, sans avoir la nuque saillante, est remarquable par les pointes de la dorsale et de l'anale, aussi alongées et aiguës que dans aucune carangue proprement dite. Il a le corps ovale. Sa hauteur, au milieu du tronc, est trois fois et demie dans sa longueur, et sa tête y est cinq fois. Sa première dorsale est petite. La pointe de la seconde a les quatre cinquièmes de la hauteur du corps. Celle de l'anale en a la moitié. Ses dents sont toutes en velours très-ras. Les lobes pointus de sa caudale ont plus du quart de sa longueur. Le nu du crâne et de la poitrine est comme dans le gymnostèthe et la carangue vraie; mais il s'éloigne beaucoup du premier et se rapproche au contraire de l'autre par sa ligne latérale qui, d'abord un peu concave, fait une courbe très-convexe, devient droite sous le bord antérieur de la deuxième dorsale, et a de quarante à quarante-trois boucliers, tous fortement carénés.

D. 7 — 1/21; A. 2 — 1/17 ou 18, etc.

On ne lui voit nulle part de tache noire.

Notre plus grand individu est long de dix pouces.

C'est particulièrement cette espèce que l'on peut croire avoir été représentée par Barbot (pl. 6) sous le nom de *corango*.

———

D'autres de ces caranx à corps élevé, mais à profil droit, se font remarquer par cette circonstance que leurs dents maxillaires sont non pas en velours ou en cardes, comme dans tous les précédens, mais sur une seule rangée, distinctes, égales, le plus souvent mousses : leurs palatins en ont une bande fort étroite en fin velours; mais au-devant du vomer plusieurs les ont si petites, ou les perdent si aisément, que l'on peut douter qu'elles y existent; caractère qui, s'il avait été constant, nous aurait déterminé à en faire un genre à part. Leur forme générale est oblongue, élevée et comprimée, comme dans les espèces dont nous avons parlé immédiatement, l'*auroguttatus* et les suivantes, mais ils n'ont pas de nu à la poitrine. Il y en a une espèce dans la Méditerranée.

Le Caranx lune.

(*Caranx luna*, Geoff.)

M. Geoffroy Saint-Hilaire, qui s'est procuré cette espèce à Alexandrie, en a publié une belle figure dans le grand ouvrage sur l'Égypte (Zool., poiss., pl. 23, fig. 3) sous le nom de caranx lune, et en a donné un individu et un squelette au Cabinet du Roi; et son fils, M. Isidore Geoffroy, en a inséré la description dans le texte du même ouvrage.

Sa hauteur est trois fois et demie dans sa longueur. Sa tête, d'un quart plus longue que haute, est quatre fois et un quart dans la longueur du poisson. Son profil descend obliquement et presque en ligne droite. Son œil, au milieu de la hauteur et de la longueur, occupe un cinquième de la longueur. La fente de la bouche ne prend que moitié de l'espace entre le bout du museau et l'œil ; mais le maxillaire, qui est coupé carrément, va jusque sous le bord antérieur de l'œil. Le museau est légèrement renflé en dessus. La mâchoire supérieure dépasse à peine l'autre. Chaque mâchoire a une rangée d'environ quarante dents, petites, cylindriques, à pointe mousse, bien alignées, et derrière celles du milieu il y en a six ou huit plus petites à la mâchoire supérieure, et quatre très-petites à l'inférieure, qui se cachent même dans l'épaisseur de la gencive. La pectorale est quatre fois et demie dans la longueur, c'est aussi la mesure des lobes de la caudale. La première dorsale et le devant de la seconde sont quatre fois dans la hauteur.

D. 8 — 1/24 ; A. 2 — 1/20 ; C. 17 entiers et quelques petits ; P. 1/18 ; V. 1/5.

Sa ligne latérale demeure à peu près parallèle au dos jusque sous le tiers postérieur de la deuxième dorsale, où elle devient droite, et prend des boucliers carrés et carénés, au nombre de vingt-six ou vingt-huit. Il paraît argenté et a la tache noire à l'endroit ordinaire, quoique la figure que nous venons de citer ne la marque point.

La longueur de nos individus est de onze pouces.

Son squelette a tous les caractères de celui d'un saurel, aux différences près que produisent celles des formes extérieures. La crête mitoyenne s'élève beaucoup au-dessus des externes. Les côtes embrassent presque toute la hauteur de l'abdomen. Il a trois inter-épineux avant celui auquel appartient l'épine couchée ; dix vertèbres abdominales, dont les trois ou quatre dernières, et surtout la dernière, ont les apophyses transverses dirigées vers le bas ; quinze caudales ; un grand et fort interépineux pour les deux épines détachées avant l'anale. Les interépineux de ses rayons mous sont distribués avec beaucoup de régularité, deux pour chaque apophyse épineuse, etc.

C'est, à ce qu'il me paraît, cette espèce que M. Risso (2.ᵉ édition, p. 422, n.° 338, et pl. 6, fig. 13) désigne par le nom de *citula Banksii,* et à laquelle il rapporte avec quelque probabilité le *trachurus imperialis* de M. Rafinesque [1], qui lui-même est emprunté de l'ouvrage de Cupani, intitulé : *Panphyton siculum* (t. III, pl. 129).

Dans un mémoire manuscrit, communiqué autrefois à l'académie des sciences, M. Risso nommait ce poisson *caranx magnifique,* à cause de la beauté et de l'éclat de ses couleurs,

qu'il décrit comme azurées et gorge de pigeon sur le dos, resplendissantes de l'éclat de l'argent sur les côtés, et à reflets nacrés sur le ventre, avec une tache noire à l'opercule. Les membranes écailleuses aux côtés de la base de la dorsale sont jaunes, ainsi que les pectorales. Ses nombres, dans le texte, sont les mêmes que les nôtres; mais sa figure est fautive à cet égard; elle ne montre que quatorze rayons à la deuxième dorsale et douze à l'anale.

L'aiguillon, qui paraît isolé entre la première et la seconde dorsale, et qui n'est que le dernier rayon de la première, dont M. Risso veut faire le caractère de son genre *citule,* se retrouve ainsi dans beaucoup de caranx.

Ce poisson se montre sur les côtes de Nice en Mai et en Juin. Sa femelle pond à la fin du printemps. L'espèce atteint vingt pouces de longueur; on la nomme à Nice *pei-suvareou,* corruption de *saurel.* Sa chair est ferme, tendre et d'un goût délicat.

La figure du *trachurus imperialis* de M. Rafinesque paraît un peu plus alongée; mais c'est un défaut commun à toutes celles de son ouvrage.

---

1. *Caratteri,* p. 42, n.° 116, et pl. 11, fig. 1.

L'auteur lui donne plus de trois rayons aux branchies; six rayons à la première dorsale, vingt-cinq à la seconde et autant à l'anale; les lèvres grosses; une protubérance sur le museau; la caudale fourchue; la ligne latérale courbée et épineuse dans sa partie postérieure; le corps brun en dessus; une tache noire à l'opercule.

Sa taille est de deux pieds. Les pêcheurs siciliens le nomment *sauru imperiali,* pour le distinguer de leur *sauru* ordinaire, qui est notre saurel.

M. Rafinesque[1] a formé un genre *trachurus* pour lequel il n'exige pas que la ligne latérale soit cuirassée, mais seulement que les côtés de la queue soient anguleux, et qu'il y ait deux dorsales sans épines ni rayons libres et une seule anale; expression par où il ne veut pas sans doute exclure les deux premières épines de derrière l'anus, puisqu'il place dans ce genre le saurel commun, où cette sorte de première anale est si apparente.

Il compte quatre espèces de ces *trachurus*[2], indépendamment de celle qu'il regarde comme le saurel ordinaire; mais la première seule, ou l'*imperialis,* nous paraît appartenir à notre genre *caranx,* tel que nous le définissons.

Le Caranx plie.

(*Caranx platessa,* nob.)

La mer des Indes a aussi une espèce de ce groupe, apportée par Péron. Elle ressemble beaucoup au *luna.*

Sa hauteur est du tiers de sa longueur. Son épaisseur de moitié de sa hauteur. Sa tête est quatre fois dans sa longueur totale; sa

---

1. *Caratteri,* p. 42, n.° 116, pl. 9, fig. 1.
2. Rafinesque, *Indice d'ittiologia siciliana,* p. 20 et 21.

pectorale trois fois et demie. Sa bouche est peu fendue et n'a que des dents très-petites, mais sur une rangée, excepté au-devant des mâchoires, où la rangée est double.

D. 8 — 1/26 ; A. 2 — 1/23, etc.

Il n'y a point de nu à la poitrine. Sa ligne latérale devient droite sous le milieu de la seconde dorsale. Ses écailles, qui sont assez larges, ne se changent en boucliers que vers le tiers antérieur de la partie droite, et il y a encore trente ou trente-deux de ces boucliers.

Tout son corps paraît avoir été argenté. Son opercule porte à la place ordinaire une tache noire très-sensible.

Notre individu est long de neuf pouces.

Nous ne savons pas bien dans quels parages Péron se l'était procuré.

Le Caranx du port du Roi-George.

(*Caranx georgianus*, nob.)

MM. Quoy et Gaimard ont pris au port du Roi George, à la Nouvelle-Hollande, un de ces caranx qui ressemble à s'y méprendre au *luna* et au *platessa*

par les formes, les dents, et les couleurs ; mais qui a le corps un peu moins élevé et des rayons plus nombreux à la dorsale et à l'anale.

D. 8 — 1/28 ou 29 ; A. 2 — 1/24.

Ces individus n'ont que six à sept pouces.

Le Caranx sole.

(*Caranx solea*, nob.)

Les côtes du Brésil possèdent aussi un caranx fort voisin du *luna*, qui ne paraît même s'en distinguer que par une légère différence dans le nombre des rayons, et un peu plus de brièveté de la tête.

Sa hauteur est trois fois dans sa longueur, et son épaisseur quatre fois dans sa hauteur. Sa tête, du quart de la longueur totale, est d'un cinquième plus longue que haute. Son profil descend obliquement sans s'arquer. Sa bouche n'est pas fendue jusque sous l'œil. Ses dents sont petites, mais coniques et distinctes. Leur extrémité est un peu mousse. On en compte vingt-cinq de chaque côté. Il n'y en a que quelques-unes en arrière de celles-là au milieu, et point de bande en velours. Ses pièces operculaires, sa tempe et sa joue sont écailleuses; mais le nu du museau remonte en pointe sur le crâne. Ses pectorales sont en faux et du quart de la longueur totale. La première dorsale a son troisième aiguillon, qui est le plus long, deux fois et demie dans la hauteur du corps. La deuxième et l'anale n'ont pas de pointe saillante, mais sont seulement un peu plus élevées en avant; elles peuvent se cacher entièrement entre les deux lames écailleuses qui s'élèvent des deux côtés de leur base. Sa ligne latérale, médiocrement arquée dans plus de moitié de sa longueur, ne commence à devenir droite que sous le milieu de la deuxième dorsale; elle ne porte que vingt-quatre à vingt-cinq boucliers.

$$D.\ 8 - 1/26;\ A.\ 2 - 1/23,\ \text{etc.}$$

On voit une tache noire, de grandeur médiocre, à la membrane qui remplit l'échancrure de l'opercule. Du reste, ce poisson paraît avoir été argenté, teint de plombé, et avoir eu les nageoires jaunâtres ou grises. Celle de la queue pourrait avoir été rougeâtre.

Notre individu, conservé dans la liqueur, est long de dix pouces.

Feu Delalande qui l'a apporté du Brésil, n'a laissé aucune note sur les habitudes ni sur la taille à laquelle il parvient.

9.

Le CARANX DENTÉ.

(*Caranx dentex,* nob.; *Scomber dentex,* Bl. Schn.)

Le *scomber dentex* de Bloch (Syst. posth., p. 3o, n.º 25), que nous avons examiné sur le propre original de ce célèbre ichtyologiste, vient aussi du Brésil, et est assez semblable au *solea;*

mais sa tête est bien plus grande et contenue seulement trois fois et demie dans sa longueur. Ses dents sont bien plus grosses, en cylindres courts, arrondis au bout, sur une seule rangée, au nombre de treize ou quatorze de chaque côté. Les deux du milieu, à la mâchoire inférieure, sont plus fortes, un peu isolées des autres et écartées entre elles. Il y a deux rayons de moins à la deuxième dorsale.

D. 8 — 1/24; A. 2 — 1/20; C. 17 et plusieurs petits; P. 20; V. 1/5.

L'opercule et le sous-opercule sont écailleux, aussi bien que la tempe et la joue. Le nu du museau remonte aussi en pointe jusqu'à la première dorsale. La ligne latérale n'a qu'une faible inflexion vers l'arrière, et les boucliers commencent à s'y marquer vis-à-vis le milieu de la deuxième dorsale. On aperçoit un peu de noir à l'é- chancrure de l'opercule.

L'individu est long de dix-neuf pouces. Il avait été envoyé de Rio-Janéiro.

Le CARANX A ANALE JAUNE.

(*Caranx analis,* nob.)

L'île de Sainte-Hélène a dans les eaux qui la baignent un caranx exactement de la forme du *dentex,*

et qui a les mêmes proportions de corps, de tête, de nageoires, la même armure à la ligne latérale, mais dont les dents sont un peu moindres et au nombre de dix-huit de chaque côté, et qui a deux rayons de plus à la deuxième dorsale et à l'anale.

D. 8 — 1/26; A. 1/22.

Il est ainsi à peu près intermédiaire entre le *solea* et le *dentex*.

M. Dussumier, à qui nous le devons, a décrit ses couleurs sur le frais :

Il est verdâtre clair en dessus et aux flancs, et a le ventre argenté, avec une légère teinte de vert. Le dessus de la tête est d'un vert plus foncé. Les pectorales, les deux dorsales et la caudale, sont verdâtres. Cette dernière est terminée par du jaune. L'anale est jaune à sa base dans toute sa longueur, et verdâtre à son fond.

L'individu est long de quatorze pouces.

C'est un très-bon poisson, abondant à Sainte-Hélène, et qui atteint deux pieds et plus.

***

DES CARANGUES.

Il nous reste à parler de ces caranx à crête du crâne relevée et comprimée, auxquels nos marins affectent plus particulièrement le nom de *carangues;* mais c'est la partie la plus difficile de notre tâche. Ces poissons se ressemblent si fort, qu'il est presque impossible de leur apercevoir des caractères tels qu'on puisse distinguer les espèces voisines lorsqu'on ne les a pas à la fois sous les yeux pour en faire une comparaison immédiate. Ils ont tous le profil tranchant et en arc de cercle; des boucliers seulement à la partie droite de leur ligne latérale; des pectorales longues et en forme de faux; une épine couchée, mais souvent cachée sous la peau en avant de leur première dorsale.

On en trouve un dans Margrave, son *guara tereba* (p. 172),
un dans Seba sous le même nom (t. III, pl. 27, n.° 3).

Plumier en avait dessiné un, sa *carangue,* dont Bloch
a donné une copie; c'est le *scomber carangus* de sa grande
ichtyologie (pl. 340).

Le *scomber hippos* de Linnæus, le *scomber Ascensionis*
d'Osbeck appartiennent incontestablement à cette subdivision, ainsi que le *scomber chrysos* de Mitchill.

Nous y rapportons aussi le *scomber Kleinii.*[1]

Il est probable que l'on doit y ranger plusieurs des
scombres de Forskal, tels que *ignobilis, sansun;* mais son
scomber speciosus, bien qu'ayant la même tête, se distingue des autres par le manque absolu de dents.

Russel, dans ces derniers temps, en a décrit et présenté
sept ou huit (t. II, pl. 144 à 152).

Mais la difficulté, c'est de rapporter ces descriptions, et
même plusieurs de ces figures, aux espèces que l'on a sous
les yeux, et de trouver les moyens de fixer cette concordance, en rendant les caractères qui l'auront pour base
faciles à saisir par les personnes qui verront les espèces
isolées.

La CARANGUE PROPREMENT DITE.

(*Caranx carangus,* nob.; *Scomber carangus,* Bl.)

La carangue de nos îles, représentée par le père Plumier,
et gravée d'après lui dans l'ouvrage de Bloch (pl. 340), sous
le nom de *scomber carangus,* est un poisson
à corps comprimé, dont la plus grande hauteur (au milieu du

---

1. Bloch, pl. 347, fig. 2.

tronc), est trois fois dans la longueur totale, et dont la courbe du dos descend en arc de cercle pour former le profil. Son épaisseur est du tiers de sa hauteur. Sa tête, aussi haute que longue, fait le quart de la longueur totale. C'est aussi la longueur des lobes de sa caudale, qui est très-fourchue.

La crête mitoyenne du crâne est tranchante et plus saillante que les latérales. Le diamètre de l'œil est du quart de la longueur de la tête : il est placé dans son deuxième quart et au-dessus du milieu de sa hauteur. Les orifices de la narine sont deux fentes verticales, rapprochées l'une de l'autre et près du milieu du bord antérieur de l'orbite. La bouche, fendue au quart inférieur de la hauteur de la tête, se porte, en descendant, un peu jusque sous le milieu de l'œil. La mâchoire supérieure a dans sa partie moyenne une bande de dents en gros velours, et à l'extérieur, un rang de dents coniques, espacées, de grandeur médiocre. A la mâchoire inférieure il n'y a qu'un rang de dents coniques aussi, mais plus nombreuses et plus serrées qu'à la supérieure. Au milieu sont deux canines, du double plus fortes que les autres. Le sous-orbitaire, plus long que haut, a le bord légèrement convexe et sans dentelures. La moitié postérieure du maxillaire reste à découvert; elle est large et tronquée au bout. Le limbe du préopercule est large; son rebord antérieur peu saillant, son bord entier; son angle arrondi. L'opercule est de moitié plus haut que large : son bord inférieur est oblique et rectiligne; le postérieur a une échancrure en demi-cercle entre deux lobes arrondis. Le sous-opercule et l'interopercule sont bien découverts. Ce dernier se contourne autour de l'angle du préopercule. Il n'y a pas d'armure particulière à l'épaule. La pectorale, longue, pointue et taillée en faux, est trois fois et demie dans la longueur totale. Son attache est au tiers inférieur de la hauteur. Celle des ventrales a lieu précisément au-dessous; mais leur longueur n'est que du tiers de celle des pectorales. La première dorsale commence un peu plus en arrière que la base de la pectorale; elle est triangulaire et a huit rayons peu robustes, dont le premier et les deux derniers sont fort courts, et le troisième, le plus long de tous, n'a qu'un peu plus du quart de la hauteur du tronc sous lui.

Immédiatement après vient la deuxième dorsale. Sa pointe antérieure, formée par ses six ou sept premiers rayons mous, est du
sixième ou du septième de sa longueur totale. Les rayons suivans
sont tous peu élevés et à peu près égaux. Le dernier redevient un
peu plus long. Le premier de tous est épineux et caché dans le
bord antérieur, dont il fait environ le tiers. Il y a, comme dans
les saurels, une première anale de deux rayons. La deuxième anale
répond, pour la forme et la grandeur, à la deuxième dorsale; mais
elle commence un peu plus en arrière.

D. 7 ou 8 — 1/ de 19 à 21; A. 2 — 1/17; C. 17 et 5 et 4; P. 22; V. 1/5.

Toute la tête est lisse, excepté la tempe et la joue, qui ont de
petites écailles; mais le crâne même n'en a point. Le nu du crâne
se continue par une ligne étroite jusque près de la première dorsale. Toute la gorge est nue, et ce nu s'étend jusque derrière les
ventrales. Il y a seulement un petit losange écailleux en avant de
ces nageoires. Le tour de la base de la pectorale est également nu.
Tout le reste du corps a de petites écailles, et on en voit de plus
petites encore entre les quatre ou cinq premiers rayons seulement
de la deuxième dorsale et de la deuxième anale. La ligne latérale
décrit un arc alongé, convexe du côté du dos, depuis le haut de
l'ouïe jusque sous le cinquième ou sixième rayon de la deuxième
dorsale; là elle devient droite et commence à prendre des boucliers
d'abord fort petits, mais qui s'élargissent et prennent des carènes
plus saillantes jusqu'au milieu de la portion de queue sans nageoires, après quoi ils rediminuent très-rapidement, mais sans
perdre leurs aiguillons. J'en compte vingt-neuf ou trente, rejetant
du compte quelques-uns des antérieurs qui ne diffèrent pas sensiblement des autres écailles. Il y a de chaque côté de la queue,
au-dessus et au-dessous de la carène armée, les petites crêtes ou
plis saillans de la peau, que l'on voit dans tant d'autres scombéroïdes.

Ce poisson est d'une belle couleur d'argent, teint de plombé ou
de violâtre à la partie supérieure. Une tache d'un noir foncé occupe
l'endroit échancré de l'opercule. Les nageoires sont jaunes. L'anale

surtout est d'un beau jaune jonquille. Il y a du bleuâtre au bord
postérieur de la pointe de la dorsale, et un liséré brunâtre au bord
de la caudale. On voit une tache ronde et noire dans l'aisselle de
la pectorale, et un trait noir sur son huitième rayon et les suivans,
jusqu'au quinzième; mais ce noir manque quelquefois.

Les jeunes individus, comme dans presque tous les scombéroïdes, ont de larges bandes verticales plus foncées.

La carangue devient grande; elle pèse souvent jusqu'à
vingt-cinq livres. Un de nos échantillons est long de deux
pieds et demi.

C'est un poisson très-commun dans toutes les parties
chaudes de l'Amérique. Nous l'avons du Brésil, de Cayenne,
de Porto-Rico, de la Havane. Plumier l'a bien représenté
à la Martinique. Il est du nombre de ceux qui traversent
l'Océan. M. Rang nous l'a envoyé de Gorée.

Les colons espagnols nomment la carangue, comme
d'autres poissons de ce genre, *jurel* ou *xurel,* c'est-à-dire
saurel. A la Havane on lui donne aussi le nom particulier
de *jiguagua.* A Cayenne nos Français l'appellent *dorade.*
Elle y passe pour un des meilleurs poissons. On la mange
avec d'autant plus de plaisir, qu'elle passe pour ne jamais
donner cette maladie dangereuse de la *siguatera.*

La FAUSSE CARANGUE.

(*Caranx fallax*, nob.)

La mer des Antilles et celle du Brésil produisent un
autre poisson de cette subdivision, et tellement semblable
à la carangue vraie que l'on s'y trompe quelquefois, bien
que l'on ait le plus grand intérêt à les distinguer; car
celui-ci est aussi sujet à donner la *siguatera* que l'autre

en est exempt. Aussi cette seconde espèce, qui se nomme à la Havane *jurel*, comme la première, y est défendue quand elle pèse plus de deux livres, et l'on ne permet d'y vendre au marché que les petits individus. Cependant M. Poey nous apprend que, selon certains pêcheurs, quand ce poisson est dans un état dangereux, on s'en aperçoit à ce qu'il a la tête pleine de vers, et que dans le cas contraire il n'y a aucun danger à s'en nourrir, quelle que soit sa taille.

La principale différence entre les deux espèces c'est que celle-ci n'a point de tache noire à l'opercule; mais une recherche minutieuse y en découvre encore quelques autres. Elle a constamment vingt et un rayons mous à la deuxième dorsale; la partie antérieure et pointue de cette nageoire est noire au bord; le jaune de toutes ses nageoires est moins vif. La ligne latérale a sa partie antérieure plus arquée, et au lieu de prendre par degrés la direction droite, elle la prend subitement. Le nombre de ses boucliers va quelquefois jusqu'à trente-cinq ou trente-six. Enfin, sa poitrine est écailleuse, et non pas nue comme dans la vraie carangue. Elle arrive aussi à un poids de vingt-cinq livres. Nous en avons un individu de plus de deux pieds.

Il nous paraît que c'est ici le véritable *guara tereba* de Margrave, car cet auteur ne parle point de tache noire à l'opercule. Il est vrai qu'il ne lui donne que sept à huit pouces de longueur; mais il peut bien n'avoir pas vu les plus grands individus.

C'est bien sûrement aussi celui que Seba (t. III, pl. 27, fig. 3) donne comme le *guara tereba*, et même sa figure est très-exacte.

Nous ne savons pas au reste où Margrave a pris la sienne. Elle n'est ni dans le livre du prince ni dans celui

de Mentzel : ce dernier en contient cependant une très-
exacte et très-grande de notre espèce, mais sans nom.
Dans le livre du prince il y en a une, intitulée *guará-
guáçu,* qui nous paraît s'y rapporter également. Il y est
dit que le poisson atteint trois ou quatre pieds de longueur.

Il faut remarquer que la première dorsale a été oubliée
dans les deux figures; mais les poissons de ce genre la
cachent si bien qu'il n'est pas étonnant qu'elle ait échappé
à des dessinateurs peu attentifs.

La CARANGUE PISQUET.

(*Caranx pisquetus,* nob.)

Une troisième espèce des mêmes mers, nommée à Saint-
Domingue *pisquet,* et à Cuba *cojenudo* ou *cojinudo,* et
que nous avons aussi reçue du Brésil,

a le corps plus alongé que les précédentes, et la nuque moins arrondie; c'est de tout ce groupe l'espèce qui approche le plus du
groupe précédent. Sa hauteur est près de quatre fois dans sa longueur totale; elle a la tache noire à l'opercule moins marquée
cependant qu'à la vraie carangue. Il n'y a point de canines proé-
minentes. Sa poitrine est écailleuse. La ligne latérale est d'abord
faiblement arquée, comme dans la carangue; mais elle prend sa
direction droite plus tôt et presque sous le bord antérieur de la
deuxième dorsale; aussi a-t-elle des boucliers plus nombreux. On
peut en compter quarante-quatre ou quarante-cinq. Les pointes de
sa seconde dorsale et de son anale proéminent beaucoup moins.

D. 8 — 1/24; A. 2 — 1/20.

Ses nageoires sont verdâtres, et il n'y a de noirâtre que les
pointes de la caudale.

9.   10

L'espèce paraît demeurer dans des dimensions plus petites que les précédentes. M. Poey, qui nous en a donné un dessin, dit qu'elle ne passe pas quatre livres.

Nous en avons reçu récemment de Saint-Domingue un individu de quatorze pouces.

Peut-être est-ce sur un individu de cette espèce que M. Mitchill aura compté les rayons qu'il attribue à son *scomber chrysos*.

La CARANGUE JAUNE.

(*Scomber chrysos*, Mitch.; *Scomber hippos*, Linn.)

Le *scomber chrysos* ou maquereau jaune du docteur Mitchill, tel que nous l'avons reçu de New-York même, par M. Milbert, ressemble en toute chose à la vraie carangue; je lui trouve vingt et quelquefois vingt et un rayons mous à la deuxième dorsale : M. Mitchill lui en compte vingt-quatre; mais il a fait entrer dans ce calcul les deux petites épines du bord antérieur. Le même naturaliste ne lui donne que six pouces et demi de longueur.

Mais comme, d'après ce qu'il en dit lui-même, l'espèce ne paraît pas être commune à New-York, il se pourrait que ce ne fût qu'une jeune carangue échappée de parages plus méridionaux. Des individus plus jeunes encore, et de deux et trois pouces seulement, ont sur le dos cinq bandes verticales un peu plus foncées que le fond, comme il arrive dans cette famille à la plupart des très-jeunes poissons.

Identique ou non avec la carangue, nous ne doutons pas que ce *scomber chrysos* ne soit le véritable *scomber hippos* de Linnæus.

Le squelette de ce caranx de New-York, comme ceux du reste du genre, ne diffère guère de celui du saurel que par ses formes, qui se voient déjà à l'extérieur. Il a les mêmes nombres de parties : dix vertèbres abdominales; quatorze caudales, etc. Sa crête mitoyenne du crâne, coupée en arc de cercle, s'élève fort au-dessus des latérales. Le grand interépineux, qui porte les épines libres de derrière l'anus, est arqué en avant à sa partie inférieure; ce qui produit une petite partie tranchante en avant de ces épines, etc.

La Carangue de Saint-Barthélemi.

(*Caranx Bartholomæi*, nob.)

Cette espèce nous a été envoyée par feu Choris de l'île de Saint-Barthélemi, avec une figure coloriée d'après le frais.

Elle n'est pas si alongée que le *pisquet*. Sa hauteur n'est que trois fois et quelque chose dans sa longueur. Néanmoins son profil n'est pas si arqué et descend plus obliquement que dans la vraie carangue et que dans la fausse. Son œil est presque au milieu de la longueur de sa tête. Le devant de sa deuxième dorsale et de son anale, quoique plus élevé, ne forme pas de pointe saillante.

D. 8 — 1/26; A. 2 — 1/22, etc.

Sa ligne latérale ne devient tout-à-fait droite que sous le tiers antérieur de sa dorsale. On y compte de trente-trois à trente-cinq boucliers.

Sa couleur est argentée, sans aucune tache noire. Ses nageoires sont jaunâtres.

L'individu est long de cinq pouces.

Le CARANX A MUSEAU OBTUS.

(*Caranx amblyrhynchus*, nob.)

M. Delalande a rapporté du Brésil une cinquième espèce,

à plus petite tête, à museau tombant plus rapidement que dans les précédentes; elle a presque l'apparence d'un stromatée. Sa hauteur n'est que deux fois et deux tiers dans sa longueur. Sa tête n'en fait pas le cinquième. Ses dents sont toutes petites et fines. Sa première dorsale, petite et faible, n'a que le sixième de la hauteur du tronc. La seconde dorsale et la seconde anale n'ont pas de pointe saillante; mais un peu plus hautes à la partie antérieure, elles décroissent rapidement. La ligne latérale, courbée d'abord en demi-cercle, devient droite tout d'un coup et sous le bord antérieur de la deuxième dorsale. Il y a à sa partie droite quarante-neuf ou cinquante boucliers faciles à reconnaître.

$$D.\ 7 - 1/27;\ A.\ 2 - 1/23.$$

Dans la liqueur, cette espèce paraît argentée, un peu jaunâtre, teinte vers le dos d'un plombé verdâtre. Son opercule est teint de noirâtre plutôt qu'il n'a une vraie tache; mais il y en a une très-noire sur la base de la pectorale, à la face interne. Sa dorsale et son anale sont grises, finement pointillées ou sablées de noir.

Nos individus n'ont que six ou sept pouces de long.

Nous ignorons à quelle taille l'espèce peut parvenir, ainsi que le nom qu'elle porte dans son pays.

Le CARANX DE L'ASCENSION.

(*Caranx Ascensionis*, nob.; *Scomber Ascensionis*, Forst.)

Nous avons reçu de l'île de l'Ascension par MM. Quoy et Gaimard une espèce remarquable de carangue, que

Forster y avait déjà observée et qu'il avait nommée *scomber Ascensionis,* la jugeant la même qu'Osbeck avait décrite sous ce nom.

Le dessin de Forster, conservé à la bibliothèque de Banks, et sa description placée mal à propos sous le *scomber glaucus* dans le Bloch posthume (p. 33, n.° 34) répondent également bien à l'individu que nous avons sous les yeux.

C'est de toutes les carangues celle qui a la nuque plus tranchante et plus bombée. Son profil ressemble à celui d'un vomer, et devient même un peu concave entre les yeux; ce qui donne à ce poisson une physionomie assez différente de ses congénères. Sa hauteur n'est pas tout-à-fait trois fois dans sa longueur, et sa tête est un peu plus haute que longue. La pointe de sa dorsale a moitié de la hauteur du corps. Celle de l'anale l'égale à peu près. La première dorsale est petite. La pectorale est de près du tiers de la longueur du corps. Les lobes de la caudale demeurent roides et très-écartés; ils ont chacun le quart de la longueur. La courbure de la ligne latérale est médiocre; elle devient droite sous le troisième ou le quatrième rayon de la deuxième dorsale, et n'a que trente boucliers.

D. 8 — 1/22; A. 2 — 1/18; C. 17 entiers; P. 1/20; V. 1/5.[1]

Tout ce poisson est d'un brun foncé, surtout ses dorsales et son anale. Le repli adipeux postérieur de son orbite est singulièrement large et épais.

Notre individu est long d'un pied. Le dessin de Forster a plus de seize pouces.

Osbeck donne à son *scomber Ascensionis* les caractères généraux des carangues, un corps gris en dessus, blanc en dessous, long d'un pied, et les nombres suivans : D. 7 — 25;

---

1. Forster dit D. 24 et A. 18, parce qu'il ne distingue pas le premier épineux.

A. 25 ; C. 20 ; P. 20 ; V. 5 ; et bien que plusieurs de ces nombres soient mal indiqués, surtout celui de l'anale, on ne voit pas trop d'accord entre cette espèce et celle de Forster.

On peut voir dans notre chapitre des *centronotes*, par quelle erreur ce *scomber Ascensionis* d'Osbeck est devenu dans Linnæus le *scomber glaucus*.

Le CARANX GRIS.

(*Caranx helvolus*, nob.; *Scomber helvolus*, Forst.)

Une autre carangue du même parage a été nommée par Forster *scomber helvolus*; mais Schneider en a placé la description sous le *scomber carolinus*, qui est un centronote.

La courbe de son crâne est beaucoup moins convexe que dans la précédente. Sa ligne latérale ne devient droite que sous le milieu de la deuxième dorsale, et ne prend pas de boucliers aussi grands. Ses dents sont petites, serrées; son corps entier est de couleur de nacre de perle. Sa première dorsale est singulièrement petite. Forster donne ses nombres comme il suit: D. 6 — 29; A. 21; C. 22; P. 21; V. 5; et ajoute que l'anale n'a point d'épine, ce qui est probablement erronné.

Schneider trouve encore au *scomber capensis* de Forster de la ressemblance avec l'*helvolus;* mais ce *scomber capensis* n'est autre que le *temnodon,* ainsi que nous le verrons à l'article de ce dernier.

———

Après avoir donné ces descriptions des carangues de l'océan Atlantique, je crois devoir leur comparer les carangues des Indes, en les rapprochant chacune de celle qui lui ressemble le plus dans l'autre hémisphère.

La Carangue sem.

(*Caranx sem*, nob.)

Nous parlerons d'abord d'une espèce qui ressemble, à s'y méprendre, à la fausse carangue d'Amérique par la taille, par l'absence de tache noire à l'opercule et par tous les détails des parties, au point qu'il nous a fallu la plus grande attention pour y découvrir quelque différence, qui même paraîtra bien légère;

c'est que la ligne de son profil tombe plus rapidement, ou en d'autres termes, que sa nuque est plus élevée que dans l'espèce d'Amérique; mais cet excédant ne va pas à un dixième. Le nombre des rayons mous de sa deuxième dorsale varie de dix-neuf à vingt. Du reste, tout est commun entre ces deux espèces. M. Leschenault, à qui nous devons celle des Indes, nous dit qu'elle parvient à trois pieds et demi de longueur, et qu'elle est azurée, avec des nageoires jaunes. Avec l'âge, ces teintes se rembrunissent un peu. Il y a du noirâtre à la pointe de la deuxième dorsale, comme dans la fausse carangue d'Amérique. Son sous-orbitaire est lisse. Sa hauteur est trois fois et demie dans sa longueur; la pointe de sa première dorsale, deux fois dans sa hauteur.

Cette fausse carangue des Indes, si l'on peut s'exprimer ainsi, ne paraît pas sujette aux inconvéniens de l'autre. M. Leschenault nous assure qu'elle est très-bonne à manger, et ne fait mention d'aucun danger dans son emploi. On la nomme à Pondichéry *sem-paré.*

De toutes les espèces de Russel, c'est le *wotim-parah* (pl. 148) qui lui ressemble le plus.

Selon cet auteur, le dos et la tête de ce *wotim-parah* jusqu'à la hauteur de la pectorale, sont d'une couleur changeant en vert, bleu et or. Son ventre est blanc, teint de jaunâtre. La dorsale et le lobe supérieur de la caudale sont bruns; le lobe inférieur est couleur de soufre, avec un bord brun, et les autres nageoires sont jaunâtres.

Tout annonce que c'est aussi le *kirm* des Arabes, ou le *scomber ignobilis* de Forskal (p. 55, n.° 72); du moins tout ce qu'il dit de ce kirm convient à notre poisson; mais ce qu'il en dit se réduit malheureusement à des choses presque génériques.

Outre ce nom de *kirm* que ce caranx porte à Djidda, Forskal cite encore ceux de *djarm* ou *girb,* et assure qu'à Lohaia on l'appelle *korab* quand il est petit, et *djim* quand il est grand; mais ces noms désignent peut-être des espèces plus différentes que Forskal ne l'a cru. Tout attentif qu'il était, il a fort bien pu croire identiques des poissons aussi semblables que ceux qui composent ce groupe, surtout s'il ne les a pas vus à côté les uns des autres. Lui-même, au reste, en fait la remarque (p. 56).

———

Nous avons sous les yeux quelques autres espèces qui ressemblent à cette première, et par conséquent à la fausse carangue, par leur profil arqué et tranchant et par la plupart de leurs détails, et n'en diffèrent que par quelques petits caractères à peine sensibles, qu'il faut chercher surtout dans la courbure du profil, dans celle de la ligne latérale, dans la largeur de ses boucliers, dans le plus ou moins de proéminence des pointes de la dorsale et de l'anale.

La Carangue de Forster

(*Caranx Forsteri*, nob.),

l'une d'elles, est venue de l'Isle-de-France, de la côte de Malabar, de Célèbes, de la Nouvelle-Guinée, de la Nouvelle-Irlande et de Vanicolo, et se trouve par conséquent dans toute la mer des Indes.

Elle se reconnaît à ce que son profil est encore moins relevé que celui de la fausse carangue d'Amérique, par conséquent notablement moins que dans notre espèce précédente. Ses boucliers sont un peu plus étroits; mais il faut voir ces trois poissons ensemble, et des individus à peu près de même taille, pour saisir ces différences. A grandeur égale, l'espèce actuelle a aussi les dents plus fines et plus égales; ce qui peut lui fournir un caractère plus marqué. La portion arquée de sa ligne latérale est un peu flexueuse. Son sous-orbitaire est lisse et moins haut à proportion qu'au *sem*. Le bout de la pointe de sa dorsale est noirâtre, et il y a un liséré faible de cette teinte à son bord et à celui de la caudale. Le haut de l'opercule est marqué d'une petite tache noire.

D. 8 — 1/20; A. 2 — 1/16.

Il y a trente boucliers, etc.

Nous avons des individus depuis cinq pouces et demi jusqu'à un pied.

Nous ignorons à quelle taille ils auraient pu parvenir.

Forster avait décrit et dessiné, à la Nouvelle-Zélande, un poisson qu'il prenait pour le *scomber hippos* de Linnæus; Schneider en a inséré la description dans le Système posthume de Bloch, et nous en avons trouvé la figure dans la bibliothèque de Banks. L'une et l'autre répondent parfaitement à notre espèce actuelle.

L'individu de Forster était long de dix pouces.

9.   11

La CARANGUE JARRA.

(*Caranx jarra*, nob.)

Le poisson que nous venons de décrire est celui de nos espèces qui ressemble le plus au *jarra-dandrée-parah* de Russel (pl. 147), et toutefois nous n'oserions affirmer qu'elle soit la même : les boucliers du poisson de Russel sont dessinés plus petits, et il ne lui donne que dix-huit rayons à la seconde dorsale. Russel fait remarquer spécialement les ondulations de la ligne latérale : il indique les couleurs comme d'un argenté brunâtre, changeant sur le dos en vert et en bleu; toutes les nageoires jaunâtres; le bout du lobe supérieur de la caudale noir.

Sa taille ordinaire est de dix pouces.

La CARANGUE A ANALE JAUNE.

(*Caranx xanthopygus*, nob.)

L'Isle-de-France a fourni à M. Dussumier une carangue assez voisine des deux précédentes,

mais à nuque un peu plus relevée, à profil un peu plus droit, à museau un peu plus comprimé, à sous-orbitaire un peu plus haut et plus sillonné, et qui a des pointes un peu plus hautes et un rayon de plus à la dorsale et à l'anale.

D. 8 — 1/21; A. 2 — 1/17.

Il y a trente-trois ou trente-quatre boucliers à sa ligne latérale; elle paraît argentée, teinte de verdâtre vers le dos, avec quelques petites taches brunes, rares et éparses irrégulièrement sur le dos et sur les flancs. Dans le frais, les dorsales et le lobe supérieur de la caudale sont verdâtres; le lobe inférieur, l'anale et les ventrales, d'un beau jaune jonquille.

L'individu est long de treize pouces.

Nous croyons pouvoir lui rapporter un individu plus petit, presque sans aucuns points bruns, et qui a vingt-deux rayons mous à la dorsale et dix-huit à l'anale; mais qui, du reste, ressemble entièrement au grand.

Ce poisson est assez commun à l'Isle-de-France et excellent à manger.

La Carangue a six bandes.

(*Caranx sexfasciatus*, Q. et G.)

Le *caranx sexfasciatus* de MM. Quoy et Gaimard[1] ressemble au *caranx Forsteri*

pour les formes et même pour les inflexions de la ligne latérale; mais il est un peu plus élevé de la nuque. La partie droite de sa ligne latérale est un peu plus longue à proportion et contient vingt-huit boucliers. Son sous-orbitaire est aussi étroit et aussi lisse.

D. 7 — 1/20; A. 2.— 1/15, etc.

Sa première dorsale est noire, les autres sont jaunâtres ou grises. Six ou sept bandes verticales noirâtres se détachent sur l'argenté de son corps; la première descend à l'œil. Ses dents sont fines, mais bien prononcées.

Ces bandes noirâtres sont un caractère des jeunes caranx, aussi bien que des jeunes scombres, ainsi que nous l'avons déjà observé à l'article du *chrysos* ou de la vraie carangue d'Amérique.

Ce *caranx sexfasciatus* pourrait donc bien n'être qu'un jeune d'une autre espèce; mais il nous serait difficile de le rapporter à aucune des nôtres : à coup sûr, ce n'en est

---

1. Zoologie du Voyage de Freycinet, pl. 65, fig. 4.

pas un du *rim* ou *caranx speciosus*, et les dents que
montre la figure citée, ne sont pas une faute du graveur,
comme le soupçonne M. Ruppel[1]. Nous l'avons de Waigiou,
de Vanicolo et de Batavia. Les plus grands individus ont
trois pouces et demi.

La Carangue de Péron.

(*Caranx Peronii,* nob.; *Scomber sansun,* Forsk.?)

Un caranx du voyage de Péron et rapporté plus nouvellement par MM. Quoy et Gaimard de Vanicolo, venu
aussi d'Amboine, de Java et du Malabar, qui ressemble
beaucoup au *jarra*

par le profil, par le nombre et la grandeur des boucliers, par le
noirâtre de la pointe de la dorsale, et même un peu par le liséré
de l'anale, en diffère par le nombre des rayons de la seconde dorsale, qui est de vingt-deux, et parce que la partie courbe de sa
ligne latérale, qui n'a point de flexuosités, prend un peu plus d'espace relativement à la partie droite, la partie postérieure du corps
étant aussi un peu moins alongée; cependant la courbe de la ligne
latérale est plus convexe, et l'est surtout plus que dans l'espèce qui
va suivre.   D. 8 — 1/22; A. 2 — 1/17.

Notre individu est long de trois pouces et demi.

Il y a grande apparence que c'est le *scomber sansun* de
Forskal (p. 56, n.° 74). Sa description est entièrement
conforme à ce que nous observons, excepté qu'il donne
un rayon de moins à l'anale (A. 1/16). Les noms arabes
rapportés par ce voyageur, *abu-sansun, abu-leila, baghe,*

---

1. Atlas zoologique, poissons, p. 96.

dheirak, bokas, donnent lieu à la même observation que ceux de notre *sem* : ils appartiennent peut-être à des espèces voisines.

C'est de tous nos caranx celui qui ressemble le plus au *scomber Kleinii* de Bloch, et nous le croirions entièrement le même, si la figure de Bloch (pl. 347, fig. 2) ne représentait les boucliers plus larges. Bloch compte, à la vérité, vingt et un rayons à l'anale, et ne marque point de noirâtre à la dorsale; mais il peut sur le premier point avoir mal compté, et la liqueur peut avoir altéré les couleurs.

Ce poisson avait été envoyé par le médecin de la colonie danoise de Tranquebar, nommé *Klein,* et c'est le nom de ce médecin qu'il porte, et non celui du célèbre zoologiste. A Tranquebar on l'appelle *walen-parei.* Sa taille ordinaire y est de onze pouces, mais l'individu de Bloch n'en avait que quatre.

La CARANGUE DE LESSON.

(*Caranx Lessonii,* nob.)

MM. Lesson et Garnot ont rapporté de la Nouvelle-Hollande une carangue très-semblable à notre première espèce des Indes, même pour les proportions et pour la force des dents;

elle a seulement le corps un peu plus haut dans le milieu et moins élevé à la nuque, dernière circonstance qui la rapproche des deux précédentes; de plus, elle est toute entière d'une couleur argentée, légèrement dorée, et a toutes les nageoires jaunâtres sans noir; à peine voit-on un peu de brun vers la pointe de l'opercule. On lui compte à peu près trente boucliers, plus petits qu'à la première espèce. Son sous-orbitaire est lisse et non marqué de tubulures ou de sillons.   D. 8 — 1/19 ou 20; A. 2 — 1/16.

L'individu n'est long que de cinq pouces.

M. Dussumier en a rapporté un de six et demi de la côte de Malabar.

C'est au *gundi-parah* de Russel (p. 144) que cette espèce ressemble le plus pour la forme et pour la courbure de la ligne latérale, et c'est à ce *gundi-parah* que M. Ruppel rapporte son *caranx sansun,* qu'il juge le même que celui de Forskal. En effet, toutes ces espèces sont si voisines, que des figures, même très-bonnes, ne suffisent pas toujours pour les faire distinguer : Russel donne à son *gundi-parah* D. 8 — 21; A. 2 — 18; M. Ruppel à son *sansun,* D. 8 — 1/20; A. 2 — 1/17, et Forskal au sien, D. 7 — 1 — 1/21; A. 2. 1/15.

Forskal décrit son *sansun* comme argenté, sans taches, à nageoires brunes, excepté les pectorales et les ventrales, qui sont blanches. Le bord de la deuxième dorsale est noir; celui de l'anale et de la caudale jaune.

Le *sansun* de M. Ruppel serait d'un vert de mer sale vers le dos, argenté au ventre; toutes ses nageoires seraient verdâtres et transparentes; la seconde dorsale aurait un bord noir.

Il assigne sa taille à vingt et un pouces, et dit qu'il est très-commun dans toute la mer Rouge, d'un bon goût, et qu'il paraît faire particulièrement la chasse aux athérines.

Le *gundi-parah* a le crâne et la face verts; le dessus du corps d'un vert plus foncé, changeant en jaunâtre; la gorge et la poitrine couleur de perle; le ventre blanc, teint de jaunâtre; la deuxième dorsale et le lobe supérieur de la caudale obscurs; les pectorales, les ventrales, l'anale et le lobe inférieur de sa caudale, jaunes. Sa taille est d'un pied.

C'est un poisson sec et insipide.

C'est d'après ces indications que j'ai pensé que le *sansun*
de Ruppel et celui de Forskal est de l'espèce précédente,
et le *gundi-parah* de celle-ci.

La CARANGUE DE BÉLENGER.

(*Caranx Belengerii*, nob.)

Un caranx du Malabar, envoyé par M. Bélenger, se
distingue

par ses dents plus fortes qu'à aucun autre. Sa hauteur, surtout à
la nuque, est un peu moindre qu'au *sem*. Son sous-orbitaire un
peu moins haut, et quoique la courbure de sa ligne latérale soit à
peu près la même, il n'a à sa partie droite que vingt-sept ou vingt-
huit boucliers un peu moins larges que ceux du *sem*.

D. 7 — 1/20 ; A. 2 — 1/16, etc.

Son anale et sa caudale sont jaunes, ses autres nageoires grises,
et il a du noirâtre à la pointe de sa dorsale, comme le *sem*.
Nos individus n'ont que cinq pouces.

La CARANGUE A ANALE NOIRE.

(*Caranx melampygus*, nob.)

MM. Lesson et Garnot ont apporté des îles de Waigiou
et Rauwack et de celle de Bourou, MM. Quoy et Gaimard
de Vanicolo, et M. Desjardins a envoyé de l'Isle-de-France
une carangue à peu près dans les proportions de notre
première espèce,

mais qui a les pointes de sa dorsale et de son anale plus saillantes
et plus aiguës, et les premiers boucliers de la partie droite de sa
ligne latérale plus petits et plus plats à proportion des suivans. Il

y en a trente-quatre ou trente-cinq. Les nombres de ses rayons
diffèrent davantage.

D. 8 — 1/23 ou 24; A. 2 — 1/19.

Ses dents sónt moins fortes et presque en velours dans les jeunes.
Les deux pointes de ses nageoires sont noirâtres; mais celle de
l'anale plus que l'autre. Ce poisson paraît d'ailleurs avoir été argenté, et teint vers le dos d'un plombé verdâtre.

Nos individus sont longs de neuf pouces.

C'est celle de nos espèces qui nous paraît ressembler
le plus au *kuguroo-parah* de Russel (pl. 145); cependant
les boucliers de ce *kuguroo* sont dessinés trop petits, et
il n'est pas question dans le texte du noirâtre de l'anale.

Russel le décrit simplement comme ayant le crâne vert; la face
d'un vert plus clair; la gorge et la poitrine couleur de perle; le
tronc et les nageoires comme dans le *gundi-parah*.

La CARANGUE ÉKALA.

(*Caranx ekala*, nob.; *Ekalah-parah*, Russ., n.° 146.)

L'*ekalah-parah* de Russel (pl. 146)

est aussi élevé, et a les nageoires aussi pointues que le *kuguroo-parah*
ou *melampygus*, avec des boucliers à peu près semblables, et des
dents aussi fortes au moins que dans le *sem*. Son sous-orbitaire,
un peu plus haut à proportion, est marqué de sillons ou plutôt
de tubulures plus prononcées. Il n'a que vingt rayons mous à la
deuxième dorsale.

B. 7; D. 7 — 20 (ou plutôt 1/19?); A. 2 — 17 (ou 1/16?); C. 25? P. 20; V. 1/5.

Son crâne est verdâtre. Son dos change du vert au bleu et au
pourpre sur un glacé d'or. Les opercules et les flancs sont de couleur de perle; le ventre est blanc-jaunâtre. Les dorsales et le lobe
supérieur de la caudale sont d'un vert obscur. Les ventrales,

l'anale, le lobe inférieur de la caudale, jaunes. Les pectorales, transparentes.

Cette description, tirée de Russel (t. II, p. 35), est faite d'après un individu long d'un pied; mais il y en a de beaucoup plus grands.

Nous croyons avoir retrouvé cette espèce dans quelques individus venus du Malabar et de Bombay, et qui en ont tous les caractères.

Leur ligne latérale devient droite sous le tiers antérieur de la deuxième dorsale, et a vingt-six boucliers. Il y a du noirâtre à la pointe de la seconde dorsale. L'anale et la caudale sont jaunes.

D. 7 — 1/19 ou 20; A. 1/16.

Ses rapports avec le *caranx Lessonii* sont fort grands, mais outre les différences des nageoires et du sous-orbitaire, l'*ekalah* a aussi le profil moins tombant.

La CARANGUE D'HEBER.

(*Caranx Heberi*, Benn.)

Nous croyons pouvoir placer ici la carangue représentée par M. W. Bennett dans ses Poissons de Ceilan (n.° 26), et dédiée par cet auteur à la mémoire du célèbre évêque de Calcutta, Heber.

Par les formes, ce poisson ressemble à l'*ekalah;* il a les nombres du *sem* et de la plupart des espèces voisines.

D. 8 — 1/20; A. 2 — 1/16, etc.

Son corps est argenté, sans taches, mais avec des reflets dorés sur le dos et les opercules. La première dorsale est brune. Ses autres nageoires sont d'un beau jaune, et, ce qui paraît distinguer l'espèce, le lobe supérieur de la caudale est noir à son extrémité. Sa taille va quelquefois jusqu'à deux pieds.

Les Cingalais nomment ce poisson *rat* ou *goroo-parawah*. On le pêche dans la profondeur, et il est très-estimé.

La Carangue a nageoires bleues.

(*Caranx cœruleopinnatus*, Rupp.)

Une belle carangue, découverte à la Nouvelle-Guinée par MM. Quoy et Gaimard lors de leur second voyage, et qu'ils ont nommée *caranx punctatus*,

a les dents aussi fortes, les boucliers aussi larges que le *sem*, et les pointes de la seconde dorsale et de l'anale aussi saillantes que le *melampygus*. Après la courbure de la nuque, son profil descend obliquement, mais en droite ligne. Sa ligne latérale devient droite sous le quart antérieur de sa deuxième dorsale. On y compte trente-cinq ou trente-six boucliers. Sa hauteur est du tiers de sa longueur, et sa caudale n'en a que le cinquième. Sa poitrine est écailleuse, etc.; tous caractères qui la rapprochent du *sem :* mais sa deuxième dorsale, sa caudale et son anale, sont d'un bleu foncé, ce qui lui fait un caractère très-distinctif, qui cependant s'efface dans la liqueur ou par le dessèchement. Son corps est argenté, teint de verdâtre sur le dos, et semé irrégulièrement de points, les uns bleus, les autres noirâtres. C'est une des espèces qui ont le plus de rayons à leur deuxième dorsale.

D. 7 — 1/24 ; A. 2 — 1/20.

La longueur de notre individu est de quinze pouces.

Il nous paraît que c'est le *caranx cœruleopinnatus* de M. Ruppel[1], dont la description convient entièrement, si ce n'est que les points sur le dos sont indiqués comme de couleur jaune. Sa taille va à dix-huit pouces. Les

---

1. Atlas zoologique, poissons, p. 100.

nombres s'accordent assez (D. 8 — 23; A. 2 — 19). Il a
été pris à Djidda.

La Carangue de Malabar.

(*Caranx malabaricus,* nob.; *Scomber malabaricus,* Bl.,
Syst., p. 31, n.° 27.)

L'espèce qui a à la fois le corps le plus comprimé, la
crête du crâne la plus tranchante, et les boucliers les plus
petits, nous a été envoyée de Pondichéry par M. Leschenault sous le nom de *talam-paré,* et elle nous semble
être aussi le *talem-parah* de Russel (pl. 150). Nous nous
sommes assurés, par l'inspection de l'individu sur lequel
Bloch a établi son *scomber malabaricus,* qu'il est entièrement le même. [1]

Sa hauteur, au milieu, n'est que deux fois et demie dans sa longueur. Ses dents sont toutes en fin velours aux deux mâchoires,
et il n'y en a pas de rangée extérieure plus forte. Sa ligne latérale
ne devient droite que sous le tiers postérieur de sa seconde dorsale,
après avoir décrit un arc très-ouvert. Elle n'a pas moins de trente
boucliers dans cette partie droite; mais ils sont très-petits comparativement à ceux des espèces précédentes. Sa couleur est un bel
argenté, teint de lilas vers le dos. Toutes ses nageoires sont jaunâtres;
mais il a une tache noirâtre à l'opercule, à l'endroit ordinaire.

D. 8 — 1/22; A. 2 — 1/18.

Notre plus grand individu n'a que dix pouces. M. Russel
ne lui donne que huit pouces, et M. Leschenault que
neuf; cependant un individu de la mer Rouge, donné au
Cabinet par M. Ruppel, en a treize.

---

1. Bloch donne au sien des opercules écailleux; mais on ne voit rien de semblable dans son individu, à moins qu'il n'ait confondu la joue avec l'opercule.

On pêche abondamment ce poisson pendant toute l'année dans la rade de Pondichéry, et on l'y mange volontiers. Il paraît qu'à Vizagapatam on est plus difficile. M. Russel dit qu'il n'y paraît pas sur les tables anglaises, mais qu'on le sale pour les villages de l'intérieur.

La Carangue a ventrales noires.

(*Caranx nigripes*, nob.)

Une espèce de carangue commune dans le golfe du Bengale est remarquable par ses longues ventrales noires. M. Leschenault nous l'a envoyée de Pondichéry sous le nom de *canni-paré*, et Russel l'a représentée (pl. 152) sous celui de *mais-parah*. Nous l'avons trouvée dans le Musée de Bloch, étiquetée *scomber ciliaris* et *brama melampus;* mais ce n'est ni un *scombre* ni un *brama;* c'est un *caranx*.

Sa tête est plus petite, et son corps plus haut du milieu que dans la plupart des autres. Sa hauteur est à peine deux fois et demie dans sa longueur. Les pointes de sa dorsale et de son anale s'élèvent faiblement. Elle a les dents en fin velours. Son opercule n'est presque pas échancré, et l'on n'y voit pas de tache distincte. La moitié antérieure de sa ligne latérale est plus convexe que le dos; elle devient droite sous le cinquième ou le sixième rayon de la deuxième dorsale. Les écailles paraissent dès-lors et s'élargissent assez en arrière, mais n'y prennent que de faibles carènes. Ses pectorales sont en longues faux. Ses ventrales sont noires et ont la base et le bord extérieur blancs; elles égalent les pectorales en longueur et atteignent la naissance de l'anale. Russel ne les représente pas tout-à-fait assez longues. Leur épine n'a pas le sixième de la longueur de leur premier rayon.

D. 8 — 1/22; A. 2 — 1/20; C. 17 et 5; P. 19; V. 1/5.

Sa couleur est argentée et teinte de bleuâtre vers le dos.

Nous en avons des individus de huit à neuf pouces; mais l'espèce atteint quinze pouces, selon M. Leschenault.

Elle est abondante dans la rade de Pondichéry et très-bonne à manger.

Les deux épines de la première anale sont petites, et se cachent aisément dans un sillon de l'abdomen : c'est ce qui fait que Russel, qui d'ailleurs n'a décrit son poisson que de mémoire, nie qu'il possède ces épines, ce qui n'est pas exact.

La Carangue mentonnière.

(*Caranx mentalis*, Ehrenb.)

Parmi les carangues de la mer Rouge, rapportées par M. Ehrenberg, il s'en trouve une qui se fait remarquer par une mâchoire inférieure plus avancée que l'autre de près du quart de la longueur de la bouche; ce qui l'a fait nommer par ce naturaliste *caranx mentalis*. Les pointes de sa deuxième dorsale et de sa deuxième anale sont fort aiguës; les épines de sa première anale très-petites. Sa ligne latérale se courbe sous le tiers antérieur de sa deuxième dorsale, et commence à se caréner après la moitié de cette nageoire.

D. 7 — 1/22; A. 2 — 1/18; P. 18; C. 17, etc.

Elle est longue de deux pieds.

La Carangue tillé.

(*Caranx tille*, nob.)

Il nous reste à parler d'un caranx des Indes de la plus grande ressemblance avec notre première espèce, mais dont le crâne prend une forme plus arrondie en dessus, parce

que sa crête mitoyenne ne s'élève presque pas au-dessus des latérales, en sorte que le dessus du crâne est plat ou arrondi, au lieu
d'être tranchant.

Du reste, ses formes et ses détails sont tellement semblables, que M. Leschenault doutait d'abord que ce fût
une espèce différente; mais les pêcheurs, toujours bons
à consulter dans les cas douteux, lui assurèrent qu'ils les
distinguaient très-bien. Ils nomment celle-ci à Pondichéry
koton tillé. Ses nombres sont :

D. 8 — 1/21 ou 7 — 1 — 1/21; A. 2 — 1/17.

Notre individu est long de vingt pouces. L'espèce parvient à deux pieds et demi; elle est bonne à manger.

Les citules ne sont que des carangues où les pointes de
la dorsale et de l'anale sont très-prolongées; mais elles se
lient par des nuances intermédiaires aux carangues ordinaires, en sorte que ce sous-genre ne peut guère être
maintenu.

La CARANGUE A LONGS FILS.

(*Caranx citula,* nob.; *Caranx cirrhosus,* Ehrenb.)

L'individu sur lequel nous l'avions établi, vient de l'ancien Cabinet du Stadhouder, et sa patrie originaire est
inconnue; mais M. Ehrenberg en a rapporté plusieurs
semblables de la mer Rouge, et MM. Quoy et Gaimard
de la Nouvelle-Guinée.

Ses formes sont celles d'une carangue à nuque très-relevée; elle
en a aussi l'épine couchée en avant et tous les autres caractères. Sa
hauteur n'est que deux fois et demie dans sa longueur. Sa tête est

·d'un quart plus haute que longue, et prend moins du quart de la longueur totale. Ses dents sont en velours aux mâchoires, au-devant du vomer, sur une bande étroite à chaque palatin et sur une autre au milieu de la langue, qui est fort libre et obtuse. L'angle de son préopercule est arrondi. Le bord inférieur de son opercule est droit et descend rapidement. Les pectorales sont en faux pointue, de près du tiers de la longueur totale. Les ventrales n'ont que le tiers des pectorales. Le premier rayon mou de la deuxième dorsale et de l'anale s'alongent au point de passer le milieu de la caudale, qui, elle-même, est fourchue, et a des lobes du quart de la longueur totale.

D. 7 — 1/20; A. 2 — 1/17; C. 17 et 5; P. 19; V. 1/5.

Sa ligne latérale, courbée à peu près parallèlement au dos, ne devient droite que sous le milieu de la seconde dorsale, et n'est armée de boucliers que sur les côtés de la queue; ils y sont assez larges, ovales et carénés. On voit aussi à la base de la caudale les deux plis ordinaires.

Ce poisson est argenté et irisé de la manière la plus brillante. Ses écailles sont fort petites; il n'y en a aucunes à la poitrine ni à la tête, excepté derrière l'œil et sur une partie de la joue. Son opercule montre un peu la tache noire, si commune parmi les carangues; il y a aussi une tache noire dans l'aisselle de la pectorale.

Les individus du cabinet et de M. Ehrenberg ont huit pouces de longueur. M. Ruppel en a donné un de dix.

La CARANGUE ARMÉE.

(*Caranx armatus,* nob.; *Citula armata,* Rupp.)

M. Ruppel a donné de plus au Cabinet du Roi une citule fort semblable à la première;

mais dont le corps est plus élevé du milieu, et la nuque, au contraire, moins saillante. Une ligne noire marque le devant de sa dorsale et de son anale; il y a du noir vers le bout des ventrales.

Du reste, les caractères des deux espèces et les nombres de leurs rayons sont les mêmes.

D. 7 — 1/20; A. 2 — 1/18, etc.

L'individu est long de six pouces.

Ce n'est point là, comme M. Ruppel le dit dans son ouvrage[1], le *tchawil-parah* de Russel : ce *tchawil-parah* va revenir plus bas sous le nom de *caranx cilidens*.

La Carangue oblongue.

(*Caranx oblongus,* nob.)

Un poisson de Vanicolo, rapporté par MM. Quoy et Gaimard, et qui tient de près aux citules précédentes, en diffère néanmoins

par un corps plus alongé (sa hauteur est trois fois dans sa longueur totale), par une nuque moins saillante, un profil plus oblique; par des boucliers assez forts, couvrant toute la partie droite de sa ligne latérale, et au nombre de quarante, au moins; enfin, parce que la pointe de son anale ne paraît pas s'alonger comme celle de sa dorsale, qui, elle-même, paraît avoir à peine atteint la caudale : tous caractères par lesquels il se rapproche des carangues ordinaires.

D. 7 — 1/22; A. 2 — 1/19.

Ce poisson paraît avoir été entièrement argenté, sans taches noires. Le nu de sa poitrine a peu d'étendue.

Sa longueur est de treize pouces.

La même espèce a été prise à Oualan par M. de Mertens.

---

1. Ruppel, atlas, poissons, p. 103.

La CARANGUE A DENTS FINES.

(*Caranx ciliaris*, nob.)

Le *tchawil-parah* de Russel (pl. 151) appartiendrait
aussi à cette petite division

par l'alongement du premier rayon mou de sa dorsale. Son corps
est assez élevé. Sa hauteur n'est guère plus de deux fois dans sa
longueur. Ses dents sont très-fines, très-serrées et sur une bande si
étroite qu'on les croirait volontiers sur une seule rangée comme
des cils. Les pointes de sa dorsale et de son anale ne s'alongent pas
autant que dans les deux ou trois précédentes. Ses ventrales ont les
deux tiers de la longueur des pectorales. Sa ligne latérale se courbe
en ⌒⌣, et ne devient pas droite subitement. Les petits boucliers
des côtés de sa queue commencent sous le tiers postérieur de sa
seconde dorsale. On voit un peu de noir à son opercule. Le corps
est argenté, teint de violâtre vers le dos. Les nageoires sont jaunâtres;
il y a une ligne noirâtre fort étroite au bord antérieur des dorsales.
L'intervalle des rayons des nageoires est teint de noirâtre, et il y a
aussi un liséré un peu noirâtre au bord postérieur de la caudale.

D. 8 — 1/21; A. 2 — 1/15; C. 17 et 5; P. 19; V. 1/5.

Notre individu rapporté de Pondichéry par feu M. Sonnerat, n'est long que de quatre pouces et demi; Russel
n'en donne guère davantage à l'espèce.

Ce poisson a été aussi envoyé de Java par MM. Kuhl
et Van Hasselt.

———

La BELLE CARANGUE.

(*Caranx speciosus*, nob.; *Scomber speciosus*, Forsk.)

Nous terminerons enfin cette longue énumération par
un poisson de la mer des Indes qui a toutes les formes des

9.   13

carangues, et même le profil demi-circulaire de leurs premières espèces; mais qui se distingue dans tout le genre par le manque absolu de dents, du moins à l'âge adulte.

C'est le *scomber speciosus* de Forskal (p. 54, n.° 70), ou le caranx très-beau de M. de Lacépède (t. III, p. 72), que les Arabes nomment *rim*, c'est-à-dire degré, escalier. Commerson l'a vu deux fois à l'Isle-de-France, en Mars 1770, et en a laissé une description fort détaillée et une figure que M. de Lacépède a fait graver (t. III, pl. 1, fig. 1).

C'est très-probablement aussi le *polooso-parah* de Russel (pl. 149), quoique les boucliers y soient dessinés un peu trop petits.

Sa hauteur est trois fois dans sa longueur totale. Sa tête en fait le quart et est aussi haute que longue. Son profil est presque en quart de cercle. Sa première dorsale n'a que des rayons faibles. Sa deuxième anale prolonge peu ses rayons antérieurs. Ses pectorales, en longues faux, ont leur longueur trois fois et demie dans celle du corps. Son œil n'a que le quart de la longueur de la tête en diamètre. Sa ligne latérale, courbée en arc peu convexe dans sa première moitié, ne prend de vrais boucliers que vers son quart postérieur. On en peut compter une vingtaine, dont dix sont assez larges; mais leurs carènes ne saillent pas autant et leurs pointes ne sont pas aussi aiguës que dans la plupart des carangues.

D. 7 — 1/18 ou 19 ou 20; A. 2 — 1/15 ou 16; C. 17 et 7; P. 19; V. 1/5.

Sa couleur paraît argentée dans les individus de huit pouces et au-dessus, et plus ou moins jaune dans les jeunes, avec des bandes verticales brunes, alternativement plus larges et plus étroites; savoir: une large à l'œil, une à l'épaule, trois sur le tronc et une sur la queue, et, dans les intervalles des quatre dernières, des lignes plus étroites; il y a de plus une tache noire au bout de chacun des lobes de la caudale, et quelquefois une sur le chanfrein. Toutes les nageoires sont jaunes.

M. Geoffroy Saint-Hilaire a rapporté cette espèce de Suez, et en a donné un individu au Cabinet du Roi; M. Ehrenberg et M. Ruppel l'ont prise à Massuah, M. Raynaud à Trinquemalé, MM. Quoy et Gaimard à Vanicolo.

M. Busseuil, naturaliste de l'expédition de M. de Bougainville le fils, l'a aussi rapportée de la Nouvelle-Hollande.

Comme dans beaucoup d'autres poissons, les bandes s'effacent par degrés à mesure que les individus grandissent, et il nous paraît que le *caranx sauteur* ou *petaurista* du grand ouvrage sur l'Égypte (pl. 23, fig. 1) n'est qu'un adulte de cette espèce. M. Isidore Geoffroy est à cet égard du même avis que nous, et a même fait reparaître quelques traces de bandes sur un individu long d'un pied.[1] Mais M. Ruppel paraît croire l'espèce différente : il en décrit et représente un individu de dix-huit pouces[2], et nous en a donné un de dix-neuf, assurant que c'est le poisson le plus commun en hiver au marché de Massuah, où on le désigne par le nom de *bajad*, qui à la vérité est générique.

---

1. Description de l'Égypte, histoire naturelle, poissons, p. 325.
2. Atlas zoologique, poissons, p. 96, pl. 25, fig. 2.

CHAPITRE XVI.

*De plusieurs petits genres voisins des Caranx, dont
la plupart avaient été placés parmi les Zeus,
savoir : les* Olistes, *les* Scyris, *les* Blépharis, *les*
Gals, *les* Argyréioses, *les* Vomers *et les* Hynnis.

A la suite des carangues, et surtout des citules, se placent
naturellement plusieurs petits groupes de poissons à corps
comprimé, à profil tranchant, et de plus en plus élevé,
qui conduisent au genre des vomers, où cette compression
et cette élévation du profil sont en quelque sorte portées
à l'extrême.

Les citules, comme nous l'avons dit, méritaient à peine
d'être séparées des carangues, dont elles ne se distinguent
que par une seconde dorsale et une anale prolongées en
faux : disposition dont on voit déjà un commencement
dans quelques vraies carangues.

Les *olistes* ne diffèrent des citules que parce qu'outre
les pointes de leur deuxième dorsale et de leur anale, ces
nageoires ont plusieurs de leurs rayons mitoyens réduits
à des filamens simples, mais très-prolongés.

Les *blépharis* ont le corps aussi haut qu'il est long; leur
profil ne s'élève point encore d'une manière extraordinaire;
pour toute première dorsale on leur voit plusieurs petits
aiguillons qui percent à peine la peau. Une partie des
rayons antérieurs de leur seconde dorsale se prolonge en
longs filamens simples; les suivans sont courts et branchus;
leurs ventrales ont aussi leurs rayons mous fort prolongés.

Dans les *gals,* dont le corps n'est pas moins haut que celui des blépharis, il n'y a aussi que de courts aiguillons au lieu de première dorsale; les rayons antérieurs de la seconde dorsale et de l'anale se prolongent aussi en partie en filamens simples; quelques-uns des suivans, qui sont branchus, prolongent seulement un de leurs rayons; leur profil est très-élevé, et leurs ventrales sont très-prolongées.

Les *scyris* ont le profil à peu près comme les gals; leurs épines, en petit nombre, sont encore mieux cachées et comme noyées dans le bord de la seconde dorsale, qui a, ainsi que l'anale, une partie de ses rayons prolongés en filamens simples, et les suivans branchus et prolongés seulement par un de leurs rayons; mais leurs ventrales ne se prolongent point.

Dans les *argyréioses* le profil est encore plus relevé que dans tous les précédens, mais fuit obliquement; leur première dorsale se prononce tout-à-fait, et même ses rayons se prolongent en partie en filamens; les premiers de la seconde et ceux de l'anale, et même leurs ventrales, se prolongent aussi.

Dans les *vomers* proprement dits, les deux dorsales sont peu élevées et sans filamens, ainsi que toutes les autres nageoires; leurs ventrales surtout sont très-courtes.

Enfin, les *hynnis,* avec les caractères des vomers, manquent entièrement de première dorsale.

Au reste, il faut savoir que dans tous ces genres les rayons faibles et prolongés s'usent promptement, et que les grands individus en conservent d'ordinaire peu de chose; les épines même et quelquefois toute la première dorsale, quand elle existe, disparaissent souvent à la longue, en sorte que c'est surtout par la configuration que l'on discerne alors les espèces.

La carène écailleuse des côtés de la queue, caractéristique de la tribu des carangues, est encore très-marquée dans les citules, les olistes, les irex, les gals, etc. ; elle diminue par degrés, de manière à n'être plus dans les vomers qu'une série de petites écailles un peu supérieures à celles du reste de la ligne latérale ; mais dans les hynnis elle reprend le caractère d'une suite de véritables boucliers épineux.

La hauteur du profil de ces différens poissons tient surtout à l'extrême hauteur de la crête mitoyenne de leur crâne, qui s'étend depuis l'occiput jusqu'à l'ethmoïde, et dont le bord antérieur est vertical sur le museau.

L'élévation et la forme comprimée de tout leur corps dépend de la hauteur de leurs os du bras, de leurs apophyses épineuses et de leurs interépineux, et de ce que leurs os coracoïdiens descendent jusqu'au bassin, et leurs côtes jusqu'à une espèce d'avance en forme de sternum, qui est une production du premier interépineux inférieur, de celui qui limite l'abdomen en arrière. Il résulte de cet arrangement que l'abdomen est enveloppé de toute part d'une espèce de cage osseuse, élevée et étroite.

La protractilité de leur museau est médiocre, et n'approche pas de ce que nous la verrons dans les vrais zeus, c'est-à-dire dans les dorées et les sous-genres qui s'en rapprochent le plus.

DES OLISTES.

Sous le nom d'*oliste,* qui est dans Oppien (Hal., t. I, p. 113), mais sans indication qui puisse faire connaître le poisson auquel il appartenait, nous désignons principalement un poisson nouvellement rapporté de la côte de Malabar et des Séchelles par M. Dussumier, et qui mérite de former un petit groupe particulier, fondé sur ce caractère remarquable, que les rayons mitoyens de sa seconde dorsale ne sont pas branchus, mais seulement articulés, et se prolongent en longs filamens; du reste il offre la même conformation que les citules.

L'Oliste du Malabar.

(*Olistus malabaricus*, nob.)

Il a le corps haut, comprimé, la nuque en quart de cercle, le profil très-tombant; ce qui, joint à ses filamens, lui donne une première apparence de gal ou de blépharis.

Sa hauteur est deux fois et un tiers dans sa longueur totale; son épaisseur trois fois et demie dans sa hauteur.

La longueur de la tête est d'un cinquième moindre que sa hauteur, et ne fait pas tout-à-fait le quart de celle du poisson. L'œil est au milieu de la longueur et au-dessus du milieu de la hauteur. Les deux orifices de la narine sont ovales, très-rapprochés, sans rebord, à moitié distance de l'œil au profil. La bouche, fendue vers le bas du profil, descend un peu obliquement en arrière, sans dépasser le devant de l'œil. Le maxillaire ne va que jusque sous son milieu. Le sous-orbitaire ne se montre point à l'extérieur; sa forme est rectangulaire, son bord mince et entier. La mandibule supérieure est peu protractile; la mâchoire inférieure avance un peu plus qu'elle; chaque mâchoire a une bande étroite de dents en velours. Il y en a aussi une plaque ronde au-devant du vomer, une bande étroite à chaque palatin et une sur le milieu de la langue, qui est large, obtuse et assez libre. Le limbe du préopercule se marque à peine; son bord est libre, mince, entier; son angle et son bord inférieur forment ensemble un arc de cercle. Le bord inférieur n'a que moitié de la longueur du bord montant. L'opercule, deux fois plus haut que long, a à son bord libre un arc rentrant, qui sépare deux arcs saillans. Son bord inférieur descend obliquement et est légèrement concave. Le subopercule est fort étroit dans le haut. Les ouïes sont très-fendues; leur membrane n'embrasse point l'isthme et a sept rayons, dont les supérieurs larges et plats.

La pectorale, attachée un peu au-dessous du milieu de la hauteur, est en longue faux pointue, de près du tiers de la longueur totale. Elle a vingt rayons, dont les derniers sont très-petits. Les ventrales sont de moitié moins longues; leur épine est faible, mais presque égale au premier rayon mou, qui est aiguisé en pointe.

La première dorsale, placée vis-à-vis du premier tiers de la pectorale, est fort petite. Son premier aiguillon se voit à peine; le deuxième et le troisième, qui sont les plus longs, n'ont que le septième de la hauteur; le sixième, et surtout le septième, qui est fort petit, sont libres entre cette nageoire et celle qui la suit. Celle-ci, la deuxième dorsale, commence sur le milieu du tronc. Elle a d'abord une épine grêle et courte, cachée dans son bord antérieur; puis deux rayons mous, prolongés en une pointe grêle, qui atteint l'extrémité de la caudale; le troisième n'a que le quart de leur longueur; le quatrième et le cinquième diminuent encore. Tous les trois sont rameux; mais le sixième, le septième et les suivans jusqu'au treizième, sont simples, quoique articulés, et se prolongent en filamens à peine d'un cinquième moindre que la première pointe. Les huit derniers sont de nouveau courts et branchus.

L'anale offre une disposition toute semblable. Après les deux aiguillons libres qui la précèdent, comme dans les autres caranx, elle en a une petite cachée, une pointe aussi longue que celle de la dorsale formée par les deux premiers rayons mous, et à compter du cinquième jusqu'au douzième, ils sont simples et se prolongent en filamens; les cinq derniers reprennent la forme ordinaire. Un repli écailleux de la peau règne des deux côtés le long de la base de ces nageoires; mais leur membrane propre n'a point d'écailles; le bout de queue derrière elles est fort mince, du seizième à peu près de la longueur totale; il n'a que moitié de cette dimension en largeur et en hauteur. La caudale est fourchue, et ses lobes ont le quart à peu près de la longueur du poisson.

B. 7; D. 8 — 1/21; A. 2 — 1/17; C. 17; P. 20; V. 1/5.

Tout ce poisson est couvert de petites écailles qui disparaissent même à la poitrine et à la tête, la joue, la tempe et le haut de l'opercule exceptés. Sa ligne latérale suit à peu près la courbure du dos jusque sous le milieu de la seconde dorsale, où elle devient droite. Ses écailles grandissent par degrés, mais ne commencent à devenir des boucliers carénés que sous le tiers postérieur de cette dorsale. On peut en compter environ vingt-cinq; c'est du seizième au vingtième ou au vingt-deuxième qu'ils sont le plus grands, sans couvrir guère que moitié de la hauteur du tronçon de queue auquel ils sont attachés.

Il paraît entièrement d'une belle couleur argentée; une très-petite tache noire se montre à peine dans l'échancrure de l'opercule; mais il y en a une très-foncée à la base interne de la pectorale dans son aisselle.

La longueur de l'individu venu du Malabar est d'un pied; sa hauteur, de cinq pouces. Plus récemment M. Dussumier en a apporté des Séchelles un autre individu, de neuf à dix pouces. Il en décrit les teintes comme il suit :

Corps argenté, teint de verdâtre dans toute la moitié supérieure; les opercules et la région pectorale, qui manque d'écailles, d'une belle couleur dorée, avec des reflets nacrés très-brillans. Toutes les nageoires verdâtres, excepté les pectorales, qui sont jaunâtres.

On nomme l'espèce *carangue* aux Séchelles, où elle n'est pas très-commune. On l'y mange.

*L'*OLISTE A VENTRALES NOIRES.

(*Olistus atropus,* nob.; *Brama atropus,* Bl., Schn., p. 98, pl. 23.)

Bloch, dans son Système posthume, nous paraît avoir décrit un véritable oliste sous le nom de *brama atropus;* mais il le réunit avec la castagnole de nos mers dans son genre *brama,* sans consulter assez l'analogie, car la castagnole est d'une autre famille; aussi son éditeur, Schneider, reconnaît-il que ces deux poissons n'ont rien de commun, et porte-t-il de celui dont il s'agit ici un jugement plus sain, en disant qu'il lui paraît réunir le genre des scombres avec celui des zeus.[1]

La figure de l'atropus de Bloch ne s'accorde pas entièrement avec sa description, et cette description même n'est pas d'accord avec les observations qu'y ajoute Schneider, en sorte qu'il n'est pas facile d'en déterminer l'espèce avec certitude.

Selon la figure (pl. 23), tout le corps serait couvert d'écailles uniformes et assez grandes; il n'y aurait point de trace de première dorsale, et il se trouverait au-devant de l'anale deux épines libres, comme dans beaucoup de caranx.

Selon la description (p. 98), les écailles seraient très-petites; la tête en aurait à sa partie supérieure.

Selon l'éditeur (p. 99), il y aurait en avant de la dorsale deux

---

1. Ce qui montre à quel point Bloch, et Schneider lui-même, consultaient peu les vrais rapports des êtres, c'est qu'ils placent à la suite de ce genre brama, à la vérité comme espèce douteuse, le *rabirubbia genizara* de Parra, pl. 21, fig. 1, qui ressemble encore beaucoup moins à son atropus que la castagnole, et que nous ferons connaître plus amplement quand nous traiterons de la famille des *labroïdes,* à laquelle il appartient, et où nous en avons formé un genre sous le nom de *clepticus.*

épines cachées dans une fossette, que Bloch n'a point remarquées; ﹨
il n'y aurait point d'écailles sensibles à la tête, ni à la poitrine, si
ce n'est quelques-unes derrière l'œil.

Du reste, ce poisson de Bloch a le corps trois fois aussi long que
haut, la ligne du profil en quart de cercle jusque vis-à-vis l'œil,
ensuite un peu concave, mais d'une élévation médiocre. La tête est
à peine représentée plus haute qu'elle n'est longue; les premiers
rayons de la dorsale et de l'anale ne forment que des pointes
médiocres; les rayons de la dorsale, à compter du huitième jusqu'au dix-septième, se prolongent en fils du triple ou du quadruple
du reste de leur longueur. Les pectorales sont en faux de près du
tiers de la longueur totale; les ventrales, d'un quart plus courtes
que les pectorales. La carène des côtés de la queue paraît peu
sensible. La caudale est fourchue. Tout le poisson est argenté,
teint de bleuâtre vers le dos; les nageoires sont jaunâtres, excepté
les ventrales, qui sont noires et ont leur bord externe, formé par
leurs deux premiers rayons, d'une teinte blanche.

L'individu de Bloch venait de Tranquebar, et était long
de neuf pouces (sans la caudale).

S'il a en effet une première dorsale, l'on ne peut y voir
qu'un oliste, qui différerait de celui du Malabar par la
brièveté de la pointe de sa deuxième dorsale, et par l'absence de filamens à son anale.

Cependant, comme ces caractères pourraient être le
produit d'une mutilation, et Bloch ayant bien souvent
établi ses espèces et même ses genres sur des individus
incomplets, nous aurions désiré recourir à son original;
mais on n'a trouvé dans sa collection, sous le nom de
brama atropus, qu'un individu de notre *citula nigripes*
ou du *may-parah* de Russel, lequel est d'une tout autre
espèce. C'est le résultat d'une confusion dont on ignore
la cause.

L'OLISTE DE RUPPEL.

(*Olistus? Ruppelii*, nob.; *Citula ciliaria*, Ruppel.)

Nous soupçonnons fortement le *citula ciliaria* de M. Ruppel (Atl. zool., poiss., p. 102, pl. 25, fig. 8) d'être aussi un oliste; à la vérité sa figure ne montre que des fils très-grêles, qui ont l'air de sortir de rayons qui ont encore d'autres branches courtes; mais la description ne mentionne point cette particularité, elle se borne à dire que les huit ou dix rayons mitoyens de la deuxième dorsale se prolongent en filamens.

Du reste, ce poisson, comme l'oliste du Malabar, ressemble beaucoup à la citule commune par l'ensemble, par la forme de la tête et la coupe des pièces operculaires, par le prolongement du premier rayon mou de sa deuxième dorsale et de son anale, par ses longues pectorales en faux, etc. La carène des côtés de la queue est mieux armée. Au-dessus et au-dessous se voient les deux plis ordinaires. Les ventrales n'ont que le tiers de la longueur des pectorales.

B. 6? D. 7 — 1/18; A. 2 — 1/16; C. 23? P. 20; V. 1/5.

Le corps est argenté, brillant; le haut de l'opercule a une tache bleuâtre; le bord antérieur de la dorsale et de l'anale est noir. Il y a des dents en velours aux endroits ordinaires. L'estomac est un sac musculeux; sa branche latérale prend à son tiers inférieur. Il y a beaucoup de petits cœcums au pylore. Le canal intestinal n'a que les deux tiers de la longueur du corps et ne fait qu'un repli. La vessie natatoire est simple et assez grande.

Ces détails sont tirés de M. Ruppel, qui les a pris sur un individu long de huit pouces, observé à Massuah, et que l'on y nommait *gamer*.

DES SCYRIS.

Les *scyris* pourraient être appelés des carangues, ou plutôt des citules à profil élevé, tranchant, à première dorsale tout-à-fait cachée; mais dont la seconde a une partie de ses rayons prolongés en fils.

Nous avons aussi tiré ce nom d'Oppien.

Le SCYRIS DES INDES.

(*Scyris Indica*, nob.)

Tel est un poisson qui nous a été envoyé de Pondichéry par M. Leschenault sous le nom d'*outel-paré*, et dont nous avons retrouvé des individus parmi ceux que MM. Kuhl et Van Hasselt ont envoyés de Java au Muséum royal des Pays-Bas. M. Ehrenberg l'a aussi dessiné à Massuah. Son profil élevé comme au gal, l'absence de toute dorsale antérieure et d'épines au-devant de l'anale, le caractérisent suffisamment dans cette famille.

La plus grande élévation du corps est entre la naissance de la dorsale et celle de l'anale, et cette hauteur est comprise deux fois et deux cinquièmes dans la longueur totale. Quoique le profil soit presque vertical, le sommet de la tête n'est pas si élevé; elle n'a en hauteur que le tiers à peu près de la longueur totale. Sa longueur depuis le museau jusqu'à l'ouïe est des trois cinquièmes de sa hauteur. L'épaisseur du corps n'est que du cinquième de sa hauteur. A compter de la dorsale, qui commence à peu près au deuxième cinquième de la longueur, la ligne du dos descend en avant et encore plus en arrière, dans deux directions à peu près droites. La ligne antérieure, bien plus courte que l'autre, lorsqu'elle arrive au sommet de la tête, se courbe en arc de cercle, et le profil descend par une ligne un peu concave et un peu dirigée en avant. L'œil

est à peine au-dessus du milieu, et son centre est au tiers antérieur
de l'horizontale de la tête. Son diamètre est du tiers de cette longueur; entre lui et le tranchant du profil sont les orifices de la
narine, rapprochés l'un de l'autre, le supérieur un peu plus en
arrière, ovale, plus grand; l'autre rond et petit. Un sous-orbitaire
très-élevé, presque rectangulaire, descend de l'œil à la bouche; la
peau couvre sa liaison avec la joue; il couvre la moitié antérieure
du maxillaire; l'autre moitié est large et tronquée obliquement. La
bouche est fendue au bas du museau, presque horizontale; son
ouverture va à peine jusque sous l'œil. La mâchoire inférieure,
comprimée, avance plus que l'autre, qui n'est que médiocrement
protractile. Une bande fort étroite de dents en velours ras garnit
le bord de chaque mâchoire. Il y a en avant du vomer une légère
âpreté plutôt que des dents; mais la langue, oblongue, obtuse et
assez libre, est toute couverte d'âpretés. Le limbe du préopercule
est large, plat, et les bords de cet os ne forment avec son angle
et entre eux qu'un arc de cercle presque continu. L'opercule est
deux fois aussi haut que long, à bord légèrement rentrant à son
tiers supérieur. Le subopercule et l'interopercule, longs et étroits,
forment une bande depuis l'échancrure de l'opercule jusqu'à l'angle
de la mâchoire inférieure. L'ouïe est très-fendue, et sa membrane,
étroite et cachée par les pièces operculeuses, ne se joint à l'isthme
qu'entre les angles de la mâchoire. Elle contient sept rayons.

Toute l'épaule est lisse; la pectorale représente une longue lame
de faux très-pointue, qui a près du tiers de la longueur du corps.
Elle a dix-neuf rayons, dont le premier est très-court. Ils grandissent jusqu'au neuvième, qui fait la pointe, et rediminuent ensuite.
Les ventrales, attachées près l'une de l'autre sous le tranchant du
ventre, un peu plus en avant que la base des pectorales, sont du
septième de la longueur totale; leur rayon épineux a le tiers de la
longueur du premier mou, et tous deux sont comprimés et tranchans. Le long du tranchant antérieur du dos on peut extraire avec
le scalpel six petits rayons épineux courts et grêles, mais ils sont
couchés contre les interépineux qui les portent, et la peau du
corps les embrasse étroitement dans une rainure profonde, en sorte

qu'ils ne forment pas même à l'extérieur un vestige de nageoire. C'est la deuxième dorsale seulement qui se montre. Elle commence par une épine courte, que suit un rayon articulé, mais sans branches, prolongé en un fil d'à peu près moitié de la longueur du corps. Les trois rayons suivans diminuent par degrés et n'ont encore aucune branche. Le cinquième et le sixième qui les suivent sont branchus, et un de leurs rameaux se prolonge en fil. Il y en a ensuite onze branchus, sans fil, et tous formant une nageoire longue et basse, dont la partie antérieure s'élève en pointe. Il y en a donc en tout dix-neuf de mous. L'anale répond à peu près à la dorsale; mais elle n'a que son premier rayon mou de prolongé en fil, d'une longueur qui n'excède guère le quart de celle du corps. Il est précédé d'une petite épine. Les rayons qui le suivent diminuent jusqu'au quatrième, passé lequel ils demeurent à peu près égaux comme à la dorsale; leur nombre total est de seize. Entre les ventrales et l'anale est un espace tranchant et osseux, où l'on n'aperçoit que deux très-petits vestiges d'épine libre. Le bout de queue, après les deux nageoires verticales, est du neuvième à peu près de la longueur totale, grêle et presque rond. La caudale est fourchue, et ses lobes, roides et pointus, ont chacun à peu près le quart de la longueur totale. Ses rayons entiers sont, comme à l'ordinaire, au nombre de dix-sept.

Les écailles de ce poisson ne se voient guère que vers la queue, où elles paraissent un peu et sont rondes et petites. La tête et toute la partie antérieure ne semblent couvertes que d'une peau satinée et argentée. La ligne latérale a son tiers antérieur courbé en arc de cercle convexe vers le dos. Près de l'ouïe on y voit des écailles rondes et assez sensibles, ensuite elle ne montre que de petites élevures linéaires; mais aux côtés de la partie grêle de la queue ses écailles grossissent, prennent une forme arrondie et une arête longitudinale, peu saillante cependant.

D. 1/19; A. 1/16; C. 17; P. 19; V. 1/5.

Tout ce poisson est argenté, un peu teint de grisâtre vers le dos. Il a une petite tache noire à l'échancrure de l'opercule. Les nageoires semblent avoir été jaunâtres; l'iris de l'œil est doré.

Le foie de ce scyris est large et épais; le lobe gauche est triangulaire et repose sur l'œsophage; le lobe droit s'étend jusque sur l'estomac et sur le pylore. Ce lobe est divisé en plusieurs lobules.

L'œsophage est large, cylindrique; sa surface interne est chargée de gros plis longitudinaux.

L'estomac est triangulaire et comprimé; ses parois sont épaisses et charnues. Sa veloutée est très-irrégulièrement plissée.

De l'angle inférieur descend vers la carène du ventre une branche charnue, d'un petit diamètre; à son extrémité est le pylore, entouré d'un grand nombre d'appendices cœcales, grêles, assez longues et réunies en groupes sur des pédicules. Le duodénum remonte sous le foie jusqu'auprès du cardia; il se contourne ensuite, et suivant la courbure du fond de l'abdomen, il descend jusqu'auprès de l'anus, se plie brusquement et remonte, en s'appuyant sur le premier repli, jusque sur le côté droit de l'estomac; de là il descend près du pylore, et en s'élargissant un peu, il débouche à l'anus.

La rate est placée derrière l'estomac, entre les deux plis de l'intestin.

La vessie aérienne est très-grande, à parois minces et membraneuses, profondément bifurquée en arrière.

Les reins sont très-gros; leur uretère a un diamètre assez gros, et il se dilate en une vessie oblongue, qui débouche en arrière du rectum.

Nous avons trouvé dans l'estomac des anchois d'une espèce particulière.

Le Cabinet royal des Pays-Bas possède un squelette de ce *scyris des Indes* dont nous avons pris la description.

La crête mitoyenne du crâne est très-élevée et épaisse; les deux autres sont basses. Le surscapulaire s'appuie sur le crâne à l'extrémité de la seconde crête; il se porte de côté, se plie un peu et descend vers le scapulaire en un corps oblong; du milieu de ce corps naît une apophyse qui se porte sur la fin de la troisième crête, et du milieu de cette apophyse sort un petit stylet qui reste libre par l'autre extrémité. Le scapulaire est grêle et alongé.

L'huméral est très-long et forme avec le radial une grande gout-tière peu large, mais profonde. Le coracoïdien est aussi très-long et se porte en arrière vers la pointe abdominale antérieure du premier interépineux de l'anale.

On compte neuf vertèbres abdominales et quatorze caudales. Les premières vertèbres sont très-courtes; les dernières sont alongées et quatre fois plus longues que la première. Les trois premiers interépineux, au-devant de la dorsale derrière le crâne, sont chacun terminés par une massue osseuse. Le premier rayon de la dorsale est sur le huitième interépineux.

Les interépineux des nageoires dorsales et anales sont tous renflés à leur articulation près de la nageoire, et ont de chaque côté une forte carène.

L'individu que nous avons décrit est long de quinze pouces. Il vient de Java et est conservé dans l'esprit de vin; c'est celui qui nous a fourni ses viscères.

Ceux qui ont été envoyés de Pondichéry sont desséchés; l'un des deux est long de trois pieds, l'autre de neuf pouces seulement.

M. Leschenault, à qui nous les devons, dit que l'espèce parvient à une longueur de cinq pieds et qu'elle est bonne à manger.

Le Scyris d'Alexandrie.

(*Scyris Alexandrina*, nob.)

La Méditerranée a aussi des espèces de cette famille, mais dans sa partie orientale seulement. On trouve près d'Alexandrie un scyre et un vrai gal.

Le scyre a été gravé dans la grande description de l'Égypte (Zool., poiss., pl. 22, fig. 2) sous le nom de *gal d'Alexandrie*. M. Ehrenberg, qui l'en a rapporté en dernier lieu, nous a mis à même d'en faire une comparaison soignée avec le scyris de la mer Rouge et de la mer des Indes.

Il est sensiblement moins alongé; sa hauteur n'est que deux fois juste dans sa longueur totale. On parvient, avec un peu d'attention, à relever et à faire ressortir deux ou trois des très-petites épines qui sont cachées dans le tranchant de son dos. Sa dorsale n'a que six rayons prolongés en filamens, tandis que l'espèce des Indes en a neuf. Le nombre total des rayons est au contraire plus considérable dans l'espèce d'Alexandrie, de trois à la dorsale et de quatre à l'anale.

D. 1/22; A. 1/19; C. 17; P. 20; V. 1/5.

Les filamens des premiers rayons de la dorsale et de l'anale paraissent aussi plus fins : ils finissent par l'être plus que des cheveux.

Pour tout le reste il est difficile que deux poissons se ressemblent davantage.

Notre individu est long de dix pouces.

M. Rang nous en a envoyé un de Gorée que je ne peux croire d'une autre espèce, quoiqu'il ait

un filament de moins à la dorsale, savoir six seulement, et en général un rayon de moins tant à la dorsale qu'à l'anale.

D. 1/21; A. 2 — 1/18.

Il est long de sept pouces, d'un bel argenté; les nageoires un peu jaunâtres; le bout des ventrales pointillé de noirâtre.

DES BLÉPHARIS.[1]

Les blépharis ont de très-petites épines à leur première dorsale; les premiers rayons de la seconde et de l'anale

---

1. *Zeus ciliaris*, Bl., pl. 196; Gmel., p. 1223; Shaw, t. IV, part. 11, p. 283. *Le zée longs-cheveux*, Lacép., t. IV, p. 572.

prolongés en fils déliés, les ventrales très-prolongées, et le profil tranchant, mais courbé en arc convexe d'une élévation médiocre. Ils sont du petit nombre des poissons dont l'histoire et la synonymie ne donnent lieu à aucune discussion, par la raison qu'il n'en a été décrit encore qu'un seul et par un seul auteur, duquel tous les autres ont emprunté ce qu'ils en ont dit.

C'est Bloch qui l'a fait connaître (Ichtyol., part. VI, p. 29), et il en a donné une bonne figure (pl. 192), d'après un individu qui lui avait été envoyé de Surate par le docteur Kœnig.

Il n'en est question ni dans Valentyn ni dans Renard, et cependant on en trouve aux Moluques une espèce au moins très-semblable, que Péron a rapportée de Timor; mais il ne paraît pas qu'il en pénètre dans le golfe du Bengale, ou du moins ils doivent y être rares, puisque nous n'en avons point reçu de Pondichéry, et que M. Russel n'en a point parlé. Commerson n'en a pas non plus rencontré à l'Isle-de-France, ni M. Ehrenberg dans la mer Rouge.

Le BLÉPHARIS DES INDES.

(*Blepharis indicus*, nob.)

Nous allons décrire le blépharis rapporté des Moluques par Péron, qui pourrait bien n'être pas entièrement identique par l'espèce avec celui de Bloch.

Son corps peut être comparé à un rhombe, dont le museau et la queue forment deux angles et dont les deux autres sont, l'un au milieu de la ligne du dos, l'autre au milieu de la ligne du ventre. La dorsale et l'anale occupent les deux côtés postérieurs du rhombe, qui sont presque rectilignes; les côtés antérieurs sont en courbe plus convexe, surtout le supérieur, qui comprend le devant du dos descendant en ligne droite, la nuque et la crête du crâne qui forment un arc de cercle, et le museau qui descend presque perpendiculairement. La bouche descend aussi fort rapidement, en sorte que la mâchoire inférieure remonte presque verticalement; elle fait du moins avec le museau un angle extrêmement obtus.

La longueur totale, en y comprenant la caudale, contient presque une fois et demie la hauteur. L'épaisseur n'est que le septième de cette hauteur. La longueur de la tête est trois fois et demie dans sa longueur totale, et sa hauteur surpasse sa longueur de moitié. L'œil est à peu près au milieu de la hauteur et au tiers antérieur de la longueur de la tête, en sorte que le profil du museau n'a point cette élévation extraordinaire que nous lui verrons dans les genres suivans. Le diamètre de l'œil est deux fois et demie dans la longueur de la tête. Les orifices de la narine sont deux petits trous ovales, égaux, voisins l'un de l'autre et assez rapprochés du bord antérieur de l'orbite. Un large sous-orbitaire lisse couvre en partie le maxillaire dans l'état de repos. La fente de la bouche égale à peine le diamètre de l'œil. Sa protractilité est médiocre; le maxillaire est plat, élargi et tronqué en dehors. Une bande étroite de dents en velours ras garnit chaque mâchoire. Il y en a un groupe au-devant du vomer et une bande à chaque palatin; la langue est large, obtuse, assez libre et charnue, excepté à sa base, où elle est âpre. Le voile membraneux derrière les dents des mâchoires existe comme à l'ordinaire. Le préopercule a son bord montant assez élevé et son angle arrondi sans aucune dentelure; les pièces operculaires et l'épaule sont également sans armure. L'opercule est obtus et a en hauteur à peu près le double de sa largeur. La membrane branchiostège est fendue jusque sous l'articulation de la mâchoire inférieure, où elle se joint à la pointe de l'isthme. La crête du crâne commence entre les narines et est assez aiguë : elle forme, comme nous l'avons dit, un arc de cercle.

Ce sont les interépineux qui soutiennent les lignes qui forment l'angle saillant du dos. A la ligne antérieure adhèrent les très-petites épines qui représentent la première dorsale. Je n'en ai compté que six, dont la première est vis-à-vis l'orifice des ouïes. Une septième, plus forte, est le rayon épineux de la seconde dorsale. Le premier rayon mou de la même nageoire se prolonge en un filament deux fois et demi plus long que le corps; les deux suivans ont des filamens presque aussi longs, mais un peu plus grêles; ils diminuent ensuite jusqu'au septième, passé lequel les rayons sont courts et de forme ordinaire. Il y en a douze de ceux-ci, en sorte que le nombre total est de dix-neuf. L'anale est toute semblable à la deuxième dorsale en forme, en étendue et même par la longueur de ses premiers filamens; mais elle n'a que cinq de ces prolongemens et onze rayons courts, en tout seize rayons mous, précédés d'une épine courte; mais en avant de cette épine et entre elle et l'anus, à la ligne antérieure ou montante du ventre, il y en a quatre ou cinq très-petites, sortant à peine de la peau et répondant à celles de la première dorsale.

La pectorale s'attache un peu au-dessous du milieu de la hauteur, et égale le tiers de la longueur totale. Sa forme est pointue; on y compte dix-huit rayons, dont le quatrième et le cinquième sont les plus longs. Les ventrales adhèrent un peu plus en avant que les pectorales, au milieu de la ligne ventrale antérieure. Leur rayon épineux est comprimé et flexible. Dans notre individu elles n'atteignent qu'à la base antérieure de l'anale, mais elles paraissent mutilées.

La portion de queue en arrière de la dorsale et de l'anale est d'un peu moins du septième de la longueur totale et très-menue.

La caudale est fourchue, et ses lobes pointus se maintiennent fort écartés, en sorte que d'une pointe à l'autre il y a près de moitié de la longueur totale; chacun d'eux en a près du tiers. Ses rayons entiers sont au nombre de dix-sept.

D. 6 — 1/19; A. 5 — 1/16; C. 17; P. 18; V. 1/5.

Tout ce poisson est revêtu d'une peau brillante, où l'on n'aperçoit des écailles qu'à une forte loupe. La ligne latérale en a de plus sensibles, d'abord encore assez petites, mais devenant sur les côtés de la queue larges, arrondies et carénées, comme dans les caranx.

Elle fait d'abord un demi-cercle, dont la convexité est dirigée vers le haut et qui s'étend depuis le haut de l'ouïe jusqu'au milieu de la longueur du tronc; ensuite elle se rend en droite ligne jusqu'au bout de la queue. Les nageoires n'ont point d'écailles.

La couleur du blépharis est un plombé métallique sur le dos, et un bel argenté sur les côtés de la tête, les flancs et le ventre. Il y a quelques teintes jaunes à son opercule. Ses nageoires sont d'un brun jaunâtre, mais il y a du noirâtre à la partie antérieure de la dorsale et aux ventrales. Les iris des yeux sont dorés.

Notre individu a près de cinq pouces du museau au bout de la caudale, et trois pouces et demi de l'angle du dos à celui du ventre. Ses longs filamens ont sept pouces et plus.

La figure de Bloch (pl. 191), est très-semblable au poisson que nous avons sous les yeux, si ce n'est dans les points suivans :

La proportion de sa hauteur à sa longueur est plus grande; la crête du crâne est moins convexe. Il y a onze épines en avant de la dorsale.

La pectorale est moins pointue. Les écailles des côtés de la queue sont beaucoup plus petites.

Cependant il est difficile de dire si quelques-unes de ces différences ne tiennent pas à l'inattention du dessinateur.

Les ventrales de cette figure s'étendent jusqu'au-delà de la pointe membraneuse de l'anale;

mais nous avons déjà dit que dans notre individu elles ne sont pas très-bien conservées.

C'est manifestement aussi un *blepharis* que le *scomber filamentosus* de Sumatra, que Parkinson a décrit en abrégé dans les Mémoires de la Société linnéenne (t. III, p. 36, et Bl. Schn., p. 34), et nous ne doutons guère qu'il ne soit le même que le nôtre.

Cet auteur le décrit à tête obtuse, à grands yeux, à dents très-petites, serrées, à très-petites écailles fermement adhérentes, de couleur argentée, bleuâtre vers le dos, à pectorales en faux, à caudale fourchue, à première dorsale se cachant dans une fossette, et la seconde, ainsi que l'anale, filamenteuses. Ses nombres sont un peu différens.

B. 7; D. 6 — 22; A. 2 — 18; C. 22; P. 19; V. 5.

Mais il est si aisé de les mal compter dans des espèces si frêles, que nous ne regarderions pas cette différence comme une objection.

La chair du blépharis, selon le docteur Kœnig, cité par Bloch, est maigre, coriace et fade; les habitans de Surate n'en font aucun cas.

M. de Lacépède, recherchant l'usage de ces longs filamens qui terminent plusieurs des rayons de ses nageoires, demande si ce poisson ne pourrait pas s'en servir pour s'attacher aux pointes des rochers, ou aux branches des herbes marines, et s'il ne les emploierait pas pour attirer les petits poissons qui les prendraient pour des vers. Comme ces filets ne paraissent pas avoir de muscles propres, la première de ces conjectures est peu vraisemblable; quant à la seconde, elle serait plus plausible; mais les poissons, et surtout ceux qui, comme le blépharis, doivent nager avec rapidité, trouvent si aisément leur nourriture dans une mer qui fourmille d'animalcules de tout genre, et d'un autre côté il y a dans la classe des poissons tant d'appendices de toute sorte auxquels il est impossible d'attribuer d'autre usage que celui de les distinguer les uns des autres, que ces sortes de conjectures seront toujours trop vagues pour qu'on ne puisse pas leur opposer des conjectures toutes différentes.

Le blépharis a le foie gros, composé d'un seul lobe, qui descend du diaphragme jusque auprès de l'anus. Au-devant du pylore il est plié en gouttière sur sa face supérieure, et il reçoit dans cette gouttière la vésicule du fiel et l'œsophage; au-dessous du pylore il est arrondi.

L'œsophage est gros, large, et se continue en un sac cylindrique, fermé en cul-de-sac, arrondi à l'extrémité de la cavité abdominale. C'est l'estomac, dont les parois sont assez charnues et chargées en dedans de gros plis parallèles et longitudinaux. Vers le milieu de la longueur de ce tube, et dessous, naît une branche courte qui descend verticalement vers les parois inférieures de l'abdomen. A son extrémité est l'ouverture étroite du pylore, muni d'un très-grand nombre d'appendices cœcales courtes et disposées de chaque côté en rayons, qui se portent vers le haut de l'abdomen.

Le canal intestinal est court et caché entre les deux masses de cœcums, qui cachent aussi la rate.

La vessie aérienne est très-grande, mince, et donne en arrière deux petites cornes.

Les reins sont gros; l'uretère passe entre les deux cornes de la vessie aérienne, et se dilate en un gros tube qui longe l'interépineux de l'anale et qui est la seule vessie urinaire que l'on aperçoive.

Le BLÉPHARIS DES ANTILLES,
appelé CORDONNIER *à la Martinique.*

(*Blepharis sutor*, nob.)

Difficilement un poisson ressemblerait-il à un autre plus que ce blépharis ne ressemble au précédent; ce sont les mêmes caractères en tout et les mêmes nombres de rayons.

Seulement sa hauteur est plus considérable à proportion de sa longueur, où elle n'est comprise qu'une fois et un tiers. Dans les jeunes individus, sur le plombé de son dos on remarque quatre larges bandes verticales plus noirâtres, mais également métalliques.

Ses ventrales sont aussi longues à proportion que dans la figure de Bloch. Le demi-cercle de sa ligne latérale est un peu ondulé.

Nous devons un petit individu de cette jolie espèce à feu M. Plée; il ne nous paraît point qu'il en soit question dans aucun ouvrage.

Le foie de ce *blepharis* a moins de longueur et moins d'épaisseur que celui du blépharis de l'Inde, mais il lui ressemble par sa forme. L'œsophage et l'estomac constituent également un tube, mais qui ne se porte pas aussi loin dans l'abdomen. Le pylore est placé de même à l'extrémité d'une branche descendante, qui naît aux deux tiers postérieurs de la longueur du tube, et non pas au milieu.

Les appendices cœcales sont nombreuses et placées comme dans l'autre blépharis, mais elles ne cachent que la rate.

L'intestin se porte au-delà du groupe des appendices cœcales, remonte sous le foie, après quelques ondulations sur le côté droit de l'estomac il se porte un peu au-delà de ce viscère et descend verticalement à l'anus.

La vessie aérienne est plus petite, et ses cornes aussi.

Les reins donnent, comme à l'ordinaire, un uretère qui passe entre les cornes de la vessie et qui débouche dans une vessie urinaire cylindrique, à parois minces et transparentes.

Le GRAND CORDONNIER.

(*Blepharis major*, nob.)

Un poisson de ce genre, aussi des Antilles, et qui porte également le nom de cordonnier à la Martinique, mais qui est beaucoup plus grand, diffère tellement du précédent par les proportions, que nous ne pouvons le croire de la même espèce.

D'après un individu sec qui nous a été envoyé par M. Plée, et un dessin fait sur le frais, que nous devons à M. Lerminier, sa hauteur ne fait que moitié de sa longueur. Les épines de la première dorsale ont disparu ; mais les nombres de ses autres rayons sont les mêmes. La seconde dorsale en a de très-longs, en filamens simples (quoique articulés), au nombre de six, dont le premier dépasse la caudale, et douze rayons courts et branchus. L'anale en a quatre en filamens, et douze courts et branchus. Ainsi l'on doit écrire :

D. 2 — 1/18 ; A. 2 — 1/16, etc.

Les boucliers de la ligne latérale ne deviennent un peu forts et leurs pointes un peu aiguës que sur les côtés de la queue. Sa courbure est la même.

Tout ce poisson est argenté, à nageoires d'un gris noirâtre ; il y a une forte tache noire à l'opercule vers le haut.

A la Guadeloupe on nomme cette espèce *carangue à plume*. Elle passe pour suspecte.

———

DES GALS.

Les Espagnols et les Portugais, qui appellent la dorée (*zeus faber*, L.) *poisson-coq, gal, jau,* etc., ont transporté ces noms à des poissons des deux Indes auxquels ils trouvaient quelque ressemblance avec la dorée ; et Linnæus, d'après eux, a inscrit dans son genre *zeus* une espèce à laquelle il a donné l'épithète de *gallus ;* mais, à l'exemple d'Artedi, il a réuni dans les synonymes de ce *gallus* des indications relatives à des poissons de la mer d'Amérique, tels que l'*abacatuia* de Margrave[1], qui est une argyréiose, et le *rhomboides* de Brown[2], qui est un vomer à nageoires courtes, avec d'autres qui concernent des poissons de

———

1. Margr., *Bras.*, p. 161. — 2. Brown, Jam., p. 455.

l'océan Indien, tels que le *zeus cauda bifurca* de Gronovius[1] et celui de Seba[2], qui sont de vrais gals dans le sens que nous donnons à ce nom, en sorte qu'il devient d'autant plus difficile de savoir quel est au juste le poisson que Linnæus entendait par ce nom de *zeus gallus,* que le caractère même qu'il lui assigne, ne répond à aucune des espèces que nous avons pu observer, et que tout en citant une figure de Seba (t. III, pl. 26, p. 34), qui représente un poisson des Indes, il disait son espèce d'Amérique. Bloch a renforcé cette assertion en annonçant que sa figure (pl. 192, fig. 1), qui est vraiment celle du gal des Indes, est enluminée d'après les peintures laissées par le prince Maurice[3], et il a fort augmenté la confusion en ajoutant aux synonymes-déjà trop nombreux, rapprochés par Artedi et par Linnæus, le tétragonopterus de Klein[4], qui est un vomer à nageoires courtes, le *serduk* de Forskal[5], poisson de Malte que Forskal ne décrit pas, mais qui pourrait bien être le gal trouvé à Alexandrie par M. Ehrenberg, et le *kolliusinternak* des Groënlandais, poisson dont Fabricius ne rapporte que le nom, qu'il n'a même pas vu et qu'il croit être le *gallus,* seulement d'après la description vague que lui en ont faite les habitans de ce pays sauvage, mais qui est beaucoup plus probablement le *lampris* de Retzius ou *zeus luna* de Gmelin.

---

1. Gronov., *Mus.*, t. I, n.° 108. — 2. Seba, t. III, pl. 26, p. 34.

3. Ichtyol., part. VI, p. 29. M. Lichtenstein, à qui je me suis adressé pour avoir des renseignemens sur ce passage de Bloch, m'écrit que Bloch a fait dessiner son gal d'après nature; mais qu'il l'a colorié en effet d'après un dessin de la collection du prince, qui représentait non pas le gal, mais l'argyréiose, et nous avons vérifié ce fait sur l'original même du prince Maurice.

4. *Misc.*, t. IV., pl. 12, fig. 1. — 5. *Descr. anim.*, pl. 18.

C'est cependant sur des rapprochemens faits avec cette légèreté, que Bloch et Gmelin avancent sans hésiter que le gal habite *toutes les zones de la mer des Indes et de celle d'Amérique* (*habitat in maris americani et indici, zonis omnibus*).

M. de Lacépède adopte sans discussion cette liste de synonymes et les conclusions qui en résultent. « Dans « quelles mers, s'écrie-t-il, ne se trouve pas le gal verdâtre! « on l'a vu au Brésil, à la Jamaïque, aux Antilles, auprès « du Groënland, dans les Indes orientales, dans la Médi- « terranée, » et, renchérissant encore sur ses devanciers, il nous assure que *sous tous ces climats si différens et même si opposés, il présente les mêmes habitudes, les mêmes formes, les mêmes couleurs, les mêmes dimen- sions*[1]. Ne dirait-on pas qu'il en a observé et soigneuse- ment comparé des individus de tous ces parages? Or, le fait est, qu'il n'en avait pas même vu de la mer des Indes; car le Cabinet du Roi n'en a reçu que par M. Sonnerat en 1814 et par M. Leschenault en 1818.

Pour éviter à l'avenir toute confusion semblable, nous restreignons le nom de *gal* aux poissons qui joignent à un corps haut et comprimé, à un profil très-élevé, à de longues ventrales, à une queue fourchue (caractères com- muns au plus grand nombre de ceux dont nous traitons dans ce chapitre), une première dorsale extrêmement basse, ou réduite à une suite d'épines courtes, et les pre- miers rayons de la deuxième dorsale et de l'anale exces- sivement prolongés.

Leur différence principale d'avec les blépharis consiste

---

1. Lacépède, t. IV, p. 584 et 585.

dans la hauteur de leur profil; et c'est l'existence d'une première dorsale qui les sépare des scyris que nous venons de décrire, et auxquels ils ressemblent par presque tous les détails de leur forme. Il n'en existe à notre connaissance que dans la mer des Indes et dans la partie orientale de la Méditerranée.

Le GRAND GAL DES INDES.

(*Gallichtys major*, nob.)

Nieuhof a représenté un gal et le nomme *coq-de-mer* ou *dorée des Indes.*[1]

Il y en a un semblable, représenté dans Ruysch[2], dans Valentyn[3] et dans Renard[4], mais grossièrement, à leur manière.

Le premier le nomme *ikan-kapelle,* ce qui m'a bien l'air d'un nom moitié malais, moitié hollandais, et de signifier poisson-papillon; le second l'appelle en pur malais *ikan-batoe-jang-maha-asing,* ce qui selon lui veut dire *poisson de roche fort étrange;* le troisième enfin lui donne le nom hollandais de *bonyte-laertje* ou le nom français de *rameur.*

La figure de Seba[5] est un peu meilleure que celles qui l'ont précédée; elle marque du moins les épines dorsales, mais la carène de la queue n'y est point exprimée. Celle de Bloch[6] ne ressemble complétement à aucune des

---

1. Nieuhof, *Oostind.*, t. I, p. 270. Copié Willughb., app., pl. 7, fig. 1. — 2. *Theatr. anim.*, t. I, pl. 9, fig. 7. — 3. Valent., t. III, n.° 376 et p. 465. — 4. Renard, Poiss. des Indes, t. II, pl. 26, fig. 128. — 5. Seba, t. III, pl. 26, fig. 34. — 6. Bloch, pl. 192, fig. 1.

autres; ni la carène de la queue ni les vraies couleurs n'y sont rendues.

Ce n'est que dans Russel que nous trouvons une figure qui corresponde à ce que nous offre la nature. C'est son *gurrah-parah*, n.° 57. Il le nomme *zeus gallus*, et donne immédiatement après, n.° 58, une espèce très-voisine, qu'il appelle *chewola parah*, et qu'il croit le *zeus vomer*; mais sur ce dernier point il est bien sûrement dans l'erreur : le *zeus vomer*, tel que Linnæus l'a décrit d'abord (*Mus. Ad. Fred.*, pl. 31, fig. 9) est une espèce d'Amérique dont nous parlerons bientôt.

Nous avons reçu de Pondichéry, par MM. Sonnerat et Leschenault, un gal qui correspond parfaitement au premier de ceux de Russel, à son *gurrah-parah* ou *zeus gallus*. M. Leschenault dit qu'il se nomme à Pondichéry *naséré-paré*; qu'il s'y pêche en abondance pendant toute l'année; qu'il parvient à un pied de longueur et est bon à manger.

Ce nom générique de *parah* ou *paré* est commun aux gals, aux caranx et aux liches; genres dont le premier se rapproche en effet des deux autres par ses caractères, et il n'est pas inutile de faire remarquer ici avec quelle sagacité les Indiens ont quelquefois saisi des rapports qui ont échappé à nos naturalistes d'Europe.

Nous ne sommes pas aussi certains que ce gal soit précisément ni celui de Linnæus ni celui de Bloch. On ne peut, comme nous venons de le voir, rien conclure de leurs citations. Linnæus donne à son espèce pour caractère, d'avoir le dixième rayon le plus long; dans notre individu c'est le huitième qui l'est. Bloch, ayant fait colorier le sien d'après une figure du prince Maurice qui représentait non pas le gal, mais le vomer, ne marque ni les bandes verticales qui colorent notre poisson et celui de Russel, ni le grossissement des dernières écailles de la ligne latérale, et cependant c'est la teinte verte dont il le colore, qui a déterminé M. de Lacépède à l'appeler *gal verdâtre*. Ses nombres sont :

D. 7 — 1/17; A. 1/14.

Voici une description exacte de notre grand gal des Indes, du *zeus gallus* de Russel.

Le corps de ce poisson est comprimé et rhomboïdal. Le milieu du dos et le milieu du ventre forment des angles saillans. Sa hauteur depuis l'origine de la deuxième dorsale ou depuis l'angle du dos jusqu'à celui du ventre, c'est-à-dire jusqu'à l'origine de l'anale, est comprise une fois et deux tiers dans la longueur totale, et en retranchant la queue et la caudale, elle y est comprise une fois et un septième. L'épaisseur n'est guère qu'un neuvième de la hauteur. La ligne antérieure du dos descend obliquement depuis la deuxième dorsale jusqu'à la crête occipitale, et à compter du sommet de cette crête jusqu'au-dessous de la mâchoire inférieure, la hauteur de la tête est encore de près des trois quarts de celle du corps. Sa longueur ne fait que moitié de sa hauteur. La ligne du profil, un peu convexe depuis la nuque jusque vis-à-vis de l'œil, un peu concave depuis l'œil jusqu'à la bouche, représente une *S* italique peu courbée. L'œil répond au milieu de cette hauteur, dont son diamètre fait à peu près le sixième. Les orifices de la narine sont l'un près de l'autre, entre le bord antérieur de l'œil et le tranchant du profil. Un sous-orbitaire plus haut que long, sans dentelures ni autre armure, s'étend de l'œil à la bouche, et ne laisse à découvert que la moitié postérieure du maxillaire, qui est élargie et tronquée. La bouche est peu protractile. Sa fente égale à peine le diamètre de l'œil. La mâchoire inférieure avance un peu plus que l'autre. Toutes deux sont garnies d'une bande fort étroite de dents en velours, et il y en a une semblable en travers du devant du vomer.

L'angle du préopercule est si obtus que ses deux bords semblent
ne former qu'une ligne légèrement convexe. L'opercule est une fois
plus haut que large. Un léger arc rentrant entame un peu son bord
vers le haut. Le sous-opercule et l'interopercule sont longs et
étroits. La fente des ouïes, qui commence derrière l'œil, se termine
sous l'angle de la mâchoire inférieure. Leur membrane est étroite,
couverte par les pièces operculaires et soutenue par sept rayons.
Les os de l'épaule, longs et étroits, n'ont point d'armure particulière. On sent sous la peau que le coracoïdien descend jusqu'à
l'espèce de sternum qui résulte de l'union du bassin avec la proéminence du bas du premier interépineux de la queue.

La pectorale, en forme de faux et fort pointue, égale le tiers de
la longueur totale; elle est attachée un peu au-dessous du milieu
de la hauteur et a seize ou dix-sept rayons; c'est le cinquième qui
est le plus long. Le premier est simple et court; les derniers se
raccourcissent extrêmement.

Les ventrales adhèrent à la ligne antérieure du ventre, à peu près
à son milieu, un peu plus avant que la base des pectorales. Leur
épine est médiocre, mais leur premier rayon, mou, comprimé et
assez fort, se prolonge de manière à atteindre un peu au-delà de la
base de l'anale.

Vers le milieu de la ligne montante du dos il y a une petite
épine fine, couchée en avant. Le reste de cette ligne en montant
porte six petites épines mobiles, unies par une courte membrane,
et qui représentent la première dorsale. Au sommet du dos commence la seconde, et elle règne sur toute la ligne postérieure. Son
premier rayon est une épine petite encore, quoique trois fois plus
grande que celles de la première dorsale. Viennent ensuite quatre
rayons simples, quoique articulés et très-prolongés; puis deux
branchus, mais dont une des branches se prolonge; les autres sont
branchus et courts, et au nombre de douze. C'est en tout dix-huit
rayons mous. Le premier est presque aussi long que le corps, et
le sixième a encore moitié de cette longueur.

A la ligne de l'abdomen, entre les ventrales et le commencement
de l'anale, est une petite épine fine, mais dirigée en arrière. L'anale

occupe la ligne postérieure de l'abdomen; elle a une petite épine, deux rayons simples et alongés, un rayon branchu dont un des rameaux s'alonge, et treize rayons branchus et courts : en tout seize rayons mous. La longueur du premier est de moitié de celle du corps. La ligne du dos et celle du dessous de la queue sont dentelées dans tout l'espace où elles portent ces nageoires, et il y a une dentelure pour chaque rayon. La portion de queue derrière les nageoires a elle-même une dent en dessus et une en dessous; elle est grêle et du neuvième à peu près de la longueur totale. La caudale est fourchue; chacun de ses lobes a le quart de la longueur. On y compte dix-sept rayons entiers et cinq ou six en dessus et en dessous.

Ainsi les nombres de ses rayons peuvent s'exprimer comme il suit : B. 7; D. 6 — 1/18; A. 1 ou 2 — 1/16; C. 17; P. 17; V. 1/5.

La ligne latérale est la seule partie où l'on voie distinctement des écailles; elle n'en a d'abord que de très-petites, monte pour former un demi-cercle irrégulièrement ondulé, redescend au milieu de la longueur et se rend alors droit à la queue, sur les côtés de laquelle ses écailles grossissent et prennent une forme ronde, relevée d'une carène. La base de la caudale est garnie d'écailles petites, mais encore assez visibles.

Tout le reste du corps paraît couvert d'une peau lisse, comme satinée, et du plus bel éclat d'argent. Le haut de la tête et du dos a une teinte plombée ou violâtre, et cinq bandes verticales un peu plus foncées descendent et se perdent sur les flancs. Les nageoires sont jaunâtres, excepté les ventrales; qui sont noirâtres.

Nos individus ont de quatre à cinq pouces de longueur. M. Dussumier vient de nous en rapporter qui en ont près de huit.

Il paraît que les bandes verticales de ce poisson ne se montrent qu'après la mort. Russel le dit expressément et décrit la couleur des individus frais comme dorée sur le dos, argentée sur le reste du corps, avec des reflets irisés semblables à ceux de la nacre de perle.

M. Leschenault lui donne une couleur argentée, tirant sur le

9.   17

dos au bleu clair; mais je suis persuadé que ces différences tiennent à l'instant précis où l'on en a fait la description.

Le foie du gal est petit et composé de deux lobes aplatis, réunis sous l'œsophage, et appuyés sur chaque côté de ce canal.

L'œsophage est court, large, et se dilate en un estomac en forme de sac obtus, dont les parois sont très-minces. Au milieu de sa face inférieure naît une branche courte, à parois épaisses, qui descend verticalement contre les parois de l'abdomen, et à l'extrémité de laquelle est le pylore. Nous ne pouvons rien dire des cœcums ni du canal intestinal, parce que le poisson que nous avons pu ouvrir était trop gâté pour que cette portion du canal intestinal se fût conservée.

La vessie aérienne est assez grande et donne en arrière deux très-petites cornes peu pointues. Ses parois sont minces et peu brillantes.

Les reins sont assez gros; l'uretère passe entre les deux branches de la vessie et se continue en un canal assez étroit jusqu'à l'anus, en sorte qu'aucun renflement sensible ne marque le commencement de la vessie urinaire.

L'estomac était plein de très-petits crustacés du genre des salicoques et de petits diptères.

Le PETIT GAL.

(*Gallichtys chevola*, nob.; *Chewola-parah*, Russel, t. I, p. 46, n.° 58.)

Nous ne connaissons cette espèce secondaire de gal que par M. Russel.

Sa forme est un peu plus haute à proportion de sa longueur. Les pointes formées par les premiers rayons de sa deuxième dorsale et de son anale sont, ainsi que ses ventrales, aussi longues à proportion; mais les filamens qui viennent après dans la dorsale, paraissent plus courts. La pectorale est assez pointue, sans avoir la forme d'une faux, et chaque lobe de la caudale se termine par un petit filet. M. Russel dit que la ligne latérale n'est point carénée, ce qui signifie peut-être seulement que ses dernières écailles ne grandissent pas autant que dans le grand gal.

B. 7; D. 6 — 1/20; A. 2 — 1/16, etc.

La couleur est, comme dans le précédent, un bel argenté, teint en plombé sur le dos. Une ligne obscure descend de la nuque à l'œil, et trois ou quatre autres se rendent du dos vers la ligne latérale. Les filamens des nageoires sont verts, ce qui les fait ressembler à des ramifications de conferves. Sa longueur n'est que de deux pouces et demi.

Le GAL DES CÔTES D'ÉGYPTE.

(*Gallichtys ægyptiacus*, Ehr.)

Nous avons vu que les côtes d'Égypte, près d'Alexandrie, possèdent un scyris; elles possèdent aussi un gal, qui en a été rapporté par M. Ehrenberg; mais seulement en petits individus d'un et de deux pouces.

Il a, comme la deuxième espèce de Russel, une bande noirâtre montant de l'œil à la nuque, et comme la première, quatre bandes grisâtres et verticales sur le fond argenté de son corps; mais ce qui le distingue de l'une et de l'autre, c'est l'extrême hauteur de son corps, qui égale sa longueur en n'y comprenant pas la caudale, tandis que dans le premier gal cette longueur a un quart, et dans le second un cinquième de plus. Ses rayons capillaires dépassent de beaucoup sa caudale.

D. 7 — 1/20, dont les quatre premiers alongés; A. 1/18, dont les trois premiers alongés; C. 17; P. 15; V. 1/5, dont les trois premiers alongés.

DES ARGYRÉIOSES,

*Et particulièrement de l'*Abacatuia.

(*Argyreyosus vomer,* Lacép.; *Zeus vomer,* Linn.)

M. de Lacépède a entendu comprendre sous son genre *argyréiose,* le *zeus vomer* de Linnæus, et l'espèce de ce poisson n'est sujette à aucun doute, puisque Linnæus lui-même en a donné la figure dans le Musée d'Adolphe-Fréderic, pl. 31, fig. 9. Mais ce qui n'est pas douteux non plus, quoique Linnæus ne l'ait pas aperçu, c'est que c'est ce *zeus vomer* et non pas le *zeus gallus* qui est le véritable *abacatuia* de Margrave.

Laët l'avait représenté (Ind. occid., p. 574) sous ce nom brésilien, écrit à la hollandaise, d'*awah - kattoe - jahwe.* En faisant imprimer Margrave, il replaça à côté de la description de l'*abacatuia,* p. 161, qui est le même poisson et le même nom écrit à la portugaise, la figure qu'il avait déjà donnée; mais il mit une autre figure de la même espèce, p. 145, à côté de la description d'un *guaperva,* qui est le *chætodon arcuatus;* description répétée p. 178, avec la vraie figure de ce chétodon. Cette méprise de l'éditeur n'ayant point été remarquée, les uns, comme Plumier[1], Bloch[2], Lacépède[3], ont cru que *guaperva* était aussi l'un des noms du *zeus vomer;* d'autres ont fait de ce *guaperva* une seconde espèce. C'est notamment le *zeus niger* de Bloch (édit. de Schn., p. 98), et cette épithète de *niger* est prise de la description du chétodon. Ainsi

---

1. App., Lacép., t. IV, p. 562. — 2. Ichtyol., part. VI, p. 33. — 3. Lacép., t. IV, p. 569.

voilà une espèce doublée uniquement à cause d'une erreur d'imprimeur. On en compte malheureusement encore beaucoup trop dans toutes les branches de la zoologie qui n'ont pas de fondement plus solide.

D'un autre côté on a confondu, comme nous l'avons dit précédemment, cet *abacatuia* avec le gal, et ce qui est plus singulier, Bloch a répété en partie sous le *zeus vomer* les mêmes synonymes qu'il avait déjà cités sous le *zeus gallus*, et nommément celui du *tetragonopterus* de Klein (Miss. IV, pl. 12, fig. 1). Mais ce qu'il a fait de bien plus fâcheux encore, c'est d'avoir rapporté à ce *vomer*, d'après une conjecture légère de Muller, le *zeus cauda bifurca*, etc., que Muller[1] avait emprunté de *Strœm*[2], dans sa description du bailliage de *Sœndmer* en Norwége, et qui n'est autre que le *zeus luna* ou *chrysotose*.

Gmelin, qui a fidèlement copié la liste des synonymes de Bloch, s'est cru avec assez d'apparence en droit d'en conclure que le *zeus vomer* habite à la fois la mer du Brésil et celle de Norwége[3]; Bloch lui-même, dans son *Systema*, quoiqu'il y reporte avec raison le poisson de *Strœm* sous le *zeus luna*, probablement d'après l'indication donnée par Walbaum en 1792[4], n'en conserve pas moins sous l'article du *zeus vomer* l'ancienne assertion[5] : *habitat in mari brasiliensi et norvegico.* Enfin M. de Lacépède non-seulement adopte le fait sans hésiter, mais

---

1. *Prodrom. zool. dan.*, p. 44, n.° 370; il se borne à dire *zeus vomeri affinis.* — 2. *Strœmi Sœndmer*, t. I, tab. 323, pl. 1, fig. 20. — 3. Linn , Gmel., p. 1221. — 4. Walbaum, *Artedi renovat.*, t. I, tab. 399; il y nomme même le *zeus luna*, *zeus Strœmii.* — 5. Bloch, éd. de Schn., p. 95.

il en trouve de bonnes raisons : « La grande différence,
« dit-il, qui sépare le climat glacial de la Norwége et le
« climat brûlant du Brésil, n'influe pas même d'une ma-
« nière très-sensible sur les individus de cette espèce. Les
« uns et les autres se nourrissent de crabes et d'animaux
« à coquilles, et comme ils trouvent en très-grande abon-
« dance de ces crustacés et de ces mollusques sur les rives
« de la Norwége aussi bien que sur celles du Brésil, ils
« vivent avec une égale facilité dans les mers de ces deux
« contrées; ils y parviennent à la même longueur, etc., etc.[1] »

Qui croirait cependant que tout cela n'a d'autre fondement que ces mots ajoutés par Muller au nom du poisson
de Strœm : *zeo vomeri affinis?* Mais, nous le répétons,
c'est trop souvent ainsi que l'on a écrit l'histoire naturelle.

La vérité est que le *zeus vomer* ou *abacatuia* n'habite
que les côtes orientales de l'Amérique, dans leurs parties
chaudes et tempérées; mais qu'on le trouve depuis New-
York jusqu'à Buénos-Ayres. Nous en avons reçu de presque
tous les points intermédiaires, et jamais d'aucun autre
parage.

Les individus nombreux que nous avons sous les yeux
ne diffèrent entre eux que par le plus ou moins de prolongement de leur première dorsale et de leurs ventrales;
mais en les examinant avec attention, on voit que dans
les individus où ces parties frêles sont courtes, c'est qu'elles
ont été usées ou rompues par quelque accident arrivé soit
pendant la vie du poisson, soit après sa mort, parce qu'il
a été mal conservé.

---

1. Lacép., t. IV, p. 567 et 568.

C'est ainsi que nous expliquerons les différences que présentent les figures des divers auteurs.

Celle de Bloch (pl. 93, fig. 2.) est faite d'après un individu des plus complets; il n'y a d'abrégé qu'une portion du prolongement de la seconde dorsale, mais il me paraît que le dessinateur a ajouté des prolongemens trop nombreux aux rayons de la première dorsale.

Celle de Linnæus (*Mus. Ad. Fred.*, pl. 31, fig. 9) pêche par la rupture des filets de la première dorsale.

Dans une des figures de Margrave[1] la seconde dorsale et l'anale ont aussi leurs prolongemens trop courts; mais dans l'autre (145) il les a bien rendus, et n'a mis avec raison qu'un filet à la première dorsale.[2]

Ce que nous devons surtout faire remarquer, c'est que la *sélène argentée* de M. de Lacépède (t. IV, p. 560 et 562, et pl. 9, fig. 2), établie sur une figure copiée par Aubriet d'après un croquis de Plumier, n'est rien autre chose qu'un *abacatuia* qui avait usé sa première dorsale et ses ventrales, et comme la *sélène quadrangulaire* du même auteur, ou le *zeus quadratus* de Linnæus, emprunté de *Sloane* (Jam., t. II, p. 290, pl. 251, fig. 4), est identique avec le *chætodon faber* ou notre *ephippus forgeron*, ainsi que Broussonnet l'a déja annoncé, le genre *sélène* doit être entièrement rayé de l'ichtyologie.

On peut trouver l'espèce dans d'autres états par rapport aux prolongemens de ses nageoires, ce qui pourrait encore la faire multiplier par les nomenclateurs : ainsi l'on voit

---

1. *Bras.*, p. 161; prise de Laët, p. 574, et répétée par Pison, p. 55.

2. Nous ignorons l'origine de ces deux figures; elles ne sont tirées ni du *Liber principis* ni du *Liber Mentzelii.*

dans le Recueil du prince Maurice, une figure[1] où la deuxième dorsale, l'anale et les ventrales, sont très-alongées, mais où la première dorsale ne paraît pas, et il y en a une dans le Recueil de Mentzel (p. 31) où l'on ne voit ni ventrales, ni anale. Toutes les deux sont intitulées *abacatuia* ou *avacatuaia*, comme celle de Margrave.

L'*abacatuia* se nomme *lune* dans nos colonies françaises des Antilles[2], *tête de cheval* à Cayenne[3], *peixe gallo* ou poisson-coq dans les colonies espagnoles et portugaises, où il partage aussi le nom de *corcovado* ou *bossu* avec le vomer de Brown dont nous parlerons bientôt.[4]

La description que nous allons faire de ce poisson, est prise de plus de trente individus, pêchés à toutes les latitudes, depuis le 45.ᵉ degré nord jusqu'au 35.ᵉ sud; et de dessins faits dans plusieurs ports situés dans ce grand intervalle, notamment à New-York, au Mexique, à Cuba, et à la Martinique.

Sa forme générale ne diffère de celle du gal qu'en deux points principaux : 1.° la ligne de son profil est plus droite, plus longue, et elle descend plus obliquement en avant; 2.° la partie antérieure de la ligne de son dos ne monte pas, mais il y a de la nuque à la deuxième dorsale un espace presque horizontal, dont la seconde moitié supporte la première dorsale. Il résulte de là qu'il ne représente pas un rhombe aussi régulier.

Son corps est aussi plus haut relativement à sa longueur, et encore plus comprimé. La plus grande hauteur n'est comprise qu'une fois et demie dans la longueur totale. La ligne du profil, depuis le sommet de la crête du crâne jusqu'à la bouche, égale les

---

1. I.ʳᵉ partie, p. 399. C'est de cette figure que Bloch a pris l'enluminure de son gal. — 2. Plumier; et Labat, Voy. de Desmarchais, t. I, planche de la page 312. — 3. M. Frère. — 4. Dessins faits au Mexique par MM. de Sessé et Mocigno.

quatre cinquièmes de la plus grande hauteur du corps. La largeur
de la tête est deux fois et demie dans sa hauteur. Elle se trouve
ainsi plus haute, plus étroite que dans le gal, et à cause de l'obliquité du profil, le museau se porte plus sensiblement en avant.
Du reste c'est la même structure : une crête du crâne descendant
jusque entre les yeux; un très-haut sous-orbitaire; une petite
bouche; une mâchoire inférieure remontant et avançant un peu;
le préopercule en forme d'arc, et d'arc très-ouvert; l'opercule haut
et étroit; aucune armure à ces pièces, ni aux os de l'épaule; une
membrane branchiostège étroite et à sept rayons, etc.

Les deux orifices de la narine sont un peu l'un au-dessus de
l'autre, et placés entre l'œil et la partie tranchante du profil qui
est à sa hauteur.

La portion de queue derrière la deuxième dorsale et l'anale, est
aussi grêle que dans le gal, et du dixième de la longueur totale. Le
corps est, comme dans le gal, revêtu d'une peau fine satinée, où
les écailles ne se voient point; la ligne latérale a d'abord la même
courbure en demi-cercle un peu ondulé, et se dirige en ligne droite
jusque sur les côtés de la queue; mais ses écailles n'y grandissent
point comme dans le gal : c'est à peine si elles y excèdent celles
du reste de la ligne, et toutefois la loupe y fait encore apercevoir
une carène.

Outre cette différence et celle du profil, l'argyréiose, lorsqu'elle
est bien entière, se distingue par sa première nageoire, composée
d'abord d'une très-courte épine; ensuite d'une seconde épine, haute
à peu près comme le huitième du corps sous elle, et prolongée en
un filament membraneux, qui a quelquefois le double de la longueur totale du corps, mais qui le plus souvent n'en a guère que
la moitié. Les deux rayons épineux suivans se raccourcissent déjà
beaucoup, et il y en a derrière eux quatre qui sont réduits à de
très-courtes épines libres. Ce sont en tout huit aiguillons à cette
première dorsale. Je n'ai jamais vu de filament prolongé qu'au
deuxième, et je ne puis deviner si Bloch a copié d'après nature
ceux qu'il donne aux trois rayons suivans, ou si c'est une de ces
corrections arbitraires qu'il a trop souvent introduites dans ses

figures. Celles de Margrave sont d'accord avec ce que j'ai observé, et même celle de sa page 145 rend très-exactement la première dorsale telle que je la vois.

En avant de cette première dorsale, sur la première moitié de la portion horizontale du dos, on sent avec le doigt trois petites tubérosités qui appartiennent à autant d'interépineux sans rayons.

La seconde dorsale occupe la seconde moitié de la ligne du dos, qui va en descendant jusqu'à la queue. Elle a d'abord une épine assez courte. Ses autres rayons, au nombre de vingt-deux, sont articulés et branchus, excepté le premier, qui se prolonge en un filet qui atteindrait le milieu de la caudale. Ils décroissent rapidement jusqu'au cinquième, après lequel ils sont tous également courts. Entre l'anus, qui est immédiatement derrière les ventrales et l'anale, sont deux petites épines fines, qui représentent à quelques égards une première anale. L'anale proprement dite correspond à la deuxième dorsale, qu'elle surpasse un peu en longueur, et occupe toute la ligne montante du ventre. Elle a une épine courte, et dix-neuf rayons branchus. Le premier se prolonge aussi en un filet, mais plus court qu'à la dorsale; les quatre suivans diminuent, et tous les autres sont courts.

B. 7; D. 8 — 1/22; A. 2 — 1/18; C. 17; P. 17; V. 1/5.

La caudale est fourchue, et ses lobes ont à peu près le quart de la longueur totale; elle a aussi dix-sept rayons entiers. La pectorale est en forme de faux, et sa longueur n'est que trois fois et demie dans la longueur totale. Elle a dix-sept rayons, dont les premiers simples et croissans jusqu'au quatrième et au cinquième, qui font la pointe. L'épine des ventrales est courte; mais leurs rayons mous se prolongent en une lanière étroite qui atteindrait jusqu'au milieu de la longueur de l'anale. Elles sont noirâtres, aussi bien que le filet de la première dorsale. Tout le reste du poisson paraît d'une belle couleur d'argent.

Nos individus ont depuis trois jusqu'à six pouces de longueur.

C'est cette dernière taille que leur assigne le prince Maurice; mais l'espèce la dépasse beaucoup. M. Ricord nous assure qu'à Saint-Domingue elle atteint deux pieds de longueur.

Margrave dit que l'espèce égale la limande (*passer*) pour la grandeur. Il assure que c'est un bon poisson et fort sain. Pison ajoute que lorsqu'on le prend, il grogne comme un porc, qu'il habite la mer et les rivières; mais que ceux de mer sont plus estimés, parce que leur chair est plus ferme et de meilleur goût. On le mange frit ou bouilli. A Saint-Domingue on le fume et on le sale comme les pleuronectes en Hollande. Bloch dit qu'il se nourrit de coquillages et de petits crabes; mais la conformation de sa bouche rend cette opinion peu vraisemblable.

Le squelette de l'argyréiose présente quelques particularités dignes d'attention.

Cette crête si élevée, qui rend son crâne et son profil tranchans, appartient à son interpariétal et à ses frontaux, et occupe toute la longueur de ces os. Les os propres du nez, étroits et longs, s'attachent à son extrémité antérieure. Excepté le premier, les sous-orbitaires sont fort petits; mais un des surtemporaux prend un grand développement et se prolonge vers le haut au point d'aller rejoindre le sommet de la crète du crâne.

Le surscapulaire et le scapulaire sont très-courts, mais l'huméral est très-haut; sa pointe inférieure soutient la carène du ventre; le cubital, qui est aussi très-haut, la soutient également. Le radial est au contraire fort petit. La pièce supérieure du coracoïdien est petite et plate; l'autre, grêle et très-longue, descend jusqu'aux os du bassin. Ceux-ci sont comprimés et ont une longue apophyse qui monte entre les deux cubitaux pour s'attacher au milieu de la hauteur des huméraux.

Il y a dix-neuf vertèbres abdominales et treize caudales.

Les apophyses épineuses inférieures des caudales sont fortes et hautes, ainsi que leurs interépineux, qui de plus sont dilatés d'avant en arrière et se touchent les uns les autres. Leurs extrémités inférieures, recourbées en arrière, forment les dentelures du tranchant inférieur du corps. Le premier interépineux, très-grand et dilaté à sa partie inférieure, se joint par un ligament aux os du bassin. Il y a neuf paires de côtes, dont plusieurs descendent jusqu'au tranchant inférieur et s'attachent soit au ligament qui joint le bassin au premier interépineux, soit à cet interépineux lui-même. Les dernières vertèbres de l'abdomen ont des apophyses transverses descendantes, dont les bases s'unissent par une traverse, pour commencer le canal vasculaire qui règne sous le corps des vertèbres caudales.

Les interépineux supérieurs sont moins développés que les inférieurs. Leur nombre est de vingt-neuf. Les trois premiers remplissent l'intervalle entre la crête du crâne et la première dorsale, et n'appartiennent proprement à aucune vertèbre. Les apophyses épineuses de la queue en portent chacune deux.

M. Mitchill décrit et représente dans ses Poissons de New-York deux argyréioses, dont il nomme l'une, qui n'a qu'un rayon dorsal prolongé en filament, *zeus rostratus*[1], et l'autre, qui en a deux, *zeus capillaris*.[2]

Nous sommes certains que la première, dont nous avons reçu de New-York plusieurs échantillons, est la même que nous venons de décrire, et par conséquent que le *zeus vomer* de Linnæus; quant à la seconde, nous n'oserions affirmer si ce deuxième filament lui donne un caractère spécifique suffisant; mais ce dont il est facile de s'assurer, c'est que ce n'est pas le *zeus capillaris* de Bloch, qui est un de nos *blepharis*.

---

1. Mém. de la Soc. de New-York, t. I, pl. 2, fig. 1. — 2. *Ibid.*, pl. 2, fig. 2.

DES VOMERS,

Et particulièrement du VOMER DE BROWN.

(*Vomer Brownii,* nob.[1])

Ce poisson habite les mêmes mers que l'argyréiose. Nous l'avons reçu de New-York, de la Havane, de Saint-Domingue, de la Martinique, de Surinam, du Brésil, et même il est du petit nombre de ceux qu'on trouve dans l'océan Atlantique et dans le Pacifique; car MM. Lesson et Garnot l'ont rapporté de Paita au Pérou. Ce qui n'est pas moins remarquable, c'est qu'il habite les deux côtés de l'océan Atlantique, car c'est le *poisson lune* vu à Juida par Desmarchais[2], et dont Labat donne la figure, et le poisson de Sestro, représenté par Barbot[3]. M. Rang vient de nous l'envoyer de Gorée, mais nous n'en trouvons aucune trace aux Indes ni dans leur Archipel.

Le prince Maurice en avait laissé une très-bonne figure dont ni Margrave ni Bloch n'ont fait usage. Brown l'avait décrit[4] assez en détail, mais on ne l'en avait pas moins confondu avec l'argyréiose jusqu'à M. Mitchill, qui le premier l'a fait paraître comme une espèce à part sous le nom de *zeus setapinnis,* et qui en a donné une figure[5] d'après laquelle il ne peut rester aucun doute que son poisson ne soit le même que le nôtre. Selon le prince Maurice, on l'appelait au Brésil *abacatuia tacapa,* pour le distinguer de l'*argyréiose* ou *abacatuia* ordinaire. On

1. Rhomboïda *alepidota, argentea, pinnis omnibus brevibus.* Brown, *Jam.*, p. 455. — 2. Voy. de Desmarchais, t. II, p. 23. — 3. Barbot, pl. F, p. 128. — 4. Brown, Jam., p. 455. — 5. Mitch., p. 384, pl. 1, fig. 9.

le nommé *assiette* dans nos colonies françaises d'Amérique[1]; à Saint-Domingue on l'appelle *lune* comme l'argyréiose, et il partage aussi avec elle, dans les colonies
espagnoles le nom de *corcovado* ou *bossu*.[2]

Sa forme est moins courte que dans aucun des précédens; son
profil un peu concave, mais au total presque vertical, et sa crête
du crâne disposée de manière que le sommet de la tête et le point
le plus élevé de la ligne du dos lui donnent une physionomie
aisée à reconnaître. A compter de ce sommet jusqu'à la deuxième
dorsale, cette ligne est presque droite; ensuite elle descend par
une convexité légère jusqu'à la partie grêle et nue de la queue. La
ligne du ventre forme un arc plus continu et d'une convexité légère
depuis la bouche jusqu'à la queue, en sorte que tout le corps forme
un ovale rétréci en arrière, et comme tronqué en avant par la ligne
concave du profil.

Sa hauteur au milieu est un peu moins de la moitié de sa longueur
totale. Comme la ligne du ventre remonte un peu en avant, la tête,
quoique son sommet saille plus que le reste du dos, a au total un
neuvième de moins en hauteur que le milieu du corps. L'épaisseur
est quatre fois et demie dans la hauteur. La tête est du double plus
haute que large. L'œil est au milieu. Son diamètre est d'un peu plus
d'un septième de la hauteur de la tête. Entre l'œil et le bord tranchant du profil sont les deux orifices de la narine, oblongs, près
l'un de l'autre, le postérieur un peu plus grand et plus élevé. La
fente de la bouche descend très-rapidement en arrière, presque
jusque sous l'œil, dont elle est séparée par un sous-orbitaire rhomboïdal et très-élevé, qui ne laisse paraître, dans l'état de rétraction,
que le bout élargi du maxillaire. La protraction est très-peu de
chose. Il y a à chaque mâchoire une bande extrèmement étroite
ou plutôt une rangée de dents en velours très-ras, qui se sentent
mieux qu'elles ne se voient. Le vomer en a une ligne semblable en

---

1. Labat, Voy. de Desmarchais, t. I, p. 312. — 2. Notes manuscrites de M. Poey.

travers de son extrémité antérieure. Le voile membraneux des mâchoires est comme à l'ordinaire. La langue, très-libre, étroite, pointue, est garnie d'une âpreté assez rude. Le préopercule a son angle dans son milieu et très-obtus (de 160). Le sommet en est émoussé. L'opercule, trois fois plus haut que long, a un arc rentrant à la moitié supérieure de son bord, et finit inférieurement en pointe, derrière laquelle le subopercule monte obliquement. L'interopercule est assez long; toutes ces pièces sont entières. Elles recouvrent entièrement la membrane branchiostège, qui est fendue jusque entre les angles de la mâchoire inférieure et est soutenue par sept rayons. La structure des os de l'épaule et du bassin est comme dans les précédens, et ils soutiennent de même la carène aiguë du ventre. La pectorale, attachée au milieu de la hauteur, est en forme de faux arquée et pointue de près du tiers de la longueur totale. Elle a dix-neuf rayons; le premier très-court, le cinquième le plus long. Les ventrales, extrêmement courtes, n'ont que le septième de la longueur des pectorales.

La première dorsale est excessivement faible et basse. Son second, son troisième et son quatrième rayon sont même seuls assez élevés pour avoir une membrane aisément visible; encore le second n'a-t-il pas le dixième de la hauteur du corps. Le premier et les quatre derniers ne sont que de petites épines. La seconde commence à peu près sur le milieu de la ligne du dos. Après un rayon épineux court, caché dans son bord antérieur, elle en a un mou, de la hauteur environ du quart de celle du corps. Les suivans baissent rapidement jusqu'au sixième, après lequel ils restent courts et égaux. Il y en a en tout vingt-deux. L'anale correspond à cette seconde dorsale; mais elle n'a avec son épine que dix-neuf rayons mous, et les premiers ne sont pas aussi longs que ceux de la dorsale.

La portion grêle de la queue a en longueur le dixième de la longueur totale, et est trois fois moins haute; chacun des lobes de la caudale est d'un peu plus du cinquième de la longueur totale.

Les écailles se voient mieux dans cette espèce que dans les précédentes, et même, dans les grands individus, elles sont prononcées dans toute la moitié inférieure et postérieure, et surtout aux côtés de la queue.

La ligne latérale a sa partie antérieure un peu moins convexe vers le dos que dans les précédens, mais elle y est également un peu ondulée. Ses écailles caudales ne grossissent pas beaucoup, et leurs carènes sont peu sensibles.

Tout le poisson est argenté, avec une teinte plombée le long du dos. Les nageoires paraissent d'un gris jaunâtre.

L'espèce doit devenir assez grande. Nous en avons des individus d'un pied et au-delà.

Elle est sujette à quelques variétés dans la hauteur proportionnelle, mais qui n'ont rien d'assez marqué, ni d'assez constant, pour que l'on puisse en déduire des caractères spécifiques.

Le foie de ce vomer est étendu, mais il n'a pas beaucoup d'épaisseur. Le lobe gauche est très-petit et a plutôt l'air d'une simple digitation du lobe droit que d'un véritable lobe. Celui-ci est divisé en plusieurs lobules, qui s'étendent sur l'estomac, sur le pylore et sur une partie des appendices cœcales qui entourent l'origine du duodénum.

La vésicule du fiel est oblongue, cachée entre le foie et l'estomac. Le canal cholédoque se replie sous le foie et va déboucher derrière le pylore, entre les cœcums.

L'œsophage et l'estomac forment un canal cylindrique également large, terminé en un cul-de-sac obtus. De la partie inférieure de ce canal aux trois quarts de sa longueur descend une branche étroite, à l'extrémité de laquelle le pylore est ouvert. Un très-grand nombre d'appendices cœcales plus nombreuses dans l'hypocondre gauche accompagnent l'intestin. Celui-ci remonte entre les lobes inférieurs du foie; il descend ensuite vers l'anus, en décrivant un cercle, remonte sous le pylore, s'y replie brusquement et descend à l'anus sous la forme d'un tube droit.

La rate est aplatie, triangulaire, en partie cachée sous les appendices cœcales.

Les ovaires sont rejetés vers l'arrière de l'abdomen. Les œufs qu'ils contiennent sont excessivement petits.

La vessie natatoire est très-grande; la partie antérieure de sa première tunique est très-épaisse. La seconde tunique est mince dans la partie supérieure, et a la forme d'une membrane chargée de vaisseaux. Elle s'épaissit dans la région abdominale, et prend un tissu fibreux de couleur argentée. Elle donne en arrière deux cornes médiocres, qui font hernie dans les muscles de la queue.

Les reins sont médiocres, alongés, et débouchent dans la vessie par un uretère très-long, qui passe entre les branches de la vessie aérienne.

Le squelette du vomer ne diffère de celui de l'argyréiose que par les contours de ses parties, lesquels sont déjà indiqués par la forme extérieure du poisson, en sorte que la description de l'un peut tenir lieu de celle de l'autre.

———

DES HYNNIS,

*Et particulièrement de l'*Hynnis de Gorée.

(*Hynnis Goreensis*, nob.)

Outre un vomer parfaitement pareil à celui d'Amérique, M. Rang nous a envoyé de Gorée un poisson qui, semblable presque en tout aux vomers, en doit cependant être distingué génériquement, parce qu'il n'a pas même de vestige de première dorsale.

Il est bien moins court. Sa hauteur est deux fois et demie dans sa longueur. Son profil est plus oblique, moins concave au chanfrein, moins saillant au vertex. Sa tête a en hauteur une fois et un cinquième sa longueur; dans le vomer, elle l'a une fois et demie. Son œil, plus grand à proportion, est placé moins bas. Il y a aux deux mâchoires, au vomer et aux palatins des dents en fin velours; celles des pharyngiens sont en pavés arrondis. Je ne puis découvrir, même avec le doigt, ni par la dissection, aucune trace de première

9.   19

dorsale; la pointe de la deuxième et surtout celle de son anale sont plus longues que dans le vomer : la première est deux fois et demie dans la hauteur du corps au milieu; la seconde deux fois. La partie courbe de sa ligne latérale est moins convexe. Les boucliers de l'extrémité de sa partie droite sont plus forts et ont des pointes aiguës; au-dessus et au-dessous de la carène qu'ils forment sont deux crêtes marquées. Ses ventrales sont beaucoup plus prononcées que dans le vomer, et ont le tiers de la longueur des pectorales, qui, elles-mêmes, ont près du tiers de celle du corps. Dans le vomer les ventrales n'ont que le dixième des pectorales. Les lobes de la caudale ont plus du quart de la longueur totale.

B. 8; D. 1/22; A. 1/19; C. 17; P. 18; V. 1/5.

Tout ce poisson est verdâtre sur le dos, argenté au ventre, avec une tache noire prononcée sur la base extérieure de la pectorale, et une autre sur la membrane de l'opercule.

Le foie de l'hynnis est étendu en une grande lame mince festonnée, dont la plus grande portion recouvre le côté gauche de l'estomac. L'œsophage se dilate promptement en un vaste sac comprimé, triangulaire. De la pointe inférieure de cet estomac descend verticalement la branche pylorique. A son extrémité, marquée par le rétrécissement du pylore, on voit de nombreuses appendices cœcales, courtes, simples et réunies par un tissu cellulaire dense : il y en a bien vingt-cinq ou trente. L'intestin, replié sur lui-même, est situé dans l'hypocondre droit; et le rectum remonte sous l'estomac le long de la massue triangulaire du premier interépineux de l'anale; il débouche sous la branche de l'estomac. La vessie aérienne est très-grande, et se prolonge en deux longues cornes le long des vertèbres de la queue. Les reins sont gros, séparés, noirs comme de l'encre; ils se terminent à la bifurcation de la vessie aérienne, et donnent deux longs uretères, qui passent entre ses cornes et versent l'urine dans une vessie oblongue simple, située sur l'interépineux de l'anale.

L'ostéologie de l'hynnis diffère beaucoup de celle des vomers, et est plus singulière encore que celle des chétodons et des éphippus

à interépineux renflés. Plusieurs des apophyses épineuses, soit supérieures soit inférieures, de ses vertèbres caudales, ont dans leur
milieu un renflement ovale; mais la première des inférieures est
comme soufflée à sa base en deux vessies osseuses, à lames minces,
vides dans leur intérieur, de forme ovale irrégulière, et qui embrassent postérieurement l'apophyse épineuse de la vertèbre suivante.
L'interépineux qui adhère à cette première apophyse, est lui-même
dilaté dans le bas en une grosse massue triangulaire, comprimée,
osseuse et très-solide. Les deux épines, ordinairement libres au-
devant de l'anale, sont ici soudées à cette masse et font corps avec
elle. Un très-grand nombre des interépineux de la dorsale et de
l'anale, surtout ceux de leur moitié postérieure, sont aussi renflés
en grosses massues. La crête interpariétale est très-longue, très-
épaisse, et va rejoindre en avant la crête frontale, en laissant un
vide entre leur point de contact et le crâne. Ce qui est remarquable, c'est que le nombre, la grandeur et même la position d'une
partie de ces renflemens ne sont pas constans, et que le volume
des vessies osseuses de la première apophyse épineuse de l'anale
n'est point en proportion avec la taille des individus. La colonne
vertébrale se compose de vingt-six vertèbres, dont les dix premières
portent des côtes longues, grêles, peu arquées.

L'espèce devient grande, nous en avons un individu de
vingt-six pouces, et un de deux pieds. Elle se nourrit de
petits crustacés et de zoophytes; car l'estomac de l'individu
que nous avons disséqué était rempli de débris de ces
deux sortes d'animaux.

QUATRIÈME GRANDE TRIBU.

LES SCOMBÉROÏDES SANS FAUSSES PINNULES, SANS ÉPINES LIBRES AU DOS, SANS ARMURE AUX COTÉS DE LA QUEUE.

Ces poissons ne sont réunis que sur des caractères négatifs, et l'on doit s'attendre qu'ils auront entre eux des rapports moins étroits que ceux des tribus précédentes.

En effet, si les sérioles et les temnodons tiennent de près aux liches, les stromatées ont une ressemblance au moins extérieure avec plusieurs squammipennes. Les coryphènes semblent se détacher des uns et des autres par la compression et la hauteur verticale de leur tête; mais les lampuges et les centrolophes forment des liens intermédiaires entre elles et les liches d'une part, et les stromatées de l'autre. C'est encore ici un de ces groupes formés par continuité, une de ces séries telles qu'il y en a beaucoup dans la nature, dont l'harmonie est évidente, quoiqu'il soit difficile de leur attribuer un caractère commun et précis.

CHAPITRE XVII.

Des Sérioles, des Temnodons, des Lactaires, des Pasteurs, des Nauclères, des Porthmées et des Psènes.

___

DES SÉRIOLES.

Les sérioles ne diffèrent des caranx que parce que leur ligne latérale n'est pas cuirassée, ou que du moins les écailles qui la garnissent surpassent à peine celles du reste du corps. D'un autre côté, elles diffèrent des liches, parce que les épines de leur première dorsale sont réunies par une membrane, et généralement plus hautes et plus grêles; d'ailleurs elles ont l'épine couchée en avant, et tous les autres caractères communs aux caranx et aux liches : ce sont, si l'on veut, des caranx sans boucliers aux côtés de la queue, ou des liches dont les épines dorsales sont unies en nageoires et ne demeurent pas isolées.

Ce genre comprendra donc les scombéroïdes à deux dorsales sans fausses pinnules, sans boucliers à la queue, dont les mâchoires, le vomer et les palatins sont pourvus de dents en velours ou en cardes fines.

La SÉRIOLE DE DUMÉRIL.

(*Seriola Dumerilii,* nob.; *Caranx Dumeril,* Risso.)

Nous avons adopté pour ce genre le nom que l'on donne à l'espèce de la Méditerranée, sur les côtes où elle a été décrite la première fois, c'est-à-dire à Nice. M. Risso est le naturaliste qui l'a bien fait connaître, et malgré la grandeur remarquable à laquelle elle parvient, aucun de ses prédécesseurs ne l'avait indiquée ou au moins suffisamment caractérisée. Il lui a donné le nom de M. Duméril.

Son corps est en ellipse alongée. Sa hauteur au milieu est trois fois et deux tiers dans sa longueur totale, et trois fois, en n'y comprenant pas la caudale; son épaisseur est deux fois et demie dans sa hauteur. La courbe de son dos, à peine plus convexe que celle de son ventre, descend obliquement jusqu'au museau. Le profil fait partie de la même ligne, et est par conséquent légèrement convexe. La longueur de la tête fait le quart de la longueur totale, et sa hauteur à la nuque les cinq sixièmes de sa longueur. L'œil est à peu près au milieu de la longueur et au-dessus du milieu de la hauteur de la tête; son diamètre est d'un peu plus du cinquième de la longueur de cette même partie du corps. Le front est obtus et non tranchant, et il y a d'un œil à l'autre deux de leurs diamètres. Les orifices de la narine, placés à la hauteur du milieu de l'œil et à égale distance entre l'œil et le bout du museau, sont très-rapprochés l'un de l'autre, petits et ronds; l'antérieur, encore plus petit que l'autre, a un petit lobe membraneux à son bord postérieur. La bouche est fendue presque jusque sous l'œil. Le maxillaire s'élargit beaucoup en arrière par l'addition d'une pièce à son bord supérieur; son extrémité est un peu arrondie. Les mâchoires sont presque égales; cependant il y a quelque chose de plus à l'inférieure : elles portent des dents en velours sur une large bande, et l'on en voit aussi sur le devant du vomer, aux palatins, sur une bande le long du milieu de la langue, et sur une ligne à chacun de ses bords. Le limbe du préopercule est assez large, avec quelques inégalités; son bord est arrondi. L'opercule a quelques stries inégales, disposées en rayons vers son articulation; son bord inférieur est oblique et à peu près rectiligne; le postérieur, dans sa partie osseuse, a une échancrure arrondie entre deux pointes mousses. Les branches de la mâchoire et les interopercules des deux côtés se touchent sous la gorge quand les ouïes se ferment :

en les écartant, on voit que les ouïes sont fendues jusque sous le tiers postérieur des mâchoires; leur membrane contient sept rayons. La pectorale est ovale et n'a pas le septième de la longueur totale : il n'y a point d'écailles particulières à sa base; le nombre de ses rayons est de vingt. Les ventrales sortent un peu plus en arrière, et ont un cinquième de plus en longueur que les pectorales : leur membrane est plus épaisse; un tiers de sa longueur au bord interne s'attache à l'abdomen. L'épine est faible et de moitié plus courte que la nageoire. La première dorsale répond au-dessus du milieu des ventrales. Elle est petite; sa longueur n'est que le neuvième de celle du poisson, et sa hauteur moitié de sa longueur. Elle a sept rayons épineux assez faibles, et au-devant de sa base est une épine couchée : son septième rayon est très-petit, on ne peut pas dire cependant que ce soit une épine isolée, il a en avant et en arrière une portion de membrane. La deuxième dorsale est en avant du double plus haute que la première; mais elle s'abaisse ensuite d'un tiers et conserve cette hauteur jusqu'au bout : elle a trente-deux rayons mous. Son épine est faible et de moitié plus courte que le rayon qui la suit, lequel est du tiers de la hauteur du corps. L'anale commence sous le milieu de la deuxième dorsale, et est à peu près de même forme. Le nombre de ses rayons mous varie de dix-neuf à vingt-un; je crois que le nombre normal est vingt. Son épine est faible comme à la dorsale, et précédée de deux très-petites épines libres ou à peu près. Les deux nageoires ont le long de leur base un repli écailleux de la peau, comme dans les caranx; la portion de queue derrière elles n'a que le dix-huitième de la longueur totale, et est encore d'un tiers moins haute; mais la peau écailleuse se porte plus loin en arrière, entre les rayons de la caudale : celle-ci est d'un peu moins du quart de la longueur totale, et fourchue jusqu'aux deux tiers de sa propre longueur; outre les dix-sept rayons entiers, elle en a cinq ou six sur ses bords.

D. 7 — 1/32; A. 2 — 1/20; C. 17; P. 20; V. 1/5.

La tête de ce poisson n'a d'écailles qu'à la joue; tout le corps en est couvert de petites, ovales, minces, entières, et où la loupe découvre des stries concentriques d'une finesse excessive. La ligne latérale, légèrement convexe en dessus dans sa première moitié, prend insensiblement la direction droite ; elle se marque par une suite d'élevures linéaires, et rien n'y approche ni d'une carène ni d'une armure quelconque.

Cette sériole est d'une belle couleur d'argent, teinte de bleu violâtre sur le dos et légèrement dorée sur les flancs. Ses nageoires sont jaunâtres. Il me paraît que sa caudale a le bord extrême noirâtre.

Nos individus, conservés dans l'eau-de-vie, montrent une bande brune plus ou moins effacée sur la tempe, depuis l'œil jusqu'à l'opercule.

Les très-jeunes individus ont cinq ou six larges bandes verticales noirâtres, comme dans la plupart des poissons du grand genre scombre.

Elle a le foie médiocre, dont la plus grande partie est placée à la gauche de l'œsophage. Le lobe droit, assez pointu, se porte plus en arrière dans l'hypocondre droit; il verse la bile dans une vésicule très-étroite et prolongée jusqu'aux trois quarts postérieurs de la longueur de l'abdomen. L'œsophage se termine en un long cul-de-sac pour former l'estomac, dont la partie postérieure atteint aux deux tiers de l'abdomen. Sous le tiers antérieur de ce sac on voit naître la branche pylorique, qui est très-courte et arrondie. L'intestin, de longueur et de grosseur médiocres, ne fait que deux plis. Le pylore est muni d'une très-grande quantité d'appendices cœcales (au moins une cinquantaine), portées sur cinq troncs principaux, et réunies en une masse épaisse par un tissu cellulaire très-dense. La rate est très-grosse, trièdre, placée dans la crosse du second pli de l'intestin. La vessie aérienne est simple et grande; sa portion antérieure est arrondie, et la postérieure pointue. Les reins sont réunis en un seul lobe fort gros, trièdre, qui donne par un long uretère dans une vessie urinaire étroite et assez longue.

Le squelette a vingt-quatre vertèbres, dont dix appartiennent à l'abdomen. Les sixième, septième, etc., ont des apophyses transverses qui descendent vers le bas, et dans la dixième elles se réunissent en anneaux. Son crâne ressemble à celui des thons. La crête mitoyenne s'étend sur toute sa longueur; elle est plus élevée du triple que les latérales. Excepté la division du maxillaire en deux pièces, les os de la tête n'ont rien de bien remarquable.

Les individus que nous avons décrits n'ont que treize pouces; mais l'espèce devient très-grande, et l'on en pêche quelquefois du poids de cent soixante livres.

Cette sériole de la Méditerranée habite la plupart des parties de cette mer : nous l'avons de Nice, par MM. Risso et Laurillard; de Naples, par M. Savigny; de Sicile, par M. Biberon; de Morée, par M. Bory de Saint-Vincent. M. Viviani nous en avait donné un squelette de Gènes, qu'il nommait *scomber chrysurus*.

Sa chair, dit M. Risso, est rougeâtre, ferme et d'un goût exquis.

Elle se tient d'ordinaire dans des lieux inaccessibles, et ce n'est que rarement, et lorsque la faim l'attire, qu'elle s'approche des côtes.

J'avais soupçonné depuis long-temps que le *trachurus aliciolus* de M. Rafinesque[1] ne différait pas réellement de la sériole, et ce qui me confirme dans cette opinion, c'est que je la vois partagée par M. Risso[2]. Mais, en ce cas, il faut avouer que les caractères que M. Rafinesque lui assigne, sont bien incomplets et en partie bien erronnés.

Ce poisson n'aurait, selon lui, que trois rayons à la membrane des ouïes; sa nageoire anale en a vingt. Il est rougeâtre en dessus, argenté en dessous. Ses nageoires sont jaunâtres, et il a quelquefois des lignes longitudinales, mais peu marquées, sur les flancs. Sa longueur est d'un pied.

---

1. Rafinesque, *Caratteri*, etc., p. 42; il cite Cupani, *Panph. Sic.*, v. 3, t. 59; Mongitore, *Sic.*, t. 2, p. 75. — 2. Risso, 2.ᵉ édition, p. 424.

On estime sa chair. Il se nomme en sicilien *alicciola, aricciola, arricinola.*

Le même auteur a un *trachurus fasciatus,* que les pêcheurs nomment *ariciola imperiali.*[1]

Sa membrane branchiale n'aurait aussi que trois rayons, son anale vingt. Sa caudale est fourchue. Le premier rayon de sa dorsale est comme détaché et retourné vers la tête (il entend sans doute par là l'épine couchée, commune aux caranx, aux liches, etc.). Sa couleur est jaune; mais il a le dos et quatre ou cinq larges bandes transversales brunâtres. Sa ligne latérale est arquée en avant. Toutes ses nageoires sont jaunes.

D. 8 — 30; A. 20; P. 10; V. 5.

L'auteur fait observer qu'à sa petitesse près, il ressemble beaucoup au précédent; et, en supposant qu'il n'a pas mieux compté les rayons des ouïes à l'un qu'à l'autre, ce doit être ici la *jeune sériole* avec ses bandes noirâtres.

La Sériole de Rivoli.

(*Seriola Rivoliana,* nob.)

M. le duc de Rivoli a donné au Cabinet du Roi une sériole de l'Archipel, qui nous paraît différente par l'espèce de celle que nous venons de décrire.

Elle est plus courte à proportion. Sa hauteur n'est que trois fois et un tiers dans sa longueur. La bouche est moins fendue; les bandes des dents palatines plus étroites; la vomérienne est un peu plus longue. Sa deuxième dorsale est plus haute de l'avant, son premier rayon mou ayant les trois cinquièmes de la hauteur du corps sous lui; les écailles sont plus grandes. Nous ne comptons à

---

1. Rafinesque, *Indice,* p. 21, n.° 108; et *App.,* p. 53, n.° 12.

cette nageoire que vingt-huit rayons mous. La large bande brune de la tempe avance au-devant de l'œil; elle est plus marquée que sur la sériole commune. Du reste, les autres caractères de cette nouvelle espèce sont les mêmes que ceux de la première.

D. 7 — 1/28; A. 2 — 1/20, etc.

Notre individu est long de neuf pouces.

La sériole de Rivoli a le foie plus petit, la vésicule du fiel aussi longue, mais plus étroite; l'estomac plus large et plus long, les cœcums beaucoup moins nombreux que ceux de la sériole ordinaire; le reste de leur splanchnologie se ressemble.

La Sériole de Lalande.

(*Seriola Lalandi*, nob.)

L'Atlantique nourrit sur les côtes du Brésil une sériole qui ressemble prodigieusement à notre première espèce de la Méditerranée; mais, après un examen attentif, nous lui avons trouvé

le corps plus alongé; les stries de l'opercule tracées sur une bande plus large. Le scapulaire plus large; la branche inférieure de l'huméral moins étroite; et, ce qui est surtout un caractère notable, les côtés de la queue sont relevés en une carène prononcée, sans qu'il y ait cependant aucun bouclier.

D. 7 — 1/33; A. 1/20.

La couleur paraît argentée, glacée de bleu, plus ou moins rembrunie sur le dos. Je ne vois pas de bande sur la tempe.

La longueur de nos individus varie depuis un pied jusqu'à trois et au-delà. Nous les avons reçus du Brésil d'abord par M. de Lalande, et ensuite M. le duc de Rivoli nous en a donné un qui est long de trois pieds et demi.

La Sériole de Bosc.

(*Seriola Boscii*, nob.)

Une seconde espèce des côtes septentrionales de l'Amérique est également déposée dans le Cabinet du Jardin des plantes.

Elle a le corps plus large, plus trapu; l'œil plus grand; la nuque plus basse; les stries de l'opercule moins prononcées; la ligne latérale plus courbe. Les épines de la première dorsale plus grosses et plus courtes, la seconde dorsale plus avancée. Les lobes de la caudale plus larges, parce qu'ils sont composés de rayons aplatis plus divisés.

D. 7 — 1/31; A. 2 — 1/20.

La couleur est argentée avec l'apparence d'une bande brune sur la tempe.

Nous n'avons qu'un seul individu rapporté de la Caroline par M. Bosc. Il est long de cinq pouces et demi.

La Sériole a dorsale en faux.

(*Seriola falcata*, nob.)

Nous avons trouvé dans les dernières collections de M. Plée, faites dans le golfe du Mexique, une sériole de la ressemblance la plus suivie avec notre première espèce, si ce n'est en un seul point :

c'est que la partie antérieure de sa deuxième dorsale et de sa deuxième anale s'élève en pointe aiguë, et est dans la première de ces nageoires presque aussi élevée que le corps; tandis que dans l'espèce ordinaire cette partie, quoique plus élevée, se continue par une seule ligne avec le bord de la nageoire. Du reste, tout est pareil; la légère différence de nombre n'excède pas les variétés qui arrivent souvent dans une même espèce.

D. 7 — 1/31; A. 2 — 1/21.

Notre individu est long de vingt-huit pouces.

Dans le frais le corps est argenté et teint de bleuâtre sur le dos.

M. Plée nous apprend que ce poisson se nomme à Porto-Rico *el mereal*, et qu'il y est fort estimé.

La Sériole de Buénos-Ayres.

(Seriola Bonariensis, nob.)

Une petite sériole, apportée de Buénos-Ayres,

offre à peu près les proportions de celle de Rivoli, et la même bande noirâtre sur la tempe; mais elle est plus comprimée, et elle a le front plus tranchant. Sa ligne latérale est plus courbée vers le dos dans sa partie antérieure.

D. 7 — 1/29; A. 2 — 1/21, etc.

L'individu est long de trois pouces et demi.

Il paraît avoir été argenté, teint de brunâtre en dessus.

La Sériole rubannée.

(Seriola fasciata, nob.; Scomber fasciatus, Bl.)

Le *scomber fasciatus* de Bloch ne diffère des espèces précédentes, quant à la forme,

que parce qu'il a la tête un peu plus courte et le profil un peu plus convexe. Sa ligne latérale est fortement relevée sur la queue. Sa dorsale ni son anale ne s'élèvent pas en pointe. Les épines d'avant l'anale sont assez visibles, et ses nombres de rayons sont

D. 7 — 1/30 ou 31; et A. 2 — 1/20 ou 21.

Il se fait reconnaître sur-le-champ à seize rubans bruns étroits, irréguliers, rapprochés par paires; ces paires de rubans, arrivées à la deuxième dorsale et à l'anale, y forment autant de grandes taches; la deuxième dorsale en a cinq, et l'anale trois: il y a aussi une bande transversale noirâtre d'un œil à l'autre. Sa caudale est jaunâtre, teintée de verdâtre sur le lobe supérieur; ses pectorales grises avec quelques teintes vertes. La face supérieure de ses ventrales est noire; l'inférieure n'a de noir que les intervalles des rayons, et ceux-ci sont d'un beau vert. C'est aussi la couleur du fond des deux dorsales et de l'anale. Le dos est d'un beau brun doré à reflets métalliques verdâtres; tout le côté du corps au-dessous de la ligne latérale est d'un jaune doré très-brillant.

Bloch a représenté un individu de cette espèce long de neuf pouces, et dont il ignorait l'origine. M. Bosc en a rapporté un de la Caroline, qui n'a guère que six pouces; mais d'ailleurs il est entièrement semblable à celui de Bloch. Nous avons appris par là dans quelle mer il habite. Au reste, il pourrait se répandre dans beaucoup d'autres; car il suit fort loin les navires pour recueillir ce qui en tombe. Le capitaine Friers nous en a donné une figure faite en pleine mer dans l'Océan, et M. Bosc, qui le prenait pour le pilote, nous assure qu'il est fort connu des matelots sous le nom de *poisson de gouvernail.*

La Sériole à anus désarmé.

(*Seriola leiarchus,* nob.; *Scomber zonatus,* Mitch.)

Une sériole envoyée de Philadelphie par M. Lesueur, ressemble aussi beaucoup à notre première espèce, et a comme elle sa deuxième dorsale et son anale sans pointes aiguës; mais on compte trente-cinq rayons à la nageoire du dos, et les deux épines libres en avant de l'anale sont tellement petites et cachées sous la peau, qu'on a besoin du scalpel pour les découvrir : c'est ce qui nous a fait donner à l'espèce l'épithète de *leiarchus.*

D. 7 — 1/35; A. 2 — 1/20.

Le poisson paraît avoir été argenté et plombé sur le dos. On distingue encore trois larges taches noirâtres sur sa dorsale et deux sur son anale; cette dernière a un liséré blanc, et on voit du blanchâtre à la pointe de sa deuxième dorsale et à celles des lobes de sa caudale. Ses ventrales ont la membrane noire, et les rayons blanchâtres.

Notre individu est long de neuf pouces.

La Sériole a ceintures.

(*Seriola zonata*, nob.; *Scomber zonatus*, Mitch.)

M. Mitchill décrit et représente, sous le nom de *scomber zonatus*[1], un poisson de New-York, qui ressemble à peu près en toute chose à cette sériole à épines anales cachées, si ce n'est qu'il a sept bandes verticales noirâtres, qui lui traversent la hauteur du corps. Sa figure ne les prolonge pas sur l'anale; mais elle en marque trois à la deuxième dorsale, comme dans notre espèce précédente, et l'on y voit aussi très-bien le blanc de la pointe de la dorsale et de celles de la caudale. Il y a une bande oblique qui descend de la nuque à l'œil, qui s'unit avec sa correspondante pour former une espèce de croissant.

D. 7 — 1/36; A... — 1/21.

L'auteur ne parle pas des épines de derrière l'anus; mais il peut très-bien ne les avoir pas remarquées. Il dit que ce poisson ne se prend que de temps en temps, pendant

---

1. Mitch., *Fish of New-Yorck, in Phil. trans. of New-Yorck*, vol. 1, p. 427, pl. 4, fig. 3.

la saison chaude, dans la baie de New-York, et qu'il en a vu de sept pouces et demi et de neuf pouces.

Sans cette dernière circonstance je l'aurais presque regardé comme un jeune individu de l'espèce précédente. Il arrive souvent, et surtout dans la famille des scombres, que les bandes verticales disparaissent avec l'âge.

La mer des Indes nourrit des poissons assez semblables aux sérioles par l'ensemble de leur caractère pour que nous ne les distrayions pas dans un genre particulier; cependant elles forment un petit groupe remarquable par la hauteur de leur front, par des dents un peu plus crochues, par la petitesse de leur première dorsale, et par la grandeur de leurs ventrales.

La Sériole a deux taches.

(*Seriola binotata,* nob.)

La première de ces sérioles des Indes a la tournure d'une petite coryphène, sauf la dorsale.

C'est un poisson argenté, avec six ou sept bandes verticales noirâtres. Un trait brun passe sur le sourcil et se joint sur le devant du front à celui du côté opposé. Le corps est couvert d'écailles à peine sensibles à la loupe. Son front large et arrondi n'est pas tranchant. Son profil est plus rond; ses ventrales atteignent les premiers rayons de l'anale : elles sont à peu près doubles des pectorales. Trois de ses bandes s'étendent sur la dorsale, mais non sur l'anale : il y en a une sur la base de la caudale, et une tache noire peu marquée sur ses lobes. La deuxième dorsale et l'anale ont un liséré noirâtre. Les ventrales ont la membrane noire et les rayons blancs. La ligne latérale s'arque un peu vers le dos dans sa moitié antérieure.

B. 7; D. 7 — 1/30; A. 2 — 1/15; C. 17 et 5 ou 6; P. 17; V. 1/5.

Nous avons pris cette description d'un individu rapporté par Péron, et qui n'est long que de deux pouces.

Il paraîtrait que l'espèce reste petite; car nous en avons reçu dernièrement un second exemplaire tout-à-fait semblable et de même taille par les soins de M. Dussumier. Il vient de la rade de Pondichéry.

La Sériole de Ruppel.

(*Seriola Ruppelii*, nob.; *Nomeus nigrofasciatus*, Rupp.)

M. Ruppel a une belle espèce de la mer Rouge, appelée *nomeus nigrofasciatus*[1], sur laquelle nous sommes obligé d'attendre de nouveaux renseignemens; car cet observateur dit que la langue et le palais sont lisses. Ces caractères sont ceux de nos psènes; ils éloigneraient alors ce poisson du genre sériole, et cependant,

quoique plus grand, il est facile de juger que ses formes sont les mêmes que dans les deux petits individus de l'espèce précédente. Les ventrales pointues sont plus étroites et plus longues. Cinq bandes noires descendent du dos en se dirigeant obliquement en avant, la première vers l'œil, la seconde vers l'opercule, les trois suivantes vers le flanc. Entre les moyennes il y a des séries de taches noirâtres, et une isolée sur le dos de la queue. La seconde dorsale est roussâtre, noirâtre vers la pointe, qui elle-même est jaunâtre. L'anale est aussi roussâtre, avec une tache noire à son bord un peu en arrière de sa pointe. La première dorsale, la cau-

---

1. Ruppel, Atlas zoologique, poissons, p. 82, pl. 24, fig. 1.

dale et les grandes ventrales sont noirâtres; les pectorales jaunâtres.
Une bande de petites dents en crochets garnit chaque mâchoire.

D. 8 — 1/36; A. 1/15; C. 24? P. 20; B. 1/4?

M. Ruppel n'a vu que deux individus pris à Massuah au
mois de Février, dont le plus grand avait sept pouces. On
leur donnait le nom de *gaz*, qui est générique en ce lieu
pour les scombéroïdes.

La Sériole de Dussumier.

(*Seriola Dussumieri*, nob.)

C'est un petit poisson que M. Dussumier a pris dans le
milieu du golfe du Bengale.

Sa forme est autant celle d'un pilote que d'une sériole; mais on
ne lui voit point de carènes aux côtés de la queue, et sa première
dorsale, quoique très-petite, a ses épines liées par une membrane.
Il ressemble aussi aux pilotes par ses couleurs; et il a les deux
épines libres au-devant de l'anale.

D. 5 — 1/27; A. 2 — 1/18.

La ligne latérale a une inflexion très-obtuse au-dessus de la pectorale. Sa couleur est un argenté tirant au bleu d'acier vers le dos.
Sept bandes verticales noirâtres l'enveloppent en entier : la première, plus étroite, au bord du préopercule; la seconde immédiatement derrière l'ouïe et la pectorale; la troisième sous la première dorsale; les quatrième, cinquième et sixième s'étendent sur
la seconde dorsale, et les cinquième et sixième sur l'anale; la
septième et dernière est à la base de la caudale. Il y a de plus une
tache noire plus ou moins étendue sur chaque lobe de la caudale.
Les ventrales, grises à leur face inférieure, sont noires à celle qui
regarde le ventre.

Nos individus ne passent pas deux pouces, et M. Dussumier assure ne les avoir jamais vus plus grands. Cependant, comme toutes leurs parties sont dans un grand état de mollesse, nous ne répondrions pas qu'ils ne fussent les jeunes de quelque espèce plus grande, et même que leurs bandes ne fussent la livrée de leur âge.

La Sériole cerclée.

(*Seriola succincta*, nob.)

Nous devons au même voyageur une seconde espèce de sériole à cinq épines dorsales,

qui en diffère par un corps plus étroit, plus alongé; par une ligne latérale encore moins arquée au-dessus de la pectorale. Ce sont d'ailleurs les mêmes couleurs disposées par bandes noires en même nombre sur un fond bleuâtre argenté.

L'individu d'après lequel nous établissons cette espèce est long de deux pouces, et a été pris entre le Cap et l'île Sainte-Hélène. Nous ferons la même observation que sur le précédent. Peut-être n'est-ce qu'un jeune de quelque scombre qui nous est inconnu?

———

La Sériole cosmopolite.

(*Seriola cosmopolita*, nob.; *Scomber chloris*, Bl.)

Une troisième division des sérioles comprend celles qui ont de petites ventrales et de longues pectorales taillées en faux. Nous n'en connaissons qu'une espèce remarquable par son cosmopolitisme, et que nous mettons au petit nombre des poissons qui nous paraissent se retrouver dans les deux océans sans différences sensibles : cependant c'est du Brésil que nous l'avons reçue en plus grande abondance. M. Agassis a trouvé ce poisson parmi ceux rapportés de cette côte par Spix, et il en a donné une fort bonne figure, pl. 59. Ce savant ichtyologue a cru devoir changer le nom de Sériole, déjà donné par Linnæus à un genre de plantes, en celui de Micropteryx, à cause de la petitesse des ventrales, et il a nommé l'espèce *micropterix cosmopolita.* Elle nous est venue aussi des Antilles et de New-York. M. Ricord l'a apportée de Saint-Domingue, où on la nomme *pot-pot.* On en voit dans la collection de MM. Sessé et Mocigno une belle figure, faite au Mexique et intitulée *zeus maculatus, vulgo cazave.* Ce dernier nom se reproduit à la Havane dans celui de *caza-villo,* sous lequel M. Poëy nous a procuré la même espèce. Choris l'a entendu appeler *carangue plate* à San-Jago de Cuba.

M. Rang vient de nous l'envoyer de Gorée.

C'est aussi le *scomber chloris* (Bl., pl. 339) qui avait été recueilli sur la côte d'Acara, en Guinée, par le docteur Isert.

Enfin, M. Leschenault l'a pêchée dans la rade de Pondichéry, et nous n'avons pas trouvé de différence entre des individus de même taille venus des Antilles, et celui qui faisait partie des collections de l'Inde. Il faut faire attention à comparer des poissons de même grandeur; car les proportions relatives de la hauteur à la longueur du corps changent avec l'âge dans cette espèce. Le *salkoutouk* de Renard, t. I, pl. 6, fig. 43, et de Valentyn, n.° 43, que Bloch rapporte à la carangue, me paraît représenter plutôt notre poisson actuel; en sorte que cette espèce se serait trouvée dans trois parties du monde.

Son corps est haut et très-comprimé; et au premier coup d'œil on serait tenté de la prendre pour un *Equula*. Sa hauteur est deux fois et deux tiers dans sa longueur; son épaisseur près de cinq fois dans sa hauteur. La longueur de sa tête en égale la hauteur, et est quatre fois et trois quarts dans la longueur totale. La courbe du dos descend régulièrement au museau, qui est court; celle du ventre, un peu plus convexe que l'autre, monte aussi régulièrement à l'extrémité antérieure. Il y a derrière la dorsale et l'anale une portion de queue très-mince, sur un espace de moins du dixième de la longueur totale. L'œil a un peu plus du tiers de la longueur de la tête en diamètre, et est un peu plus près du museau que de l'ouïe; mais quant à la hauteur, il est entièrement au-dessus du museau. Les orifices de la narine sont assez près de la ligne du profil. Dans l'état de repos la fente de la bouche approche de la verticale et atteint jusque sous le bord antérieur de l'œil; mais la mandibule est presque aussi protractile que dans les *equula*. Chaque mâchoire, les palatins et le chevron du vomer n'ont qu'une ligne étroite de dents en velours ras. La langue est fort libre, étroite, pointue, et a en dessus une plaque âpre. Le maxillaire est élargi et tronqué au bout. Le préopercule a son angle arrondi, et ses bords droits et entiers. L'opercule est deux fois plus haut que long; son bord inférieur est très-oblique, et il a à sa partie supérieure une échancrure semi-circulaire entre deux pointes mousses. Le sub-opercule est en bande étroite; l'interopercule en arc de cercle. La longueur de la pectorale est trois fois et demie dans celle du corps; celle de la ventrale ne fait pas le quart de la pectorale. L'épine, couchée en avant de la première dorsale, ne se découvre que difficilement. Cette nageoire est petite (elle n'a pas le cinquième de la hauteur) et se cache dans un sillon dont les bords, formés par ceux des têtes des interépineux, sont durs et osseux. Les deux épines derrière l'anus sont assez fortes. La deuxième dorsale et la deuxième anale sont à peu près semblables, assez basses, et un peu plus hautes à leur partie antérieure seulement, où la première a un peu moins du tiers de la hauteur du corps. Une membrane écailleuse suit leurs bases, et le tranchant du dos et du ventre y offre des espèces de dentelures, mais moins prononcées qu'aux *equula*. La caudale est fourchue; ses lobes ont près du quart de la longueur totale.

B. 7; D. 7 — 1/28; A. 2 — 1/27; C. 17; P. 18; V. 1/5.

Les écailles sont fort petites et enveloppées dans l'argenté de la peau : on n'en voit point à la tête. La ligne latérale a son tiers antérieur arqué vers le dos; le reste est droit; elle se marque par de légères élevures un peu plus sensibles aux côtés de la queue. Tout ce poisson est argenté et a le dos verdâtre, plombé ou violâtre. Une tache d'un plombé plus foncé et quelquefois noirâtre se fait remarquer sur le dessus de la queue, près la base de la caudale, et il y en a une noire dans l'aisselle de la pectorale, qui manque quelquefois, et une autre sur le bord membraneux de l'opercule. Le fond des nageoires verticales est jaunâtre. La partie antérieure de la seconde dorsale est pointillée de noirâtre.

Le foie de cette sériole forme une seule masse creusée en dessus en gouttière pour le passage de l'œsophage. La partie moyenne se prolonge en une pointe trièdre qui avance dans le bas de l'abdomen jusque près du rectum. La vésicule du fiel est petite et argentée. L'œsophage se plie et ne se rétrécit que sur le bord du lobe du foie. Il y a dix cœcums autour du pylore, deux dans le côté droit, et huit du côté gauche; de ceux-ci les quatre premiers sont longs et grêles; les quatre autres sont repliés sur eux-mêmes en cercle, et ont l'apparence à l'ouverture de l'abdomen de petits ascarides; mais je me suis assuré que ces corps sont réellement des appendices cœcales. La vessie aérienne est très-grande, un peu fourchue au-delà du premier interépineux de l'anale. Les reins sont réunis et donnent dans une longue et étroite vessie urinaire un peu renflée en fuseau dans le milieu, et dont les parois, d'un argenté mat, se détachent très-nettement sur celles de la vessie aérienne, qui ont le brillant de l'argent poli.

Dans le squelette la crête mitoyenne du crâne s'élève trois ou quatre fois plus que les latérales, qui sont fort basses; elle se bifurque en avant pour laisser un espace aux pédicules des intermaxillaires, quand la bouche se retire. Il y a, comme dans les sérioles, dix vertèbres abdominales et quatorze caudales. Les côtes ceignent tout l'abdomen, et les six dernières viennent coller leurs extrémités inférieures aux côtés des premiers interépineux de la queue, en dépassant le premier de ces os, qui est fort grand et porte les petites épines de derrière l'anus; leurs appendices sont fort petits. Le bassin est comprimé et serré entre la partie inférieure des os de l'épaule.

La taille de nos individus ne va pas à plus de dix pouces.

Le *scomber chloris* de Bloch, pl. 339, n'offre d'autre différence que la couleur, qui, comme on sait, est presque toujours fausse dans les figures de cet auteur, quand elles ne représentent pas des poissons du pays, parce qu'il la donnait telle que le desséchement ou l'action de la liqueur l'avait faite.

Il peint son poisson de vert jaunâtre, lui rougit la base de la pectorale et de la caudale, et lui donne les nombres suivans, dont le premier bien sûrement n'est pas exact.

B. 6; D. 7 — 1/28; A. 2 — 1/27; C. 23; P. 16; V. 1/6.

Quant à son assertion, qu'il n'y a qu'un orifice à chaque narine, nous n'avons pas besoin de dire que nous n'en tenons aucun compte.

Enfin, ce qui doit lever tous les doutes, j'ai comparé à Berlin l'individu de Bloch avec notre espèce, et je me suis assuré de leur identité.

Cet individu était long de dix pouces et haut de trois.

Selon le docteur Isert, de qui Bloch le tenait, ce poisson venait de la côte de Guinée. Sa chair est molle, grasse, et se corrompt aisément, ce qui ne fait que la rendre plus agréable aux indigènes. M. Ricord nous dit, au contraire, que sa chair est sèche et mauvaise.

DES TEMNODONS (*Temnodon*, nob.),

Et en particulier du Temnodon sauteur.

(*Temnodon saltator*, nob.; *Perca saltatrix*, Linn.; *Chéilodiptère heptacanthe*, Lacép.)

Les temnodons sont presque des sérioles, ou, en d'autres termes, ce sont des sérioles à dents tranchantes, comme celles de quelques cybiums. Leur corps oblong, leur queue sans carènes et sans armures, et jusqu'à la faiblesse de leur première dorsale, sont des caractères de sérioles, en même temps que leurs petites écailles et les deux épines au-devant de l'anale, sont des caractères plus généraux, qui leur sont communs avec beaucoup d'autres scombéroïdes. A la vérité, ces deux petites épines sont presque cachées sous la peau; mais elles n'en existent pas moins séparées de la nageoire.

La facilité avec laquelle les temnodons cachent leur première dorsale, les petites écailles qui garnissent la seconde ainsi que l'anale, leur donnent aussi des rapports avec plusieurs sciénoïdes; mais leurs dents palatines et vomériennes les en écartent, et le manque de fausses pinnules les éloigne de la première tribu des scombéroïdes.

Ce qui les distingue donc dans cette famille, c'est la forme de leurs dents de la rangée extérieure, toutes séparées, plates, tranchantes et pointues comme des lancettes; et c'est aussi de là que nous avons tiré leur nom (de τέμνειν, couper).

Ils ont en outre une rangée de dents beaucoup plus petites et plus serrées derrière celles-là. Le vomer, les palatins et la langue en portent des plaques en velours ras. La faiblesse de la première dorsale est plus qu'ordinaire. Ses rayons sont également courts et grêles; la membrane qui les unit est frêle, presque comme une toile d'araignée; et ils se cachent aisément dans le sillon du dos où ils sont implantés. La deuxième dorsale et l'anale sont médiocrement élevées et assez écailleuses.

Nous avons des temnodons de plusieurs points des deux mondes, et nous n'oserions soutenir que leurs espèces diffèrent. Nous n'avons pu du moins apercevoir d'autres différences entre les individus venus des parages les plus éloignés de l'orient et de l'occident, que de légères variations dans le nombre des rayons des nageoires verticales.

On a observé ces poissons depuis long-temps, et on les a ballottés de genre en genre, comme presque tous ceux qui ne rentraient dans aucun des genres connus, et que l'on voulait contraindre cependant de s'incorporer dans quelqu'un de ces cadres qui n'avaient pas été faits pour eux; quelquefois même on les a placés, sans s'en apercevoir, dans deux genres différens du même ouvrage, faute de remarquer la concordance des articles écrits à son sujet par les divers auteurs.

Le temnodon d'Amérique est la *sauteuse* ou *saltatrix* de la Caroline, de Catesby (t. II, pl. 14). Linnæus l'avait reçu de Garden sous les noms anglais de *skip-jack* (de *skip,* sauter), que lui donnent les habitans de la Caroline. Il l'a introduit dans sa douzième édition (p. 491), et en a fait son *gasterosteus saltatrix,* bien qu'il reconnût lui-même que ses épines dorsales n'étaient pas libres comme le voulait le caractère générique des gastérostées. L'identité de son espèce est attestée par la citation qu'il fait de la figure de Catesby.

Gmelin (p. 1326), Bonnaterre[1], Shaw[2] l'ont laissé dans le même genre et avec la même épithète, en se bornant à copier Linnæus.

M. de Lacépède, à qui M. Bosc en avait donné un dessin, et toujours sous ce nom de *skip-jack,* n'a point eu l'idée de recourir ni à Linnæus ni à Garden; il a considéré ce dessin comme appartenant à un genre et à une espèce nouvelle, qu'il a nommée *pomatome skip*[3]. Ce nom de *pomatome* devait indiquer quelques incisions à l'opercule, que la figure dessinée peu correctement lui semblait annoncer, mais qui se réduisent en réalité à une simple échancrure, telle qu'il y en a dans beaucoup d'autres poissons.

Cependant M. de Lacépède, comme il ne lui était que trop ordinaire, parlait dans un autre endroit du temnodon des mers orientales. Son *chéilodiptère heptacanthe*[4], tiré d'un dessin laissé par Commerson, n'est manifestement pas autre chose. M. de Lacépède, oubliant cette fois l'étiquette du dessin, suppose vaguement que ce poisson avait été observé *dans le grand océan Équatorial;* mais c'est au fort Dauphin de Madagascar que Commerson l'avait vu, et nous en avons trouvé, dans sa Faune de Madagascar manuscrite, une description très-détaillée, correspondante à ce dessin, et faite en Novembre 1770. Il y décrivait le poisson tel qu'il habite dans l'océan Indien, et que nous l'en avons reçu de plusieurs endroits, comme nous le dirons tout à l'heure; mais il habite aussi autour du Cap,

---

1. Encycl. méth., pl. d'ichtyol., p. 137 et pl. 57, fig. 224. — 2. *Gen. zool.*, t. IV, part. II, p. 609. — 3. Lacépède, t. IV, p. 436 et pl. 8, fig. 3. — 4. *Idem,* t. III, p. 542 et pl. 21, fig. 3.

et Forster l'y avait dessiné et décrit, lors du second voyage de Cook, sous le nom de *scomber capensis.* Sa figure, conservée dans la bibliothèque de Banks, ne laisse aucun doute sur l'espèce, qui est confirmée d'ailleurs par le nom d'*elft* (alose) qui, dit-il, est celui que ce poisson porte au Cap. Nous avons reçu en effet du Cap, par M. Verreaux, plusieurs individus de temnodons, intitulés *elftvisch* (poisson alose). Schneider[1] a rapproché à la fois ce *scomber capensis* de Forster, du *scomber helvolus* du même Forster, que nous avons vu être un caranx, et du *gasterosteus carolinus,* envoyé à Linnæus par Garden, sous le nom de *crevalle,* en même temps qu'il en recevait le temnodon sous celui de *skip-jack,* ce qui rend déjà l'identité de ces deux poissons douteuse, quoique leurs nombres de rayons soient indiqués de même[2]. De plus, la *crevalle* est dite avoir la dorsale et l'anale en faux, et la ligne latérale un peu carénée, ce qui ne peut convenir au temnodon; c'est plutôt aussi quelque caranx.

Aujourd'hui le temnodon se nomme à New-York *horse-makerel* (maquereau de cheval), ce qui est proprement en anglais la dénomination du saurel (*caranx trachurus*). M. Mitchill le représente fort bien sous ce nom (pl. 4, fig. 1), et lui donne en latin celui de *scomber plumbeus,* ne se doutant point que déjà Linnæus lui en avait donné un autre.

Ce poisson se trouve au Brésil comme aux États-Unis; et le prince de Neuwied a bien voulu nous en donner

---

1. Syst. posth. de Bloch, p. 35, n.° 40.

2. Dans le *gasterosteus carolinus* ou crevalle: D. 8 — 26; A. 3/24. Dans le *gasterosteus saltatrix* ou *skip-jack :* D. 8 — 26; A. 3/24, selon notre notation, Linn., éd. 12, p. 490 et 491; et ensuite dans Gmel., dans Bl. Schn., etc.

un fort grand individu pris à Bahia. Il y en a même jusqu'à Montévidéo, d'où M. d'Orbigny vient de nous l'envoyer. Cependant je n'en trouve de mention ni dans Margrave, ni dans Spix; il n'en est pas question non plus dans Renard et dans Valentyn, bien qu'il ait été trouvé dans l'océan Oriental, à Amboine, par MM. Lesson et Garnot, et jusqu'au port Jackson, fort anciennement par Péron, et depuis par MM. Quoy et Gaimard.

Ce qui est plus remarquable encore, c'est que, comme quelques autres poissons de la mer des Indes, il se rencontre aussi dans la partie orientale de la Méditerranée. M. Geoffroy Saint-Hilaire et M. Ehrenberg l'ont rapporté d'Alexandrie. Le savant voyageur allemand nous apprend que les Arabes lui donnent le nom de *suhr*.

Il viendrait même jusque sur les côtes de Sicile, si, comme nous avons lieu de le soupçonner, le *gonenion serra* de M. Rafinesque (*Caratt.*, p. 53, pl. 10, fig. 3) n'est qu'un jeune temnodon; mais jamais nous ne l'avons reçu d'aucune de nos côtes de France.

Le temnodon est oblong et légèrement comprimé. Sa hauteur au milieu est à peu près quatre fois et demie dans sa longueur, et son épaisseur trois fois dans sa hauteur. La longueur de sa tête fait le quart de sa longueur totale; elle a en hauteur à la nuque les deux tiers de sa propre longueur. Le profil descend obliquement en ligne légèrement convexe, le long de laquelle est une crête à peine tranchante. La mâchoire inférieure avance plus que l'autre, et sa symphyse obtuse forme le bout du museau. L'œil, placé au tiers antérieur et un peu au-dessus du milieu de la hauteur, a environ le sixième de la longueur de la tête en diamètre. La distance d'un œil à l'autre est de deux de leurs diamètres, et le front entre eux est arrondi. Les orifices de la narine sont au tiers de la distance entre l'œil et le bout du museau, un peu plus haut que le bord supérieur de l'orbite et très-près l'un de l'autre. L'antérieur est petit et rond; le postérieur est une fente verticale trois fois plus longue. Le sous-orbitaire est étroit et sans dentelure. Le maxillaire, élargi et coupé carrément en arrière, se porte jusqu'à l'aplomb du bord postérieur de l'orbite : mais la bouche n'est fendue que jusque sous le bord antérieur de cette cavité; elle descend un peu en arrière et est garnie de lèvres charnues. La mâchoire supérieure est légèrement protractile; l'inférieure s'articule plus en arrière que l'extrémité du maxillaire. Chaque mâchoire a une rangée de dents droites, comprimées, en forme de lancettes tranchantes et pointues, au nombre d'environ douze de chaque côté. Derrière le milieu de la rangée supérieure il y en a une autre de très-petites, serrées les unes près des autres, et à peu près en même nombre. Au palais il y en a trois plaques en velours ras; une triangulaire en avant du vomer, et une oblongue plus grande à chaque palatin. La langue est très-libre, oblongue, obtuse et lisse dans sa plus grande partie; mais il y a sur sa base deux plaques parallèles de dents en velours ras. Le préopercule a son bord montant légèrement convexe en arrière; son angle est arrondi, et au-dessus est un arc un peu rentrant; son limbe est finement strié, ce qui produit comme des cils à son bord, qui est membraneux. L'opercule a en longueur le quart de celle de la tête, et moitié de plus en hauteur; son bord osseux est échancré dans le haut par un petit arc rentrant qui y produit deux pointes. Le sous-opercule et l'interopercule sont assez larges, et leur bord membraneux est cilié à la manière du préopercule. La membrane des ouïes est fendue jusque vis-à-vis l'articulation de la mâchoire inférieure, aux branches de laquelle elle laisse une grande liberté; l'isthme reste aussi entièrement à découvert. Derrière la symphyse sont deux grandes fosses ovales, très-creuses, mais sans issue. Il y a sept rayons branchiostèges, tous assez forts. L'opercule porte une demi-branchie. La première paire des arcs branchiaux porte des râtelures assez longues; les autres n'ont qu'une légère âpreté. Les dents pharyngiennes sont en velours ras.

L'épaule n'a de remarquable qu'une lame triangulaire écailleuse dans l'aisselle de la pectorale, nageoire coupée en demi-ovale, attachée un peu au-dessous du milieu de la hauteur, et qui n'a pas tout-à-fait le septième de la longueur du poisson : on y compte dix-sept rayons, dont le troisième est le plus long. L'attache des ventrales est un peu plus en arrière que celle des pectorales. Leur longueur est d'un cinquième moindre; elles sont très-rapprochées l'une de l'autre et, par leur bord interne, adhèrent à l'abdomen et entre elles. Leur épine égale presque leur premier rayon mou. La première dorsale commence vis-à-vis le milieu de la pectorale, et occupe une longueur égale au huitième de celle du poisson. Elle a non pas sept, mais réellement huit rayons épineux et pointus, mais si grêles et si flexibles, qu'ils peuvent à peine piquer. Le quatrième, qui est le plus élevé, n'a que le cinquième de la hauteur du corps. Le dernier est quelquefois presque imperceptible. La membrane qui les unit est si frêle, qu'elle se déchire au moindre tiraillement. La deuxième dorsale commence sur le milieu de la longueur, et en occupe un peu moins du quart; elle a une épine et vingt-cinq ou vingt-six rayons mous. Le premier de ceux-ci est sans branches, et d'un peu moins de moitié de la hauteur du corps. Les autres diminuent graduellement. Le dernier n'a pas le tiers de la hauteur du premier. L'épine qui précède celui-ci, n'a que moitié de sa hauteur. L'anale répond absolument à la deuxième dorsale pour la position, pour la forme et pour l'étendue. Je lui compte vingt-sept et vingt-huit rayons mous. En avant de son épine il y en a deux autres très-courts, cachés dans la peau, et que l'on ne découvre qu'avec de l'attention et même en s'aidant un peu du scalpel. La caudale est fourchue jusqu'aux deux tiers de sa longueur, qui est elle-même cinq fois et demie dans sa longueur totale.

Le nombre des écailles, comptées de l'ouïe à la caudale, est de plus de cent, et il y en a au moins trente rangées longitudinales. La deuxième dorsale et l'anale en sont couvertes, ainsi que les pièces operculaires, la joue et la tempe; mais il n'y en a point au front, ni au museau, ni aux mâchoires. Elles sont transversalement ovales, c'est-à-dire plus hautes que longues, minces, entières,

très-finement striées par des ovales concentriques, un peu pointillées dans leur partie visible : leur partie cachée a un éventail peu
régulier d'environ quinze rayons.

La ligne latérale, à peu près parallèle au dos par le quart supérieur de la hauteur en avant, se marque par une suite continue
de tubulures simples et étroites.

La couleur générale de ce poisson est plombée, brillante; et il
est teint de verdâtre sur le dos, au point qu'en Virginie, selon
Catesby, on le nomme *greenfish* (poisson vert). Les rangées longitudinales des écailles y forment des lignes de reflets. Ses nageoires
sont grises.

Nous en avons des individus de toute taille, jusques à deux
pieds et plus.

Les viscères du temnodon ressemblent beaucoup à ceux des
pélamides, des sérioles et des autres scombéroïdes à appendices
pyloriques, divisés en un très-grand nombre de branches réunies
par un tissu cellulaire dense et serré. L'estomac n'est qu'un simple
sac cylindrique alongé. Le lobe gauche du foie est mince et divisé
en deux lobules, dont le supérieur est prolongé en une longue
languette; l'inférieur est plié, et supporte dans l'angle de ce pli la
plus grande portion de la masse des cœcums. Le lobe droit du
foie est plus petit, moins divisé; il porte une vésicule du fiel très-
longue et repliée sur elle-même, de manière à remonter plus haut
que le dernier tiers de sa partie droite. La rate est épaisse, trièdre
et très-grosse. Les laitances sont médiocres. La vessie aérienne est
simple et à parois très-minces. Les reins sont réunis en une seule
masse épaisse.

Son squelette a douze vertèbres abdominales et quatorze caudales. Les côtes en sont médiocres; les interépineux grêles, surtout
ceux de la première dorsale.

M. Mitchill nous apprend que ce poisson est l'un des
plus savoureux de la côte de New-York, et que l'on y en
prend abondamment, surtout des jeunes, qui pénètrent
au mois d'Août dans le port, où les enfans s'amusent à

les pêcher à la ligne le long des quais. A la Caroline, selon M. Bosc, il se trouve, mais rarement, dans les baies et aux embouchures des rivières : on y fait aussi grand cas de sa chair. Catesby rapporte la même chose, et ajoute que son nom de *skip-jack* vient de l'habitude qu'il a de sauter hors de l'eau.

Commerson se borne à dire de celui de Madagascar, qu'il est assez commun au fort Dauphin, et que son goût n'est pas mauvais.

———

DES LACTAIRES (*LACTARIUS*, nob.).

Nous séparons des sérioles un poisson qui offre dans son organisation une disposition remarquable de sa vessie natatoire, qui a l'air d'être perforée par le premier inter-épineux de l'anale. Cet organe a quelque rapport de forme avec celui de certaines sciènes, et nous trouvons au poisson des caractères dentaires qui rappellent ceux des otolithes.

Les lactaires n'ont plus seulement des dents en velours ras aux deux mâchoires et aux palatins, comme les sérioles auxquelles ils ont été jusqu'à présent associés. La mâchoire supérieure porte en outre à l'extrémité antérieure deux ou quatre crochets longs, arqués et pointus. L'inférieure n'a qu'une seule rangée de petites dents fines, aiguës, un peu crochues et serrées l'une contre l'autre. On y trouve souvent un ou deux crochets. Il y a un petit groupe de dents fines et petites sur le chevron du vomer, et une bande fort étroite sur le bord externe de chaque palatin. Les deux bords de la langue sont couverts d'âpretés. Ce genre diffère aussi des sérioles par l'absence d'épines libres au-devant de l'anale.

Nous avons emprunté à Bloch le nom spécifique qu'il lui avait donné pour en faire la dénomination générique de ce singulier poisson.

Le LACTAIRE DÉLICAT.

(*Lactarius delicatulus*, nob.; *Scomber lactarius*, Bl. Schn., p. 31, n.° 26.)

On ne connaît encore qu'une seule espèce de ce genre, nommée par nos colons de Pondichéry *pêche-lait,* à cause de l'excessive délicatesse de sa chair, et à qui cette propriété a procuré des noms analogues dans toute la péninsule en-deçà du Gange.

Bloch, qui l'avait reçue de Tranquebar, l'a nommée dans son Système posthume *scomber lactarius.*

Sur la côte de Coromandel on l'appelle en tamoule *soudombou* ou *souronbou;* John et M. Leschenault s'accordent à cet égard. C'est le *chundawah* de la côte d'Orixa, dont Russel a fait assez mal à propos un *sparus.*[1]

Elle nous a aussi été envoyée de la côte de Malabar par M. Bélenger, lequel dit qu'on l'y nomme *adove,* et M. Dussumier vient de la rapporter du même pays en assez grande quantité.

Sa hauteur est trois fois un tiers dans sa longueur totale; son épaisseur près de cinq fois dans sa hauteur. La longueur de sa tête est du quart de la longueur totale, et sa hauteur de quelque chose de moins. Le tranchant du profil continue régulièrement la courbe du dos. L'œil a près du tiers de la hauteur de la tête. La bouche

---

1. Russel, t. II, pl. 108.

est fendue très-obliquement. L'angle du préopercule est arrondi, et son limbe élargi et strié. L'opercule a son bord inférieur légèrement concave, et près de l'angle une échancrure ronde entre deux pointes.

Cette espèce se distingue aisément par ses dents petites, très-fines, aiguës, un peu crochues, serrées sur une seule rangée à la mâchoire inférieure, et dont celles du milieu, au nombre de deux ou de quatre en haut, et de deux ou quelquefois d'une seule en bas, sont plus longues et plus grosses, et forment des crochets assez forts. Les dents de la mâchoire supérieure sont en velours très-ras.

Ses pectorales ont à peu près le quart de la longueur totale. Ses ventrales sont de moitié plus courtes. La hauteur de la première dorsale est de moitié de celle du tronc sous elle; la seconde est un peu plus basse. L'anale est plus longue qu'elle. Ses trois épines adhèrent à son bord antérieur, et il n'y en a point de libres. Entre l'anus et la première des trois épines est une partie tranchante, soutenue par une dilatation du premier interépineux.

B. 7; D. 8 — 1/21; A. 3/25 ou 26; P. 16; V. 1/5.

La ligne latérale est parallèle au dos au tiers de la hauteur. Le corps est couvert d'écailles très-minces, qui tombent et se perdent facilement. Celles de la ligne latérale sont un peu plus fortes que les écailles voisines, et leur bord libre est échancré; c'est ce qui rend la ligne latérale très-visible.

Ce poisson est argenté et teint de plombé verdâtre sur le dos. Ses nageoires sont jaunâtres. La caudale a un liséré noirâtre, fort peu marqué. Il y a une petite tache noire à l'échancrure de l'opercule.

Nous en avons des individus de six et de sept pouces. L'espèce atteint neuf pouces.

Le foie, divisé en deux lobes fort inégaux, offre une masse assez considérable, surtout dans le côté droit. Le lobe gauche est pointu, le droit est arrondi. La vésicule du fiel est très-longue et très-étroite, accolée le long de l'intestin qu'elle suit jusque dans son pli en se recourbant avec lui. L'estomac forme un grand sac cylindrique. Sa branche montante est fort courte; il y a six cœcums longs et grêles, deux à gauche et quatre dans le côté droit. La rate est noire et cachée sous l'estomac au-dessus du lobe droit du foie dont elle est séparée par le repli du duodénum. Les organes de la génération sont rejetés vers l'arrière de l'abdomen. La vessie aérienne est longue, à parois fortes, fibreuses, argentées; elle donne en avant deux petites cornes dont la pointe est recourbée. Elle se bifurque aussi en arrière, et elle offre du côté droit une très-petite corne mousse, qui dépasse un peu l'interépineux et qui s'unit par un tissu cellulaire très-serré à la corne gauche, laquelle se prolonge sous les apophyses épineuses des vertèbres caudales jusqu'à la septième vertèbre non loin de la terminaison de l'anale. Cette partie conique est très-pointue. Les deux cornes, ainsi réunies, ont l'air de former, au milieu de la vessie, une sorte de boutonnière traversée par l'os. Il faut la disséquer avec soin pour ne pas se méprendre sur cette disposition singulière. Les reins sont minces, noirâtres, et donnent par un long uretère dans la vessie urinaire, qui est petite.

Son squelette a dix vertèbres abdominales et quatorze caudales. Les apophyses transverses des dernières abdominales descendent presque verticalement. Les côtes sont grêles et à peine de moitié de la longueur de l'abdomen. Au-dessus de la première vertèbre sont trois interépineux très-grêles, sans rayons. Le premier interépineux de l'anale, attaché à la première vertèbre caudale, est droit, assez grêle, et s'élargit dans le bas en une crête triangulaire, qui porte à son angle postérieur les trois épines. Les interépineux suivans sont courbés en arc du côté gauche pour s'appuyer sur la pointe conique de la vessie aérienne. En général, les interépineux et les apophyses épineuses des vertèbres sont fort grêles. Les crêtes intermédiaires du crâne se prolongent sur les orbites et enceignent ainsi sur le crâne un espace concave, au milieu duquel se termine la crête mitoyenne, qui est assez élevée et très-mince.

On en pêche pendant toute l'année dans la rade de Pondichéry.

DES PASTEURS (*Nomeus*, Cuv.).

M. Cuvier a séparé, dès sa première édition du Règne animal[1], un petit genre de poissons voisin des sérioles, auquel il assignait la grandeur des ventrales comme caractère distinctif; ce qui est loin d'être suffisant, lorsque l'on examine la grandeur des nageoires paires inférieures de plusieurs sérioles, notamment de la sériole à deux taches ou de la sériole de Ruppel. Cependant le poisson que Margrave a figuré p. 153, sans lui donner de nom en particulier, est le type d'un genre de scombéroïdes voisin des sérioles; mais nous lui devons des caractères plus précis que ceux qui lui avaient été assignés par M. Cuvier.

Il leur a donné ou plutôt laissé le nom de pasteur, parce que, Margrave ayant comparé une de leurs espèces avec le muge, qui se nomme en hollandais *harder* ou *berger,* plusieurs auteurs l'ont appelé *pastor.*

Les pasteurs se distinguent des sérioles par la petitesse de leur bouche, et parce que les dents de leur mâchoire sont un peu crochues, écartées l'une de l'autre et sur un seul rang. Il n'y a pas de bande de dents en velours ras derrière. Ils manquent aussi complétement de première anale, c'est-à-dire des deux épines libres placées en arrière de l'anus. Leurs ventrales, plus grandes que dans aucune sériole, donnent à ces poissons un aspect particulier et notable quand ces nageoires sont développées. Repliées, elles peuvent se cacher entièrement dans une sorte de sillon creusé sous l'abdomen.

---

1. Règne anim., t. II, p. 315.

Nous avons des pasteurs des parties chaudes des deux océans.

Le Pasteur de Maurice.

(*Nomeus Mauritii*, Cuv.; *Harder*, Margr., p. 153; *Eleotris Mauritii*, Gronov.)

C'est M. Rang qui nous a donné ce poisson intéressant à connaître, puisqu'il a servi à retrouver celui de Margrave, qui avait été placé arbitrairement dans le genre des gobies avant les travaux de M. Cuvier. Il a été pris sur les rivages de l'île du Prince, non loin de la côte de Guinée, de sorte que ce poisson nous paraît être du petit nombre de ceux qui traversent l'Atlantique.

Le profil du dos s'élève par une courbe régulière, et s'abaisse ensuite beaucoup vers la queue, de manière que la hauteur du corps à la racine de la caudale n'est que du quart de celle mesurée au-devant de la première dorsale. Le corps est quatre fois plus long qu'il n'est haut. Le museau est obtus et arrondi. La tête ne fait guères que le cinquième de la longueur totale. La bouche est petite et peu fendue. Les dents sont fines, crochues, placées à la suite l'une de l'autre sur les deux mâchoires. Il y en a quelques-unes sur le vomer et sur les palatins; elles sont semblables à celles des mâchoires et sur un seul rang. La première dorsale est plus élevée que la seconde; ses rayons sont grêles. La caudale est fourchue, et a les lobes arrondis. La ventrale forme un grand triangle équilatéral, dont chaque côté égale les trois quarts de la hauteur du corps. Sa surface est encore augmentée par la large membrane qui unit le dernier rayon au ventre.

D. 11 — 1/26; A. 2/24; C. 17; P. 23; V. 1/5.

Les écailles sont extrêmement petites. La ligne latérale est un simple trait. La couleur est brune ou noirâtre sur le dos, et découpée par de larges festons arrondis, qui tranchent sur l'argenté brillant et irisé de pourpre et d'or des côtés et du ventre. De grosses taches ou points noir foncé sont épars sur cette couleur. La première dorsale est noirâtre; la seconde, un peu jaunâtre, a quelque teinte de la couleur du dos sur la base des rayons. L'anale, jaune, a deux taches noires. La caudale est jaunâtre. Les ventrales ont les rayons blanchâtres : ils sont réunis par une membrane noire comme de l'encre; et il y a entre le premier et le second, et celui-ci et le troisième, une tache oblongue blanche, qui est très-exactement représentée sur le dessin du prince Maurice; mais il en marque entre chaque rayon, ce qui porte à cinq le nombre des traits blancs.

Ces poissons me paraissent être du nombre peu commun des scombéroïdes qui n'ont pas de vessie natatoire.

Leur foie est petit, l'estomac assez grand, et les cœcums sont très-nombreux et réunis par houppes sous la partie antérieure de l'abdomen. Leur estomac était vide.

Margrave dit que ceux des côtes d'Amérique se nourrissent des immondices rejetés des navires.

La grandeur des individus varie de deux pouces à trois et demi.

Il nous paraît que c'est la même espèce dont Margrave a une figure p. 153. Cet auteur, ainsi qu'on l'a vu plus haut, ne lui donne pas de nom, et dit seulement qu'il ressemble au *harder* des Hollandais, c'est-à-dire au muge : mais il n'en a pas fallu davantage pour que Rai l'appelât *mugil americanus*[1], et que Klein le rangeât parmi ses *cestreus*[2]. Gronovius en a fait un gobie, tout en convenant que sa tournure est celle d'un scombre[3], et son opinion ayant été suivie par Gmelin[4], ce poisson est devenu l'*eleotris Mauritii* du Système posthume de Bloch

---

1. Rai, *Syn. pisc.*, p. 85, n.° 9. — 2. Klein, *Misc.*, p. 24, n.° 3. — 3. Gronov., *Zoophyl.*, p. 82, n.° 278. — 4. *Gobius Gronovii*, Gmel., p. 1205, n.° 25.

(p. 66), et le *gobiomore Gronovien* de Lacépède (t. II, p. 584). Cependant l'un des motifs de Gronovius, les cinq rayons qu'il comptait aux branchies, est faux : il y en a sept, comme dans les sérioles, les caranx et les scombres; et l'autre, celui de l'adhérence des ventrales par leur bord interne à l'abdomen, est commun à presque tous les poissons de la famille des scombéroïdes : à ce degré il a lieu nommément dans toutes les sérioles.

Selon Margrave, cette espèce n'arriverait qu'à sept pouces de longueur; mais l'original d'où la figure est tirée, et que nous avons vue parmi les peintures du prince Maurice (*Lib. princip.*, t. II, p. 386), porte ces mots : *wie ein Salm* (comme un saumon), ce qui semblerait indiquer une grande taille, si toutefois, comme l'observe M. Lichtenstein, le dessinateur n'a pas entendu par ce mot de *Salm* un jeune saumon : l'adulte se nommant *Lachs* en allemand.[1]

Le Pasteur de Péron.

(*Nomeus Peronii*, nob.)

Péron a rapporté un petit poisson semblable au précédent,

mais où le fond est d'un argenté très-éclatant. Ses ventrales portent sur un fond blanc deux bandes transversales noires. Son profil est moins arqué qu'au pasteur de Maurice.

Les individus, longs seulement de deux pouces, sont trop mal conservés pour que nous donnions le nombre exact de leurs rayons.

---

1. Lichtenstein, Mém. de l'Acad. de Berlin, 1820, p. 286.

Le Musée royal des Pays-Bas a reçu la même espèce des mers de Java, par les recherches de MM. Kuhl et Van Hasselt.

———

DES NAUCLÈRES (*Nauclerus*, nob.).

Nous venons de décrire des scombéroïdes sans fausses pinnules, qui, semblables à la sériole de la Méditerranée, ont des dents en carde ou en velours ras aux mâchoires et aux palatins, et dont les pièces de l'opercule n'offrent aucune épine ni dentelures.

La petite sériole, dédiée à M. Dussumier, a tous les caractères que nous énonçons ici. Elle ressemble d'une manière frappante à des petits poissons qui ont, avec dentition semblable à celle des sérioles, un caractère notable dans l'épine, sortant du sommet de l'angle obtus formé par les deux bords du préopercule. Cette épine est accompagnée le plus souvent de deux autres plus petites, placées de chaque côté de celle-ci.

La ressemblance de leur couleur les a fait confondre jusqu'à ce jour avec le pilote (*naucrates ductor*); mais le manque de carène aux côtés de la queue est un caractère qui vient se joindre à celui fourni par l'épine du préopercule pour les en séparer. Nous avons donc été obligé de faire de ce groupe un genre particulier, que nous désignons sous le nom de Nauclère (*nauclerus*), pour rappeler leurs affinités avec le poisson si connu sous le nom de pilote; emploi que les Grecs désignaient par le nom de ναύκληρος.

Nous en décrivons plusieurs espèces établies d'après l'examen d'un grand nombre d'individus.

Les nauclères sont de petits poissons qui ne vivent qu'en haute mer; ce sont en quelque sorte les épinoches du grand Océan. MM. Quoy, Gaimard et Dussumier sont jusqu'à présent les seuls navigateurs qui aient eu le soin de les recueillir. De nouvelles recherches en feront peut-être découvrir de nouvelles espèces, ou feront mieux connaître celles que nous indiquons, et nous apprendront si elles comprennent des individus qui restent dans les petites dimensions où nous les avons reçus, ou si nos observations ont été faites sur de jeunes individus. M. Dussumier dit qu'il en a pris fort souvent dans divers parages, et qu'il n'en a jamais vu de plus grands. Les caractères qu'ils nous ont offerts les excluent dans tous les cas des genres voisins dans lesquels on voudrait les placer.

Le Nauclère comprimé.

(*Nauclerus compressus*, nob.)

Ce petit poisson ressemble, comme ses congénères, à un jeune pilote.

Sa plus grande hauteur fait le quart de sa longueur, et son épaisseur en est le huitième. La longueur de la tête égale la hauteur du corps. L'œil, assez saillant, a un diamètre qui mesure près de la moitié de la longueur de la tête. La distance d'un œil à l'autre égale aussi ce diamètre. Le bord vertical du préopercule tombe sous un angle obtus sur le bord horizontal. L'épine qui saille du sommet de cet angle, est longue et forte. Il y en a une petite au-dessus, à la base du bord vertical, et une troisième plus grosse que celle-ci, mais moindre que la première, sur le bord horizontal.

L'opercule a quelques stries verticales près de sa réunion avec le préopercule, et d'autres stries plus fines, parallèles aux sinuosités du bord postérieur. On n'y voit point d'épines ni de dentelures.

La membrane branchiostège est assez large, et soutenue par sept rayons. Les ouïes sont bien fendues. La bouche l'est peu. Les deux mâchoires sont d'égale longueur; elles portent quelques petites dents crochues sur le bord antérieur d'une bande de dents en velours ras. Le chevron du vomer et les palatins en ont aussi de fort petites. Les épines de la première dorsale s'élèvent au tiers de la longueur totale; elles sont très-basses et rapprochées, de sorte que la nageoire n'a de hauteur que le neuvième de celle du corps sous elle, et de longueur que le dix-huitième de la longueur totale du poisson. La seconde dorsale suit de tout près cette première nageoire épineuse. Sa hauteur égale la moitié de celle du corps, et sa longueur à peu près le tiers de celle du poisson. L'anale est plus courte, mais de même forme que la seconde dorsale; elle est précédée par deux épines. La caudale, fourchue, a ses lobes larges et arrondis. Les ventrales sont larges, sans atteindre cependant à l'anus. Les pectorales sont arrondies.

B. 7; D. 5 — 1/25; A. 2 — 1/16; C. 17; P. 18; V. 1/5.

Le corps est couvert de très-petites écailles, à peine visibles à la loupe. Tout le préopercule en est également chargé; mais le reste de la tête est nu. La ligne latérale va de l'angle supérieur de la fente de l'ouïe à la queue, en faisant une légère courbe et quelques inflexions. Arrivée sous la dorsale, elle s'abaisse et passe par le milieu des côtés de la queue; elle n'est pas relevée, et il n'y a aucune carène en avant de la caudale. Le corps est argenté brillant, un peu plombé sur le dos et traversé par sept bandes bleues noirâtres, qui descendent du dos et s'effacent sur le bas des flancs. La première est étroite et passe sur la tête et le bord du préopercule. La seconde est à la hauteur de l'épaule. La troisième colore la petite dorsale épineuse. Les trois suivantes forment des taches noirâtres sur la dorsale. La cinquième et la sixième reparaissent sur l'anale et y forment deux taches noires, semblables aux trois de la dorsale. La caudale offre deux petites taches arrondies, peu marquées sur l'extrémité de chacun de ses lobes. Le fond de ces nageoires est jaunâtre. Les ventrales sont presque entièrement noires. Les pectorales n'ont aucunes taches, et leur couleur est pâle.

Ces poissons ont de nombreux cœcums fort courts, le foie petit, et une vessie aérienne médiocre.

Telle est la description de notre première espèce, qui a été prise dans la mer des Moluques par MM. Quoy et Gaimard, pendant leur navigation avec M. d'Urville.

Nos individus n'ont qu'un pouce neuf lignes.

Le NAUCLÈRE RACCOURCI,

(*Nauclerus abreviatus*, nob.)

est une seconde espèce,

qui a le corps moins comprimé, sans qu'il soit cependant arrondi. Il paraît aussi plus trapu. Les épines de l'angle du préopercule sont plus petites. Les dents paraissent un peu plus fortes. Les épines de la dorsale plus faibles. La ligne latérale plus droite. Les bandes plus étroites.

D. 4 — 1/25; A. 2 — 1/15, etc.

D'ailleurs, il ressemble beaucoup au précédent; mais il est facile à distinguer parce qu'il a une épine de moins à la dorsale.

La taille de nos individus varie d'un pouce et demi à deux pouces. Péron en avait déjà rapporté depuis long-temps, lorsque l'espèce fut retrouvée dans l'Atlantique par les mêmes voyageurs qui nous ont procuré la précédente.

Le NAUCLÈRE A ÉPINES COURTES.

(*Nauclerus brachycentrus*, nob.)

Cette troisième espèce a des caractères plus précis que la seconde.

Elle en a un facile à la faire reconnaître dans la petitesse des épines de sa dorsale. Je n'en compte que quatre sur les trois individus conservés dans le Cabinet du Jardin des plantes. Cette dorsale est si basse qu'elle n'a guères qu'un quinzième de la hauteur du corps sous elle.

D. 4 — 1/25; A. 2 — 1/15, etc.

L'épine de l'angle du préopercule est très-courte, et il n'y en a qu'une seule. Les dents sont très-petites. Les écailles plus visibles. La ligne latérale a un petit chevron au-dessus de la pectorale; elle descend ensuite obliquement, mais sans courbures, jusque sur le milieu de la queue, où elle forme une légère saillie ou carène.

La couleur est moins brillante que celle des deux autres nauclères, précédemment décrits, parce que le ventre est plombé comme le dos. Les taches de la caudale forment une bande sur cette nageoire, de sorte que le poisson est traversé par huit bandes noirâtres.

Nous en avons des individus longs de deux pouces un quart : ils viennent de l'océan Indien ou de la mer des Moluques, où MM. Quoy et Gaimard les ont péchés.

Le Nauclère triacanthe.

(Nauclerus triacanthus, nob.)

Les mêmes naturalistes ont rapporté de l'Atlantique une quatrième espèce, qui se distingue des précédentes parce que

ses deux dorsales sont plus rapprochées, et la première n'a que trois épines. L'épine de l'angle du préopercule est très-courte, à peine sensible.

D. 3 — 1/25; A. 2 — 1/19, etc.

Les bandes noirâtres s'effacent plutôt sur les flancs, et se terminent en pointe. La tache antérieure de l'anale est à peine sensible. La dorsale a les siennes réunies par un liséré noir; la caudale a deux larges taches arrondies en arrière, très-noires, qui rendent la caudale plus noire; ce qui contraste avec l'argenté bleuâtre qui est la couleur dominante dans cette espèce.

L'individu est long de deux pouces.

Le Nauclère annulaire.

(*Nauclerus annularis*, nob.)

Celui-ci a le museau plus gros et plus obtus. Le corps plus trapu, et les six bandes du corps, larges et noires, sont nettes, bien tranchées, et réunies sous le ventre, de manière à former des anneaux qui entourent le ventre. Sur la caudale il n'y a qu'une petite tache noirâtre, plus ou moins étroite.

D. 4 — 1/27; A. 2 — 1/14, etc.

Cette espèce a été prise entre le Cap et Sainte-Hélène par M. Dussumier.

La longueur des individus est d'un pouce trois quarts.

Le même naturaliste a pris dans le milieu du golfe de Bengale trois autres individus plus petits, et qui ont les bandes moins bien marquées sous le ventre, et les épines operculaires longues et grêles.

Nous les regardons comme des variétés des précédens, parce que les bandes forment cependant des anneaux autour du corps.

Le Nauclère a queue blanche.

(*Nauclerus leucurus*, nob.)

Enfin M. Dussumier a pris dans les mêmes parages une petite espèce, qui se distingue de toutes les autres par sa caudale sans taches. Les bandes du corps sont étroites. Le corps est plus haut que dans aucun autre. Le nombre des épines de la dorsale est de cinq, comme dans le premier de ces nauclères; mais la caudale sans tache l'en distingue facilement.

D. 5 — 1/26; A. 2 — 1/15, etc.

Nos individus dépassent à peine un pouce.

DES PORTHMÉES (*Porthmeus*, nob.).

Nous formons encore un genre particulier d'un petit scombéroïde, voisin des nauclères, et ayant comme eux les couleurs disposées par bandes brunes sur un fond argenté : c'est ce qui nous a engagé à leur donner le nom de πορθμεύς (*gondolier*), à cause de leur affinité avec les précédens. Ils en diffèrent par leur corps comprimé, par leur dorsale unique, par les armures du préopercule, dont le bord est entièrement dentelé; par les scabrosités du mastoïdien, et par les crêtes surcilières dentelées. Ce caractère peut rappeler celui des priopis[1], genre de poisson établi par MM. Kuhl et Van Hasselt, mais dont nous n'avons pas encore pu nous procurer d'espèces. Ces priopis ont la dorsale double et de grandes écailles, ce qui montre leur affinité avec les ambasses et les apogons, et en éloigne de beaucoup les petits poissons que nous décrivons aujourd'hui. Le nu de leur peau et leur anatomie prouvent que c'est dans la famille des scombéroïdes qu'ils doivent être placés.

Nous n'en connaissons encore qu'une seule espèce, qui

---

1. Vol. VI, add., p. 378.

a été rapportée de l'océan Indien par les naturalistes de
la corvette l'Astrolabe.

Le Porthmée argenté.

(*Porthmeus argenteus*, nob.)

Ce petit poisson a le corps comprimé et de forme ovalaire. La
courbe du dos est plus arquée que celle du ventre. La hauteur
surpasse un peu le quart de la longueur totale. Celle de la tête
fait un peu plus du tiers de la longueur du corps. Le museau est
très-pointu, et sa pointe est formée par l'avance de la mâchoire
inférieure, qui dépasse la supérieure. L'œil est grand, placé sur
le haut de la joue, sans que l'orbite entame la ligne du profil. Il
est au contraire recouvert par le bord surcilier et osseux du
frontal, qui est finement dentelé. En dedans de cette arcade surcilière il y a une petite crête saillante, qui va se joindre sur le
bout du museau avec celle du côté opposé, et forme sur le crâne
un chevron alongé. L'extrémité postérieure de chaque branche
de ce chevron se termine sur le côté du crâne, en arrière de
l'orbite, sur un espace sculpté par plusieurs stries divergentes. Sous
cette première ligne saillante on en voit une seconde plus relevée,
plus rugueuse, étendue depuis le bord postérieur de l'orbite jusqu'à
l'articulation du préopercule; elle en dépasse même un peu le bord
montant, et touche presque au mastoïdien, qui a de même sa
surface rugueuse, et forme sur les tempes une petite élévation
triangulaire.

Le sous-orbitaire mince, très-étroit, a le bord inférieur rentrant,
pour donner place au maxillaire. Le bord droit du préopercule
descend verticalement, fait un angle très-ouvert avec le bord horizontal, qui avance très-obliquement vers l'angle postérieur de la
mâchoire inférieure. Ces deux bords ont de fines dentelures, qui,
près de l'angle, s'alongent et prennent la force d'épines. Les trois
autres pièces operculaires n'ont ni épines ni dentelures. Les deux
ouvertures de la narine sont grandes, rondes, rapprochées l'une de

l'autre et du bord antérieur de l'orbite. La bouche est grande et très-fendue. La réunion des deux intermaxillaires forme sur le dessus de la tête un petit museau conique comme celui du maquereau, du thon, et de la plupart des scombéroïdes de notre première tribu. Ce museau est alongé par la mâchoire inférieure, qui le dépasse beaucoup. Les dents sont fines, pointues, séparées sur une bande à chaque mâchoire, aux palatins et à tout le vomer. Les ouïes sont très-fendues. La langue est libre et lisse. L'ossature de l'épaule a quelques ciselures. La pectorale est petite. La portion épineuse de la dorsale est tellement continue avec la portion molle, qu'il est difficile de dire qu'il y ait deux nageoires sur le dos de ce poisson. Les rayons épineux sont rigides, pointus, un peu arqués. Les mitoyens ont un peu plus de hauteur que les antérieurs ou que les postérieurs; mais ils en ont beaucoup moins que ceux de la portion molle de la nageoire, qui est arrondie vers l'arrière. On voit en avant de la dorsale une forte épine pointue, couchée et dirigée vers la tête. L'anale est précédée par deux longues épines, réunies par une membrane, et peu éloignées du premier épineux. Les rayons mous sont plus hauts sur l'avant que sur l'arrière de la nageoire, qui a la même longueur que la seconde dorsale. La caudale est fourchue. Les ventrales sont assez grandes et pointues.

B. 7; D. 7 — 1/20; A. 2 — 1/19; C. 8 — 15 — 8; P. 19; V. 1/5.

Je ne puis apercevoir aucune écaille. La peau est entièrement lisse. La ligne latérale se marque par une forte strie tracée obliquement depuis le haut de l'huméral jusque sur le milieu de la queue.

La couleur est du plus bel argent, glacé de bleu d'acier, avec cinq bandes noirâtres verticales, plus ou moins effacées. Les dorsales et l'anale sont bleues ou noires, avec du blanc vis-à-vis l'intervalle des bandes. Les pectorales et la caudale sont jaunes. Les ventrales ont du noir entre les rayons, qui sont blancs. L'extrémité du museau est noire.

L'anatomie de cette espèce ressemble beaucoup à celle du pasteur et plus encore à celle du nauclère, parce que le poisson a une grande vessie aérienne. Le foie est petit. Les cœcums nombreux sont réunis en masse. L'intestin est court et replié sur lui-même.

Nous en avons plus de douze individus qui n'ont tous que deux pouces au plus. Il paraîtrait donc que ce poisson fort curieux reste toujours petit.

M. Verreaux vient de nous en donner deux individus entièrement semblables à ceux de MM. Quoy et Gaimard, et de même taille, pris dans la rade du cap de Bonne-Espérance.

———

DES PSÈNES (*Psenes*, nob.).

Nous devons enfin séparer des genres précédens un petit groupe de poissons qui en diffère, parce que leur palais est lisse et sans aucunes dents. Celles des mâchoires sont courtes, crochues, un peu élargies, séparées et disposées sur un seul rang à chaque mâchoire. Le museau, très-obtus, leur donne la figure de trachinote; mais ils n'en ont aucun autre des caractères. Leurs nageoires verticales sont en partie couvertes d'écailles.

Le Psène aux sourcils bleus.

(*Psenes cyanophrys*, nob.)

L'espèce sur laquelle nous avons établi ce genre, a été observée sur les côtes de la Nouvelle-Irlande par MM. Lesson et Garnot.

Le corps a la forme d'une ellipse régulière, dont la hauteur, prise à la naissance de la seconde dorsale, fait à peu de chose près la moitié de la longueur, sans y comprendre la caudale, qui n'est

9.   25

que du cinquième de la longueur totale. L'épaisseur n'est que le quart de la hauteur.

Le museau est tronqué et obtus comme dans nos trachinotes. La longueur de la tête est à peu près le quart de la longueur totale.

L'œil est arrondi, éloigné du bout du museau d'une distance égale à la longueur de son diamètre, qui est contenu quatre fois dans la longueur de la tête. Le pourtour de l'orbite est bordé d'une paupière épaisse qui entoure circulairement la cornée transparente. Le sous-orbitaire, mince et caché dans l'épaisseur de la peau, est peu apparent. La pièce antérieure est étroite, alongée et placée obliquement en avant et au-dessous de l'œil, de manière qu'elle arrive à l'extrémité du museau, et qu'elle couvre en grande partie le maxillaire et même le bord supérieur de l'intermaxillaire, quand la bouche est fermée.

Le préopercule, grand et très-mince, couvre presque toute la joue. Le bord vertical est sinueux, l'horizontal très-arqué. L'angle que font ces deux bords est arrondi.

L'opercule est aussi grand et aussi mince que le préopercule. La surface est sillonnée par de nombreuses stries fines et longitudinales. Le bord postérieur, arqué et oblique, atteint un peu au-dessus de l'alignement du haut de l'orbite, où il est fortement échancré. Il donne ensuite une saillie dont l'extrémité est arrondie. Le bord inférieur descend obliquement en ligne droite et vers l'angle du préopercule. Les deux autres pièces operculaires sont également très-minces. L'interopercule est large, arqué, et suit le contour du bord inférieur du préopercule. Le sous-opercule, assez large, s'arrondit sur son bord postérieur, qui complète le bord de l'ouverture supérieure des ouïes. Le bord membraneux de l'opercule est mince, étroit ; il remplit l'échancrure que nous y avons fait remarquer.

La fente des ouïes est très-large : il y a six rayons à la membrane branchiostège.

La bouche est petite ; quand la mâchoire inférieure s'abaisse, elle dépasse un peu la supérieure. Les deux mâchoires sont garnies d'une seule rangée de dents petites et pointues, peu serrées l'une contre l'autre. Il y a quelques pores sous chaque branche de la mâchoire inférieure. On ne voit que la partie postérieure du maxillaire; la plus grande partie de cet os étant cachée sous le sous-orbitaire.

La narine est grande; ses deux ouvertures sont percées l'une à côté de l'autre et à l'extrémité du museau. L'antérieure est un trou rond, petit; l'autre est une fente verticale et linéaire.

La première dorsale commence à l'aplomb de l'extrémité de l'opercule; elle est basse et soutenue par neuf rayons épineux grêles, dont le dernier est presque caché dans les muscles dorsaux.

La seconde dorsale s'élève au tiers de la longueur totale. Le premier rayon épineux est court et un peu plus fort que ceux de la première dorsale. Les autres rayons sont presque tous égaux entre eux; ils sont bifides à leur extrémité : mais comme les deux fourches sont très-étroitement unies, les rayons articulés sont roides et très-forts : on en compte vingt-cinq. Ils sont recouverts, dans la plus grande partie de leur hauteur, par la peau, qui est écailleuse.

L'anale a tout autant de longueur que la seconde dorsale. Ses rayons mous sont aussi forts et en même nombre; ils sont encore plus engagés dans la peau écailleuse des flancs qui s'étend sur eux. Il y a trois rayons osseux, dont le premier est très-petit, et le second l'est beaucoup aussi.

La caudale est fourchue, peu écailleuse.

La pectorale est alongée, arrondie à son extrémité. Sa longueur est un peu plus grande que celle de la tête. Elle a dix-neuf rayons.

Les ventrales sont petites, et peuvent, quand elles sont repliées, se cacher entièrement dans une fossette creusée sous la carène du ventre, ainsi que cela a lieu dans la plupart de nos scombéroïdes. Le rayon épineux est beaucoup plus grêle et beaucoup plus faible que les cinq rayons mous qui suivent.

Les nombres sont :

B. 6; D. 9 — 1/25; A. 3/25; C. 17; P. 19; V. 1/5.

La ligne latérale est un simple trait parallèle à la courbe du dos, et qui la suit à peu près par le cinquième de la hauteur du corps.

Les écailles sont petites, et si minces et si lisses, qu'on les sent à peine au toucher. Vues à la loupe, on n'y aperçoit que de nombreuses stries concentriques très-fines.

Le dos paraît avoir été d'un brun rougeâtre un peu plombé, le ventre argenté.

Sur chaque écaille il y a un point brunâtre, dont la série forme dix à douze lignes longitudinales au-dessous de la ligne latérale.

Les pectorales sont jaunes et transparentes. Les autres nageoires sont un peu plus brunes que le dos.

Le bord supérieur de l'orbite est coloré par un trait bleu, qui se prolonge jusque sur le devant du museau, et forme avec celui du côté opposé un chevron sur le dessus de la tête.

Nous n'avons pu voir des viscères que la vessie aérienne, grande et prolongée en arrière par deux fourches avançant le long des apophyses épineuses des vertèbres caudales dans l'épaisseur des muscles de la queue.

L'individu est long de cinq pouces.

Le Psène de Java.

(*Psenes Javanicus*, nob.)

MM. Kuhl et Van Hasselt ont envoyé au Musée royal des Pays-Bas une espèce voisine de la précédente,

mais qui a le corps plus alongé, les écailles striées, et qui manque du trait bleu au-dessus de l'orbite. Le fond de la couleur paraît plus jaune, et les lignes brunes sont plus nombreuses; car on en compte dix-neuf au-dessous de la ligne latérale.

Les nombres des rayons sont les mêmes. La longueur de nos individus n'atteint pas quatre pouces.

M. Reynaud a rapporté de Batavia de très-petits individus de cette espèce.

Le Psène doré.

(*Psenes auratus*, nob.)

M. Dussumier a recueilli pendant son dernier voyage
une troisième espèce de ce genre.

Elle a le corps à peu près semblable à celui du psène de Java,
mais l'œil est un peu plus grand; les rayons des nageoires, plus
grêles d'ailleurs, sont en même nombre. Mais les couleurs sont
différentes; car, d'après les observations faites sur le poisson frais
par M. Dussumier, tout le corps est d'un beau jaune doré, prenant
une teinte verdâtre sur les yeux et sur le devant du museau. La
première dorsale est verdâtre; la seconde et l'anale sont jaunes,
bordées de vert foncé. Les ventrales sont vertes, et les pectorales
jaune clair. La caudale a du verdâtre. L'iris est jaune.

L'individu rapporté par M. Dussumier est long de cinq
pouces, et il ne paraît pas que l'espèce atteigne à de plus
grandes dimensions; car cet observateur l'a rencontrée en
grande abondance dans le golfe du Bengale par 20 degrés
latitude nord. Il en a pêché plus de trois cents individus,
groupés et arrêtés autour d'un arbre flottant au milieu
des eaux. Malgré la petitesse de ce poisson, ce naturaliste
a trouvé que la chair en est bonne et agréable à manger,
parce qu'elle n'a presque pas d'arêtes.

Le Psène a queue blanche.

(*Psenes leucurus*, nob.)

Le même voyageur a pris dans les mers de l'Inde, sous
l'équateur, plusieurs petits psènes qui nous paraissent
d'une espèce particulière.

Leur corps est régulièrement elliptique; mais ils n'ont pas le
front aussi relevé que dans notre première espèce. La hauteur est

contenue deux fois et demie dans celle du corps. Les ventrales sont assez longues et atteignent à la naissance de l'anale.

Ce poisson paraît jaunâtre, marbré de noirâtre et finement rayé de traits longitudinaux noirâtres. Les nageoires sont noires, excepté la caudale, qui est blanchâtre. M. Dussumier dit dans ses notes manuscrites, que le dos de ce poisson était noirâtre, et les flancs dorés. Les nageoires avaient la couleur que nous avons encore observée.

La longueur de nos individus n'est que de deux pouces.

Nous reconnaissons la même espèce dans des individus de même taille rapportés du port Jakson par les naturalistes qui ont accompagné le capitaine Freycinet.

Le Psène de Guam.

(*Psenes Guamensis,* nob.)

MM. Quoy et Gaymard ont encore trouvé, pendant la même expédition, un petit psène à l'île Guam, qui ressemble un peu au *psenes javanicus;*

mais qui a le corps plus court et plus haut, ce qui dépend surtout de la plus grande courbure de la ligne du profil du ventre. La plus grande hauteur, prise à l'aplomb des pectorales, n'est guères que deux fois et un quart dans la longueur totale.

Les nombres sont

D. 9 — 1/22; A. 2/29; C. 17; P. 19; V. 1/5.

C'est un petit poisson brillant, dont le dos est roussâtre; les côtés ont des reflets dorés, et la poitrine des reflets argentés. Les côtés seuls sont rayés de noirâtre. On compte neuf raies au-dessous de la ligne latérale; mais le dos et le ventre n'en offrent pas de traces.

Les pectorales sont blanches, la caudale rougeâtre, et les autres nageoires noirâtres.

L'individu n'a que deux pouces et demi de longueur.

CHAPITRE XVIII.

Des Coryphènes (Coryphæna, Linn.).

Le caractère naturel du genre des *coryphènes* est bien aisé à exprimer : ce sont des poissons thorachiques, à petites écailles, à corps comprimé et alongé, à tête tranchante à sa partie supérieure, à dorsale unique, étendue sur presque toute la longueur du dos jusque auprès de la caudale, et composée de rayons presque tous également flexibles, bien que le plus grand nombre soit sans articulations, et qu'ils doivent, en conséquence, être considérés comme des rayons épineux. Pour plus de précision on peut les subdiviser en *coryphènes proprement dites,* qui ont la tête très-élevée, le profil courbé en arc et tombant rapidement de l'avant, les yeux fort abaissés, la bouche bien fendue et armée de dents en carde, et la dorsale beaucoup plus haute antérieurement; en *lampuges,* qui ont la même dentition, mais dont la tête est oblongue, peu relevée, les yeux placés à une hauteur moyenne, et la dorsale égale et basse sur toute son étendue; et en *centrolophes,* qui, avec une forme un peu moins alongée, ont le palais dénué de dents et un intervalle entre l'occiput et le commencement de la dorsale.

Ces trois sous-genres, quoique dissemblables dans la coupe de leur tête et même sur quelques points plus importans, sont néanmoins assez voisins les uns des autres et forment un groupe naturel; mais les auteurs leur ont réuni, sous le nom commun de *coryphènes,* une quantité de poissons non-seulement très-différens, qui appartiennent même à d'autres familles et, qui plus est, à d'autres ordres. Ainsi, Artedi y avait joint le *razon* (*coryphæna novacula*), qui est de la famille des labres, et Gmelin y a ajouté jusqu'au *macroure* (*coryphæna ruspestris*, L.), qui est un malacoptérygien de la famille des gades. Avec le razon ordinaire doivent être éloignés le *coryphæna pentadactyla*, le *coryphæna cærulea*, le *coryphæna lineata* et le *coryphæna psittacus*, qui sont des labroïdes du même genre.

Nous devons surtout signaler une erreur de Bloch (j'oserais presque dire une espèce de fraude, s'il ne l'avait pas ensuite reconnu lui-même[1]), en faisant graver un dessin de Plumier, représentant le poisson nommé *vive* à la Martinique; lequel est de notre genre malacanthe et de la famille des labres; il en a altéré le profil pour le rendre semblable à celui des coryphènes, et a établi ainsi son espèce du *coryphæna Plumieri*, pl. 175. Shaw a fait copier cette figure falsifiée (*Gen. zool.*, t. IV, part. 2, pl. 32, fig. 2). M. de Lacépède a donné le dessin de Plumier, sous sa forme primitive (t. IV, pl. 8, fig. 1); mais il n'en a pas moins laissé le poisson dans le genre des coryphènes (t. III, p. 201) : c'est encore un retranchement qu'il est nécessaire d'y faire.

Le coryphène chinois de M. de Lacépède (t. III, p. 209) ne peut pas y rester davantage : c'est notre *latilus argentatus*[2], qui est de la famille des sciènes. Il faut retrancher également les espèces ajoutées dans le système posthume de Bloch, sous les noms de *coryphæna lutea*,

---

1. *Syst. posth.*, p. 299, il rejette la faute sur son dessinateur.
2. Cuv. et Val., t. V, p. 277.

c'est notre denté jaune[1]; de *coryphæna nigrescens,* c'est
le même poisson que le *perca atraria* ou notre *centro-
priste noir*[2]; de *coryphæna torva,* c'est notrè *agriopus
torvus*[3]; de *coryphæna spinosa,* c'est un apiste, et de
coryphæna galilæa, c'est un chromis; mais ce n'est pas
tout encore : outre ces poissons, qu'il est nécessaire de
transporter dans d'autres genres, il y en a qui ne peuvent
rester dans celui-ci, et que cependant on ne sait où
placer; ce sont les six espèces que Linnæus, dans sa
douzième édition, p. 448, a mises à la fin du genre des
coryphènes, et sur lesquelles il n'a donné que de courtes
phrases, non comparatives avec les nombres des rayons.
Il est presque impossible aujourd'hui, d'après des renseignemens si incomplets, de deviner même à quel genre
elles appartiennent; mais, quoique la plupart de ceux qui
ont écrit après Linnæus les aient rangées comme lui, on
peut bien affirmer que ce ne sont pas des coryphènes,
telles que nous les avons définies, et même que plusieurs
ne peuvent être comprises dans les genres ou sous-genres
que nous en avons démembrés.

Ainsi, le *coryphæna hemiptera,* qui n'a que quatorze
rayons (D. 14; A. 10; C. 18; P. 15; V. 8) à sa dorsale,
mais dont les ventrales en ont huit, ne pourrait être
cherché dans la division des acanthoptérygiens que parmi
les holocentrum ou les myripristis; mais il faudrait supposer que les rayons épineux du dos ont été oubliés.

C'est sur cette espèce que M. de Lacépède a établi son
genre *hémiptéronote,* en y joignant le *coryphæna pentadactyla,* qui est un vrai razon.[4]

---

1. Cuv. et Val., t. VI, p. 186. — 2. *Idem*, t. III, p. 28. — 3. *Idem*, t. IV,
p. 281. — 4. Lacépède, t. III, p. 214 et 215.

Le *coryphœna branchiostega,* qui n'a que vingt-quatre rayons (D. 24; A. 3/10; C. 16; P. 15; V. 1/6), et dont l'ouverture branchiale se réduirait à une simple fente, nous est entièrement inconnu. On a cru que le *coryphœna japonica* d'Houttuyn avait la même circonstance d'organisation; mais c'est une erreur, qui vient de ce que Gmelin n'a pas entendu le hollandais de Houttuyn; celui-ci dit seulement que son espèce ressemble à celle de Linnæus par le nombre des rayons.[1]

M. de Lacépède n'en a pas moins établi sur ces deux espèces son genre *coryphénoïde,* auquel il suppose tous les caractères des coryphènes, sauf cette forme d'ouverture branchiale.[2]

Le *coryphœna virens,* qui n'a que vingt-six rayons (D. 26; A. 13; C. 16; P. 13; V. 6), et dont la dorsale, l'anale et les ventrales se terminent en filamens, semble être un *chromis.* Nous en avons des espèces qui réunissent les conditions et tous les nombres indiqués à un profil assez vertical pour qu'on ait pu être tenté d'en faire des coryphènes; telle est celle que nous nommerons *chromis surinamensis.*

Le *coryphœna clypeata,* qui a trente-deux rayons (D. 32; A. 12; C. 7? P. 14; V. 5), et une lame osseuse entre les yeux, nous paraît encore entièrement indéchiffrable.

Le *coryphœna sima,* qui, avec le même nombre de rayons (D. 32; A. 16; C. 16; P. 16; V. 6), a la mâchoire inférieure plus avancée et la caudale entière, serait assez

---

1. Voyez Houttuyn dans les Mémoires de Harlem, t. XX, p. 315 et 316. —
2. Lacép., t. III, p. 219 et 220.

semblable à la première espèce de notre genre *latilus,* si l'on pouvait croire qu'on a écrit D. 32 pour D. 22.

Enfin, le *coryphæna acuta,* qui a quarante-cinq rayons (D. 45 ; A. 9 ; C. 16 ; P. 16 ; V. 6), et la caudale pointue, est très-probablement quelque sciène, peut-être le *pama.*

Dans tous les cas, il est impossible de conserver de pareilles indications dans un catalogue où l'on ne doit admettre que des êtres certains et assez connus pour pouvoir être classés conformément aux règles de la méthode naturelle.

———

DES CORYPHÈNES PROPREMENT DITES (*Coryphæna,* nob.).

Les caractères que nous venons d'indiquer pour ce genre, c'est-à-dire sa tête comprimée, tranchante, dont le profil est coupé presque en quart de cercle ou en portion d'ellipse ; ses yeux abaissés et rapprochés de l'angle de la bouche ; sa dorsale s'élevant sur le crâne même et régnant jusque sur la queue où elle s'abaisse beaucoup, lui donnent une physionomie toute particulière, qui en rend les espèces très-ressemblantes entre elles ; aussi les auteurs systématiques les ont-ils souvent confondues les unes avec les autres ; et leur erreur sur ce point est d'autant plus excusable que ces poissons, fort remarquables par leur beauté, leur grandeur et la vivacité de leurs mouvemens, ont été plus souvent décrits par de simples navigateurs que par de vrais naturalistes, et que leurs caractères spécifiques ont été raremeut exposés avec précision. Ce qu'ils ont de plus singulier dans leur structure, c'est-à-dire la forme élevée et tranchante de leur tête, est produit par l'extrême élévation de la crête mitoyenne de leur crâne, qui appartient à l'interpariétal et au frontal, et qui, prenant naissance entre les branches des intermaxillaires, règne jusque sur l'occiput. C'est son élévation qui fait paraître l'œil si abaissé. Le premier interépineux vient immédiatement derrière le bord postérieur de cette crête, et fait paraître la dorsale comme attachée sur le crâne. On a cru devoir appliquer aux poissons de ce genre les noms de *coryphœna* et d'*hippurus,* tirés le premier d'Aristote et le second d'Athénée, qui, sur l'autorité de Dorion et d'Epanætus[1], le dit synonyme de l'autre; mais cette application s'est faite assez arbitrairement; car tout ce qui est dit dans les anciens, soit du *coryphœna,* soit de l'*hippurus,* c'est que c'était un bon poisson, qui avait l'habitude de sauter, et avait été en conséquence nommé *arneutis* (d'*αϱνος,* agneau[2]); qu'il jetait ses œufs au printemps; que son accroissement était fort rapide[3], et qu'il se retirait en hiver, en sorte que dans tous les lieux où l'on en pêchait, ce n'était que pendant des intervalles bien marqués et toujours les mêmes[4]. Ovide lui donne l'épithète de sapide[5]; Oppien le range parmi les cétacés, et dit qu'il n'approche point du rivage[6], qu'il suit en troupe tout ce qui flotte sur la mer, et surtout les débris des navires naufragés[7], que la girelle lui sert d'appât, et qu'il en sert lui-même au xiphias[8]. Ce même nom d'hippurus se donnait aussi à l'éphémère.[9]

Pour suppléer à des traits si peu distinctifs, Rondelet a eu recours à l'étymologie, et a supposé qu'*hippurus*

---

1. Athén., l. VII, p. 304. — 2. *Idem, ibid.* — 3. Aristote, *Hist. anim.,* l. V, c. 10. — 4. *Idem, ibid.,* l. VIII, c. 15. — 5. Ovid., *Hal.,* v. 96. — 6. Oppien, *Hal.,* l. 184. — 7. Oppien, *Hal.,* l. IV, p. 404 et suiv. — 8. *Idem,* l. III, p. 186. — 9. Ælien, l. XV, c. 1.

(ἱππᾶρος, queue de cheval) était l'expression de la forme
alongée de ces poissons et des nombreux rayons grêles qui
supportent leur dorsale, et que κορύφαινη venait de κορυφη,
sommet, sommité, parce que cette dorsale commence dès
le sommet de la tête.

Il n'est pas nécessaire de dire combien ces conjectures
sont hasardées, surtout quand il ne reste aucune trace de
ces noms dans le langage vulgaire. En effet, la coryphène
de la Méditerranée est rare dans les parties septentrionales
de cette mer, et n'avait pas même de nom français du
temps de Rondelet. Ce naturaliste, en supposant que son
espèce fût la même que la nôtre, l'avait fait venir d'Espagne, où elle porte le nom de *Lampugo*[1]. M. Risso dit
qu'à Nice on appelle l'hippurus, *fero,* et M. Rafinesque
assure que ses noms siciliens sont *cappone* ou *cappune,*
et *lambacu* ou *lampugu.*

Bélon ne paraît pas l'avoir connue, et soupçonne même
que l'hippurus des anciens pourrait être la dorée ou
poisson Saint-Pierre (*zeus faber*)[2]. Salvien n'en fait non
plus aucune mention; il n'en est pas même parlé dans Cetti.

Ce sont les navigateurs de l'Océan et surtout les Portugais qui paraissent avoir imposé à ces poissons le nom
de *dorade,* qui appartenait primitivement à la *daurade*
de la Méditerranée (le *chrysophris* des anciens et le *sparus
aurata* de Linnæus); ce qui a produit dans les ouvrages
des compilateurs beaucoup d'équivoques et de confusions.[3]
On le trouve employé : en 1633, par Dael[4]; en 1648, par

---

1. Rondelet, p. 255. — 2. Bélon, *Aquat.*, tr. fr., p. 147. — 3. Voyez par
exemple *la Chesnaye-des-bois*, Dict. des anim., au mot *dorade*, et celui de Valmont
de Bomare, même mot. — 4. Laët, *Novus orbis*, p. 571.

Margrave[1]; en 1658, par Pison[2] et par Rochefort[3]; en 1667, par Dutertre[4]; en 1682, par Barbot[5]; celui de *dauphin* ou de *dolfyn*, qui paraît avoir été donné aux coryphènes par les navigateurs hollandais, n'a pas donné lieu à moins d'équivoques.

Margrave et Pison l'indiquent aussi, et l'on n'en vit pas d'autres dans les Hollandais qui ont parlé des poissons des Indes, Lebrun[6], Valentyn.[7]

La GRANDE CORYPHÈNE DE LA MÉDITERRANÉE.

(*Coryphœna hippurus*, L.)

La grande coryphène de la Méditerranée a le corps en forme de lame. Sa plus grande hauteur (aux pectorales) est six fois dans sa longueur totale, et va en diminuant presque en ligne droite jusqu'à la racine de la caudale, où elle n'est plus que du vingt-deuxième. L'épaisseur, aussi aux pectorales, est d'un peu plus du tiers de la hauteur au même endroit. La longueur de la tête est d'un sixième du total. Sa hauteur à la nuque est d'environ un neuvième moindre que sa longueur. Le profil s'abaisse ensuite un peu plus, et, arrivé au-dessus des narines, il fait un arc de cercle et descend rapidement à la bouche.

La partie supérieure est presque tranchante. La partie antérieure et tombante s'épaissit à mesure qu'elle descend. L'œil est placé de manière que son bord postérieur est à peu près au milieu de la longueur, et le supérieur au milieu de la hauteur; ainsi il est très-bas, relativement à la crête du crâne. La fente de la bouche descend un peu en arrière jusque sous le bord antérieur de l'œil, et le maxillaire, qui est peu élargi, atteint jusque sous le milieu. La

---

1. *Bras.*, p. 180. — 2. *Hist. nat. et med. Brasil.* — 3. Hist. nat. des Antilles, p. 170. — 4. Hist. des Antilles, p. 212. — 5. *Collect. of voy. and trav.*, t. V. — 6. Voyage aux Indes, p. 325. — 7. Val., fig. 103.

bouche s'ouvre beaucoup, quoique la mâchoire supérieure soit peu protractile. L'inférieure avance un peu plus que l'autre. Toutes les deux sont garnies de dents en crochets, rangées extérieurement sur une ligne, et accompagnées par derrière d'une large bande de dents en cardes, qui, à la mâchoire supérieure, n'occupe que le tiers antérieur, et qui, à l'inférieure, s'étend, mais en se rétrécissant, presque jusqu'à la commissure; il y a aussi des dents en cardes sur l'espace rhomboïdal de l'avant du vomer, sur une bande longitudinale à chaque palatin. La langue, large, obtuse, à bords minces et très-libres, a une large plaque de dents en velours, et l'on en voit aussi en velours très-ras sur les racines des arcs branchiaux; mais les pharyngiennes sont en cardes. Tout ce qui est plus élevé que l'œil, appartient au crâne, et les pièces mobiles de la face et des ouïes ne commencent qu'au niveau du sourcil, c'est-à-dire au milieu de la hauteur.

Le sous-orbitaire est étroit et n'offre qu'un léger rebord pour recevoir une partie du maxillaire. Les orifices de la narine sont presque contigus, à distance égale entre l'œil et le bout du museau, et fort près du bord de la mâchoire supérieure. Tous les deux sont ovales. Le postérieur est le plus large. L'isthme qui les sépare a une légère saillie membraneuse. Le bord montant du préopercule est légèrement dirigé en arrière, mais à peu près droit. Son bord inférieur est faiblement convexe. L'angle qu'ils forment ensemble, est arrondi, et tout leur pourtour, mince et presque membraneux, finement strié et crénelé. Il n'y a point de rebord saillant pour séparer de la joue le limbe du préopercule. L'opercule osseux a une légère échancrure vers le haut; il se termine en pointe vers l'angle du préopercule, et sa hauteur est double de sa largeur. Le bord inférieur de l'interopercule est parallèle à celui du préopercule et de même mince et finement crénelé; ce qui est vrai aussi du subopercule, qui complète l'ensemble operculaire et y forme un angle arrondi. Toutes ces parties sont nues et lisses, aussi bien que le crâne et le museau. On voit quelques stries rayonnantes, mais légères, sur le haut de l'opercule.

Les ouïes sont fendues jusque sous l'œil. Leurs membranes sont presque entièrement à découvert, et ont chacune sept rayons plats, dont le supérieur s'écarte des autres pour suivre la courbure de l'interopercule. La membrane de gauche croise en avant sous celle de droite, qui a même, pour la recevoir, un sillon formé par un repli de la peau; celle-ci est elle-même reçue dans un sillon de la membrane de gauche, mais plus petit. L'isthme ou pédicule pectoral, fort étroit et fort pointu, soutenu, comme à l'ordinaire, par le corps de l'hyoïde, passe sur ces doubles membranes sans s'y attacher, pour atteindre les branches de l'hyoïde.

L'épaule n'a rien de particulier, sinon un petit triangle nu au-dessus de la pectorale. Celle-ci, placée au-dessous du milieu de la hauteur, est en forme de faux et très-pointue, mais n'a guère que le neuvième de la longueur totale. Sa largeur à la base est le quart de sa longueur; elle a vingt rayons.

Les ventrales sortent vis-à-vis la base des pectorales, et elles les dépassent de près d'un tiers, leur longueur étant du septième de celle du corps. Leur épine est grêle, de moitié moins longue que le premier rayon mou, contre lequel elle se colle. Le quatrième et le cinquième rayon diminuent rapidement; et ce dernier s'attache presque par toute sa longueur au ventre, au moyen d'une membrane qui se fixe presque à la même ligne que celle du côté opposé.

La dorsale commence au-dessus de l'œil. Son premier rayon est très-court; les suivans croissent graduellement jusqu'au dixième, qui est le plus long, et dont la hauteur est un peu plus de moitié de celle du corps. Le dixième et le onzième, qui l'égale, sont au-dessus de la partie supérieure des ouïes.

Les suivans diminuent graduellement, mais lentement, et même à compter du troisième, qui a encore moitié de la hauteur du premier, il n'y a plus guère de diminution. Leur nombre total est de soixante, tous assez minces, assez élastiques. L'anale commencerait au milieu de la longueur, si l'on n'y comprenait pas la caudale : c'est à peu près vis-à-vis le trente-sixième ou le trente-septième rayon de la dorsale. Son premier rayon est très-court. Le troisième est le plus long, et n'a cependant guère que le tiers de la hauteur du corps au-dessus de lui. Les autres, au reste, ne diminuent pas beaucoup. Le nombre total est de vingt-huit. Le dernier répond à celui qui termine la dorsale. L'espace entre ces deux nageoires et la caudale est du vingtième de la longueur totale. La caudale, divisée jusqu'à sa base en deux lobes étroits et pointus, est comprise quatre fois et demie dans la longueur du corps. Ses rayons entiers sont, comme d'ordinaire, au nombre de dix-sept, et elle en a six ou sept en dessus et autant en dessous, dont la plupart très-petits.

B. 7; D. 60; A. 28; C. 17 et 6 ou 7 — 6 ou 7; P. 20; V. 1/5.

La joue, une petite partie de la tempe, et tout le corps, sont recouverts d'innombrables écailles, minces, oblongues, arrondies à l'extérieur, trilobées à la racine, et sur lesquelles une forte loupe découvre des stries concentriques, très-fines; elles s'étendent même sur la caudale, mais les autres nageoires verticales n'en ont point. Leur membrane offre seulement de fines stries obliques.

La ligne latérale ne consiste qu'en une série d'écailles plus petites. Partie du haut de l'orifice de l'ouïe, elle fait au-dessus du milieu de la pectorale un angle obtus, dont le sommet est dirigé vers le haut; puis elle reprend sa direction en ligne droite et en suivant le milieu de la hauteur jusqu'à la queue.

Les couleurs de cette coryphène sont très-agréables. Un gris argenté ou plutôt un plombé bleuâtre, avec des reflets argentés et dorés, règne sur la partie supérieure et sur la dorsale et la caudale. Toute la partie inférieure est d'un jaune citron. Des taches bleues plus foncées sur le dos, plus claires sur le ventre, sont éparses sur ces deux couleurs et même sur la dorsale. La pectorale est moitié plombée et moitié jaune. Les ventrales, jaunes à leur face inférieure, sont noirâtres à la supérieure. L'anale est jaune. L'iris de l'œil est doré.

Telle est du moins la notice donnée de ses couleurs par M. Biberon, à qui nous devons l'individu que nous avons décrit.

Cet individu, pêché près de Syracuse, est long de deux

9.   27

pieds. Son anatomie nous a fourni les observations suivantes :

Le foie est situé en travers, sous l'œsophage; sans être épais, il
est assez large, et il donne une pointe qui s'étend dans l'hypocondre
gauche jusqu'à la naissance de la branche montante. Le lobe droit
est large et arrondi, et ne descend pas beaucoup sur les appendices
cœcales. La vésicule du fiel est petite.

L'œsophage, très-large, se continue en un long estomac, qui a
la forme d'un boyau occupant toute la longueur de l'abdomen. Du
tiers antérieur sort la branche montante, peu grosse; et qui se porte
vers le diaphragme assez haut sous le foie.

Le pylore est entouré d'une innombrable quantité de cœcums
capillaires, réunis en grappes et formant ainsi une masse amygda-
loide, semblable à celle de la pélamyde.

L'intestin n'est ni très-gros ni très-long, et il se rend à l'anus
après s'être replié deux fois à des distances inégales.

La rate est noire, ovale, de la grosseur d'une noisette, et attachée
sur le bord du rectum plus bas que les appendices cœcales; elle
n'est point cachée, et se voit tout d'abord à l'ouverture de l'abdomen.

Les laitances étaient très-peu développées dans cet individu, pris
au mois de Février, et rejetées vers l'arrière de l'abdomen.

Nous n'avons pas trouvé de vessie aérienne.

Les reins sont très-gros, occupant toute la longueur de l'épine,
et réunis dans presque toute leur étendue; ils versent l'urine dans
une vessie fort petite, près de l'anus.

La figure que Rondelet donne de son *hippurus,* p. 255,
ressemblerait assez au poisson que nous venons de décrire
par la forme du museau et la plupart des détails; mais son
œil est trop grand et placé trop haut, et la partie antérieure
de sa dorsale et de son anale est représentée comme la
plus basse; en sorte qu'il m'est difficile de décider si c'est
l'espèce actuelle ou celle du lampuge pélagique, qui a

servi de modèle au dessinateur. Cependant c'est cette figure qui a été copiée par Gesner, p. 423; par Aldrovande, p. 306; par Jonston, pl. 1, fig. 12; par Willughby, pl. O, 1, fig. 5, et même on peut dire qu'il n'en existe pas d'autre, exécutée sur une coryphène de la Méditerranée, Bloch n'ayant fait que copier celle de Plumier, qui a été dessinée aux Antilles, et sur une espèce différente.

Des Coryphènes de la Méditerranée voisines de l'Hippurus.

Nous n'avons vu par nous-mêmes de coryphènes proprement dites que l'espèce précédemment décrite.

Les ichtyologistes des temps antérieurs n'en indiquent pas davantage; mais MM. Risso et Rafinesque en nomment et en décrivent sommairement une ou deux, qui paraissent à peu près de la même forme et de la même grandeur que la précédente, et sur lesquelles il est nécessaire que nous entrions dans quelques détails.

Nous devons supposer que c'est notre poisson qui est le *coryphœna hippurus* de ces deux naturalistes; car c'est bien certainement l'espèce vulgaire sur les côtes de la Méditerranée. M. Risso considère la seconde espèce comme l'*equisetis* de Linnæus ou le *doradon* de Lacépède[1], et il la caractérise, indépendamment des couleurs, par un opercule double et cinquante-trois rayons à la dorsale; mais s'il n'a pas pris simplement ces caractères dans Lacépède, il semble en résulter qu'il n'a pas vu l'hippurus; car bien sûrement son opercule n'est pas moins double que

____

1. Risso, Ichtyol. de Nice, p. 179.

celui des autres, ou plutôt il a, comme celui de tous les poissons osseux, les quatre pièces que nous avons nommées *opercule, préopercule, subopercule* et *interopercule.*

M. Rafinesque[1], outre l'*hippurus,* qu'il ne fait que nommer, compte dans le nombre des poissons de Sicile un *coryphœna imperialis* et un *coryphœna hippuroïdes.*

L'*imperialis,* d'après la courte description qu'il en donne[2], aurait la dorsale attachée dès avant les yeux, soutenue par soixante rayons environ, bleuâtre en arrière, et le corps cendré, sans taches; la ligne latérale flexueuse antérieurement, tandis que dans l'*hippurus* le corps est tacheté; la ligne latérale n'a qu'une courbure à sa base, et la dorsale ne commence que derrière les yeux. Il différerait aussi de l'*equisetis,* parce que ce dernier a le corps tacheté et cinquante rayons : c'est un excellent poisson de trois ou quatre pieds de longueur, qui visite les côtes de Sicile en automne, et qui s'y nomme *capone imperiale.*

Le *coryphœna hippuroïdes,* dont M. Rafinesque avait fait d'abord une espèce de son genre *lepimphis*[3], se nomme en Sicile *pesce capone,* et s'y montre en abondance à la fin de l'été et en automne, dans le golfe de Palerme, où il nage en grandes troupes à la surface de l'eau; on l'y prend avec les pilotes et l'espèce d'exocet que cet auteur nomme *exocetus hetururus.* Son corps est tacheté, et la ligne latérale courbée à sa base comme dans l'hippurus; mais son opercule serait double et ses ventrales seraient réunies à leur base par une écaille intermédiaire; il parvient à la longueur d'un pied et demi.

---

1. Rafinesque, *Indice d'ittiol. Sicil.,* p. 29. — 2. *Idem, Caratteri,* p. 33, n.° 84. — 3. *Lepimphis hippuroïdes,* Rafinesque, *Caratteri,* p. 34, n.° 86. *Coryphœna hippuroïdes, Idem, Indice,* p. 29, n.° 212.

Sa couleur est argentée, semée de points et de petites taches bleuâtres; il en règne une rangée régulière de plus grandes le long du dos. Sa dorsale est bleuâtre, et ses ventrales noires à la pointe. Sa dorsale a plus de soixante rayons.

J'avoue que d'après cette description je soupçonne que M. Rafinesque, ainsi que M. Risso, n'a jugé l'hippurus que sur les descriptions imparfaites de ses prédécesseurs, et que c'est ce qui l'a empêché de le reconnaître dans son *hippuroides.*

Quant à son *coryphæna imperialis,* si ce n'est pas une variété d'âge de l'hippurus, on peut y voir une espèce particulière. Il serait alors bien intéressant d'en obtenir une description plus détaillée.

Des Coryphènes voisines de l'Hippurus décrites par les auteurs.

Rien n'est plus difficile à déterminer en ichtyologie que l'identité ou la différence des coryphènes des deux océans entre elles et avec celle de la Méditerranée. Leur ressemblance est trop grande, et les descriptions que l'on en a, sont trop peu comparatives pour donner un résultat certain; il n'est pas même facile d'en assigner les caractères, en les rapprochant dans un cabinet, parce qu'elles ont perdu alors leurs couleurs, qui forment leur distinction la plus sensible.

Hernandez est, je crois, le premier qui ait décrit une coryphène de l'Océan. Son article parut en 1635 dans l'ouvrage de Nieremberg[1]; il le nomme *piscis auratus* :

***

1. *Histor. nat. peregr.,* p. 255.

il représente la couleur de ce poisson comme changeante en or et en bleu, avec beaucoup d'autres reflets, et des taches bleues sur tout le corps. Ce qu'il dit de sa forme n'est pas assez précis pour servir à la détermination de l'espèce..

Margrave vint ensuite (en 1648), et fut le premier après Rondelet, qui donna une figure originale d'un poisson de ce genre (p. 160); il l'appelle du nom brésilien de *guaracapema*, et dit que les Hollandais le nommaient *dauphin* (*dolfijn*). Sa figure montre un corps plus court et une tête plus haute à proportion que notre espèce de la Méditerranée, et les couleurs sont indiquées un peu différemment dans le texte : vert, glacé d'argent sur le dos et les nageoires, blanc au ventre et semé partout de taches bleues de diverses grandeurs depuis celle d'un pois à celle d'un grain d'orge. Cet article est reproduit avec la même figure dans Pison, page 48. La figure peinte du prince Maurice est conforme au texte pour les couleurs; mais ce n'est pas elle qui est gravée. L'éditeur Laët s'est contenté d'une gravure différente et moins bonne, qu'il avait déjà insérée dans sa description des Indes occidentales, p. 571.

Une autre figure parut en 1685 dans l'Ichtyologie de Willughby, pl. O, 2, fig. 1, mais sans aucune indication du lieu de son origine ni des couleurs; elle est plus alongée et a le profil presque exactement en quart de cercle. Le corps est tacheté, surtout à sa partie inférieure. On compte distinctement soixante-quatre rayons à sa dorsale; mais je n'oserais dire si c'est un effet de l'attention du dessinateur ou du hasard, car il y en a trente-six à l'anale; ce qui excède tout ce que nous connaissons.

Quelques années auparavant, en 1682, notre compatriote Barbot en avait dessiné trois sur la côte d'Afrique, et préparait des matériaux fort utiles, si les ichtyologistes en avaient profité. Ces figures ne parurent qu'en 1732 dans la collection de Churchill, et l'une d'elles représente, à n'en pas douter, notre *coryphæna equisetis;* les deux autres sont plus difficiles à déterminer, mais plusieurs de leurs caractères les rapprochent de notre *coryphæna dorado,* ou de notre *coryphæna azorica.* Barbot les confond toutes les trois sous le nom de *dorado.* Le traducteur anglais fit une confusion plus nuisible, en traduisant ce nom de dorade par celui de *gilthead,* qui est la dénomination anglaise de la *daurade* de nos côtes.

Corneille Lebrun (en 1718) représenta le premier une coryphène des Indes. Son poisson, qu'il nomme *dauphin,* fut pris le long de la côte de Malabar, vis-à-vis Cananor. La tête en est semblable à la figure de Willughby; mais le corps est plus court. Sa couleur ressemble à celle de l'espèce de la Méditerranée : « Ils ont (dit l'auteur) le « ventre jaune, tacheté de bleu jusqu'aux yeux; le reste « en est d'un bleu clair, avec des taches d'un bleu plus « foncé, surtout autour de la tête; les nageoires sont « violettes, vertes et blanches, avec du jaune aux extré- « mités. [1] »

Renard, en 1754, en donna un individu des Moluques, à dos bleu uniforme, à ventre orangé, tacheté de bleu; toutes les nageoires bleues, excepté la dorsale, qui est violette. La forme en est encore très-semblable à celle de Willughby. [2]

---

1. Corneille Lebrun, Voyage par la Moscovie et la Perse aux Indes orientales, t. II, p. 325 et pl. 189. — 2. Renard, t. I, pl. 22, fig. 123.

Nous ne parlerons de la figure de Duhamel (publiée en 1777) que relativement au contour, parce qu'elle est faite sur un sujet desséché, et que l'on n'y a pas marqué les rayons. L'individu avait été rapporté des Antilles, et sa forme est celle de la figure de Willughby, même pour l'alongement.

La figure d'une coryphène, prise en 1782, et publiée en 1786 par Guettard[1], se rapporterait assez bien à notre coryphène dorade ou à celle des Azores; mais les proportions mesurées sur l'animal vivant ne conviennent ni à l'une ni à l'autre, et à aucune de celles que nous possédons. Sa longueur totale est celle de nos coryphènes équisets; mais celle de l'anale surpasse d'un tiers la longueur de cette nageoire de ce même *coryphœna equisetis*. C'est probablement une espèce de l'Atlantique qui reste encore à caractériser.

Plumier avait aussi dessiné aux Antilles une coryphène. Sa figure a été reproduite en 1757 par Gautier, dans ses Observations périodiques sur la physique, t. II, p. 158, et par Bloch, pl. 174 : celle-là est toute différente des autres par les couleurs. Son dos est d'un bleu verdâtre, tacheté, non de bleu, mais de jaune; son ventre argenté et sans taches; toutes ses nageoires jaunes, et la dorsale bordée de bleu verdâtre. Son profil est encore moins relevé qu'à la figure de Willughby.

C'est sur cette figure que Bloch établit sa description de l'*hippurus,* et c'est elle que Shaw[2] copie, pour en donner l'idée, quoiqu'elle diffère beaucoup du véritable

---

1. Guettard, Nouv. observ. sur les sc. et arts, t. IV, p. 437.
2. Shaw, *Gen. zool.*, t. IV, part. 1, pl. 32, fig. 1.

hippurus de la Méditerranée. Il ne donne même à l'espèce, d'après cette figure, que quarante-huit rayons dorsaux, tandis que déjà Linnæus en marquait soixante à son hippurus.

Mais une chose plus curieuse encore, c'est qu'une autre copie de ce dessin de Plumier, faite par Aubriet, et peinte, comme à son ordinaire, de couleurs vives et crues, a été donnée par M. de Lacépède pour l'*equisetis*[1], bien qu'il ait cité la planche de Bloch sous l'hippurus.

M. de Lacépède donne aussi un dessin de coryphène, fait dans la mer des Indes par Jossigny, et laissé par Commerson, qui a la tête en demi-cercle, comme tous les précédens, et des taches sur la dorsale, aussi bien que sur tout le corps. La description de Commerson le représente comme entièrement doré, mais avec une teinte bleuâtre, paraissant au travers de l'éclat de l'or. La gorge et la poitrine seules sont argentées. Des gouttes bleues sont répandues sur tout le corps. La dorsale et les pectorales sont d'un beau bleu; les ventrales aussi, mais leurs rayons sont teints de jaune en dessous; l'anale est d'un doré réflétant en bleuâtre, et la caudale toute d'une belle couleur d'or et lisérée de bleu. Les nombres des rayons sont indiqués avec soin. La dorsale en a cinquante-huit, et l'anale vingt-huit.

M. de Lacépède a nommé cette espèce *coryphæna chrysurus.*

Il y a de plus dans les manuscrits de Commerson la description très-détaillée d'un poisson qu'il nomme *ostéoglosse,* ou langue osseuse, de la mer du Sud, et dont

---

1. Lacépède, t. III, p. 184, et pl. 10, fig. 2.

M. de Lacépède a fait sa coryphène scombéroïde. Nous en ferons l'objet d'un article particulier.

Ce n'est pas sur une comparaison de ceux de ces documens dont il pouvait se servir, encore moins d'après l'inspection des poissons eux-mêmes, que Linnæus a établi ses deux espèces du *coryphœna hippurus* et du *coryphœna equisetis*[1], adoptées ensuite par ses successeurs, mais uniquement sur deux descriptions faites dans l'océan Atlantique par Osbeck[2]. Le résultat en fut inséré dans le *Systema naturæ* sous cette forme : *Coryphœna hippurus cauda bifida, radiis dorsalibus* 60; *coryphœna equisetis cauda bifurca radiis dorsalibus* 53[3], ajoutant assez arbitrairement au premier comme synonyme, l'*hippurus* de la Méditerranée, et au second le *guaracapema* du Brésil.

Osbeck donne à son hippurus un corps verdâtre, ponctué de bleu; soixante rayons à la dorsale, vingt-sept à l'anale. Il n'en différencie l'*equisetis* que par les nombres des rayons; cinquante-trois à la dorsale, vingt-trois à l'anale; ce qui est d'autant plus loin de rien éclaircir, que

---

1. Pline emploie le mot *equisetis* (dans cette phrase : *invisa et equisetis est, a similitudine equinæ setæ*, XVIII, p. 28) comme synonyme de *equisetum*, dont il se sert ailleurs (*equisetum, hippuris a grœcis dicta*, XXVI, p. 13) pour exprimer la plante appelée par les Grecs *hippuris* (notre prêle). Dans les éditions de Pline antérieures à celles du P. Hardouin, on trouve *equiselis*. Gaza, dans sa traduction d'Aristote, s'est servi de cette dernière forme pour rendre l'ἵππαρος, poisson que les latins appelaient du même nom *hippurus;* mais il est évident que le mot *equiselis*, formé contre toute analogie, et ne pouvant se rapporter à l'étymologie donnée par Pline (*a similitudine equinæ setæ*), est une fausse leçon, que le P. Hardouin a retranchée avec raison du texte de Pline. Nous en faisons l'observation parce que depuis Artedi les ichtyologistes n'ont pas manqué de copier cette faute d'impression.

2. Osbeck, Voyage, p. 307 et 308, trad. allem., p. 403 et 404.

3. *Syst. nat.*, éd. 10, t. I, p. 261; éd. 12, p. 446; éd. 13, p. 1189.

ces nombres varient sans cesse de deux, trois ou quatre
d'un individu à l'autre. Aussi Bloch reporte-t-il le *guaracapema* sous l'hippurus, sans plus de motifs que Linnæus
n'en avait eu de le placer sous l'*equisetis* (5.ᵉ part., p. 116);
ensuite il ne fait plus de ce dernier qu'une variété de
l'autre (Schn., p. 295). Nous espérions au moins trouver
dans Parra ou dans M. Mitchill quelques descriptions des
coryphènes d'Amérique, qui nous missent à même de les
mieux distinguer de celles de la Méditerranée ou des
Indes; mais le premier n'en cite aucune, et le second ne
fait que nommer l'*hippurus,* disant qu'il est trop connu
pour qu'il soit nécessaire de le décrire.[1]

Ce serait bien en vain que l'on essayerait aujourd'hui
de résoudre entièrement ces difficultés et de reconnaître
les espèces décrites par chaque auteur. A peu près toutes
ces descriptions sont incomplètes, et il ne reste plus aucune trace des objets sur lesquels elles portaient, ni par
conséquent de moyen de les compléter. Tout ce que nous
pouvons faire, c'est donc de recourir à la nature, de
comparer les coryphènes venues des différentes mers, de
fixer tous les caractères qu'elles présentent dans l'état où
nous les possédons, et de préparer ainsi à nos successeurs
des moyens plus assurés de bien appliquer notre nomenclature, lorsqu'ils voudront en faire des descriptions sur le
frais; mais ce ne sera que par conjecture que nous rap-
procherons les espèces des auteurs de celles que nous
avons sous les yeux. Cette méthode ne fait point illusion;
ne laisse point croire que l'on connaît ce que l'on ne
connaît réellement pas, et elle nous a toujours paru infi-

---

1. Mitchill, Mém. de New-York, t. I, p. 378 et 379.

niment préférable à celle des écrivains qui, recueillant de différens côtés et d'après des synonymes hasardés, les traits dont ils peignent un poisson, s'exposent à composer, par ces réunions forcées, une espèce imaginaire.

Descriptions des Coryphènes étrangères que nous avons observées.

La Coryphène Équiset.

(*Coryphœna equisetis*, Linn.)

La coryphène dont nous croyons pouvoir faire notre première espèce étrangère, est celle qui a le corps et la tête plus élevés.

Sa longueur ne comprend que quatre fois et demie, ou cinq fois, sa hauteur, et sa tête est d'un dixième plus haute qu'elle n'est longue : ce qui établit deux différences très-sensibles avec l'espèce de la Méditerranée.

La courbure de son profil est aussi très-différente : il monte d'abord verticalement sur le tiers à peu près de son contour; puis il monte obliquement jusqu'à la racine de la dorsale. La partie verticale est tronquée en avant, large et non tranchante, c'est-à-dire que la largeur de sa base est des trois quarts de sa hauteur. Les lobes de sa caudale sont compris trois fois et demie dans sa longueur totale. Sa dorsale est haute de l'avant, et va en diminuant insensiblement jusqu'à son dernier rayon, qui n'a que le tiers de la hauteur des rayons antérieurs. La hauteur de ceux-ci est comprise quatre fois et demie dans la longueur de la nageoire.

D. 57; A. 27, etc.

Nous avons reçu d'abord cette espèce en squelette seulement, et nous la dûmes au capitaine Houssard, marin instruit et expérimenté, qui l'avait prise dans l'océan Atlantique, en revenant des Indes; mais nous l'avons reconnue ensuite dans un individu envoyé de l'Amérique méridionale, par M. Sieber, au Cabinet de Berlin. Il offre cependant des différences dans le nombre des rayons de sa dorsale et de son anale.

D. 51; A. 24.

Le dos en paraît bleuâtre, et l'on voit par-ci par-là, tant sur le dos que sur le ventre, de petits points noirs; il y en a jusque sur la caudale. Les pectorales sont jaunes, et les ventrales noirâtres.

Depuis M. Dussumier en a donné au Cabinet du Jardin des plantes un bel individu, pris à vingt-cinq lieues au nord de l'île Sainte-Hélène. Les nombres des rayons sont intermédiaires entre ceux des deux individus dont nous venons de parler.   D. 53; A. 25, etc.

M. Dussumier, qui l'a vu frais, dit qu'il avait le dessus du corps vert, avec des reflets argentés. Les flancs et le ventre argentés et dorés, sans taches. Toute la dorsale d'un beau bleu changeant. Les pectorales, d'un blanc transparent, ont leurs quatre premiers rayons verdâtres. Les ventrales, bleues ou verdâtres, ont leurs rayons blancs en dessous. La caudale, verdâtre, change en doré et en argenté; et l'anale montre les reflets du nacre.

Je ferai remarquer que les petites taches noires doivent paraître très-peu sur le poisson frais, puisqu'elles ont échappé à M. Dussumier, observateur très-exact; quoique son individu desséché en montre d'absolument semblables à celles qui existent sur l'individu du Cabinet de Berlin. Nous trouvons une excellente figure de cette espèce dans Barbot[1]. Il la confond avec deux autres, comme nous

---

1. *Coll. of voy. and trav.*, t. V, pl. 29.

l'avons dit plus haut, et ne nous apprend rien autre chose sur ce poisson, sinon que sa chair est de bon goût.

Il nous paraît assez vraisemblable que cette espèce est celle nommée par Osbeck, et d'après lui par Linnæus, *coryphœna equiselis*. Nous lui rapportons aussi un dessin fait par M. Lesson, d'après un poisson pris dans l'Océan par les 19° de latitude sud et les 28° de longitude ouest.

La forme en est exactement celle des poissons que nous avons sous les yeux.

Les nombres y sont marqués

D. 55; A. 25; P. 20; V. 6.

Ses couleurs sont un bleu tendre sur le dos; un jaune d'or sur le ventre, avec des points bleus et dorés.

Nous retrouvons aussi cette espèce dans un dessin qui nous a été communiqué par M. Mertens. Le poisson fut pris dans le grand Océan, sans autre indication plus précise. Les formes et les couleurs sont entièrement semblables à celles du poisson de M. Dussumier.

L'individu de M. Lesson était long de trente pouces. Notre squelette en a vingt-huit; le poisson de Berlin vingt-six; celui de M. Dussumier vingt-cinq.

Son squelette, le seul de ces coryphènes proprement dites que nous possédions, a trente-trois vertèbres, dont treize appartiennent à l'abdomen.

Leurs corps ont à la partie supérieure, entre les apophyses épineuses, de petites crêtes, par lesquelles ils s'unissent entre eux. Ils ont chacun à leurs bords inférieurs une petite pointe, indépendamment de l'apophyse transverse descendante, qui porte la côte.

Les cinq dernières de ces apophyses descendantes s'unissent en anneaux, et les dernières côtes sont fort rapprochées. Toutes sont assez grêles. Les antérieures sont un peu aplaties. A leur base sont les côtes supérieures, de moitié plus courtes, et qui entrent horizontalement dans les chairs.

La quatorzième vertèbre, au lieu de côtes, porte une lame unique, comprimée, à laquelle se suspendent les premiers interosseux de l'anale. Ensuite viennent les apophyses épineuses inférieures, comme à l'ordinaire. Sur le dos il y a huit interosseux entre la crête du crâne et l'apophyse épineuse de la première vertèbre. Puis il y en a alternativement un ou deux entre deux vertèbres; mais sur la queue ils alternent régulièrement, un interosseux pour une vertèbre.

La Coryphène de Margrave.

(*Coryphæna Margravii*, nob.; *Guaracapema*, Margr.)

Une seconde espèce, venue d'Amérique, nous paraît bien répondre, par la forme de sa tête, au *guaracapema* de Margrave.

Son profil monte par une ligne d'abord un peu concave, jusqu'au haut de la tête, où il devient convexe. Le bord vertical du préopercule descend plus obliquement en arrière; ce qui donne plus de largeur au limbe.

La hauteur du corps aux pectorales est cinq fois dans la longueur. La hauteur et la longueur de la tête sont égales. Les rayons antérieurs de la dorsale sont moins hauts qu'à la précédente, et la dorsale est plus longue, à cause de l'alongement du corps du poisson; elle est, au contraire, plus élevée vers l'arrière; car la hauteur des derniers rayons égale la moitié de la hauteur des antérieurs, laquelle est comprise cinq fois et trois quarts dans l'étendue de la dorsale.

D. 58; A. 28.

La figure que le prince Maurice de Nassau a laissée dans la collection de la bibliothèque de Berlin, est, comme nous l'avons déjà dit, meilleure que celle de Laët, insérée dans l'ouvrage de Margrave. Elle a été faite d'après un individu long de trois pieds, et dont le dos était vert glacé d'or; le ventre blanc argenté. Tout le corps était couvert de taches bleues. La hauteur proportionnelle de la dorsale est bien rendue, et est parfaitement conforme à ce que nous observons sur le poisson empaillé que nous lui comparons. Il a trois pieds de long.

La Coryphène de Lesueur.

(*Coryphæna Suerii*, nob.)

M. Lesueur a envoyé de Philadelphie, au Cabinet du Roi, une coryphène très-semblable à la précédente par la courbure et l'élévation de la crête du front; mais les différences que nous observons dans les pièces de l'opercule et dans la hauteur proportionnelle, se combinent avec des différences assez notables dans le nombre des rayons pour que nous croyions devoir la regarder comme d'une espèce particulière.

Le bord vertical du préopercule descend moins obliquement vers l'arrière, de sorte que le limbe est plus étroit. Les rayons de la dorsale sont un peu plus grêles, et la hauteur des antérieurs, étant comprise sept fois et demie dans la longueur de la nageoire, montre qu'elle est plus basse que celle des coryphènes précédentes.

D. 64; A. 26, etc.

Les fourches de la caudale paraissent plus étroites et plus courtes.

Nous ne pouvons donner aucun détail sur les couleurs de cette espèce, dont le seul individu desséché, déposé dans le Cabinet, est long de trois pieds.

La Coryphène dorade.

(*Coryphæna dorado*, nob.)

Le Brésil nous a envoyé une troisième espèce,
dont le profil est encore un peu différent, parce que l'occiput est
moins relevé. Le corps est surtout beaucoup plus alongé. Les
rayons de la dorsale sont forts, et la hauteur des plus longs fait,
à peu de chose près, le sixième de la longueur de la nageoire.
Les écailles oblongues sont plus grandes que dans aucune autre
coryphène.

La hauteur du corps est six fois et demie dans sa longueur. Sa
tête est d'un septième moins haute qu'elle n'est longue. Son profil
monte très-peu obliquement jusqu'au milieu de son contour, où
il se courbe davantage pour achever de monter. Au total sa courbure
s'éloigne peu d'un quart de cercle. La dorsale a soixante-un rayons.
L'anale vingt-sept. On voit encore sur l'individu sec des mouches
noirâtres ou bleues, semées sur toute la partie inférieure du corps.

L'individu est long de trois pieds huit pouces.

Il a été apporté de Rio-Janéiro par les naturalistes de
l'expédition de M. Freycinet.

Un autre individu tout semblable, et bien certainement
de la même espèce, s'est trouvé parmi les collections faites
aux Antilles par M. Plée. On l'y nomme *el dorado* (le doré).

Il n'a que soixante rayons à la dorsale. Le corps, et principalement le ventre, paraît encore tout tacheté. Sa longueur surpasse
quatre pieds.

M. Menestrier paraît avoir vu cette espèce en approchant
des côtes du Brésil; car il nous a envoyé un dessin dont le
contour est bien celui que présente le profil de notre
poisson. Il nous paraît aussi que cette espèce va au sud
jusqu'à Montévidéo, où M. d'Orbigny l'a dessinée. Ces

deux dessins confirmeraient que cette coryphène a pendant la vie le dos vert, sans taches; le ventre d'un jaune brillant, tacheté de points bleus; la dorsale et les ventrales d'un beau bleu; la caudale et l'anale verdâtres.

C'est l'espèce qui ressemble le plus aux figures données par Willughby, pl. O, 2, sous le nom de *dauphin des Hollandais*, et par Duhamel, sect. IV, pl. 1, fig. 1, sous celui de *dorade d'Amérique*, et il n'y a guère à douter que ces figures n'aient été faites d'après des individus pareils aux nôtres.

La Coryphène dauphin.

(*Coryphæna dolfyn*, nob.)

Il y avait aussi parmi les collections faites aux Antilles par M. Plée, une coryphène sous le nom de *dolfyn*, que nous croyons être une espèce distincte.

Elle a la crête moins haute, les rayons de la dorsale plus grêles, les ventrales moins larges et moins longues, les écailles sensiblement plus petites; les lobes de la caudale beaucoup plus étroits.

D. 59; A. 27.

L'individu est long de trois pieds trois pouces. C'était une femelle, d'après le rapport de M. Plée.

Nous lui rapportons un dessin qui nous a été donné par M. le capitaine Friers. Il a été fait sur un poisson long de deux pieds dix pouces. Il montre que les couleurs sont peu différentes de celles de l'espèce précédente.

Le dos est vert, le ventre jaune doré; la dorsale bleue, l'anale jaune; mais tout le corps, et même la dorsale, sont couverts de taches bleues.

Nous croyons encore retrouver cette espèce dans un dessin de MM. Quoy et Gaimard, fait sur une coryphène prise dans l'Atlantique près de l'équateur. Elle avait la dorsale et l'anale d'un beau bleu; la première tachetée de plusieurs points bleus plus clairs. Le corps est couvert de taches bleues, brillantes, sur le fond azuré du dos et doré du ventre.

La CORYPHÈNE DES AÇORES.

(*Coryphœna azorica*, nob.)

M. Dussumier a pris, à cinquante lieues à l'ouest des Açores, une grande coryphène, qui ne nous paraît rentrer dans aucune des précédentes.

Sa hauteur aux pectorales, qui égale la longueur et à peu près la hauteur de la tête, est six fois dans sa longueur totale. Son profil représente assez bien un quart de cercle. Son tiers inférieur s'élargit et s'aplatit en triangle. Sa dorsale n'a que cinquante-trois rayons. Les plus élevés (du dixième au quatorzième) ont plus des deux tiers de la hauteur du corps sous eux, et sont compris cinq fois et deux tiers dans la longueur de la nageoire. Vers le milieu ils s'abaissent de plus d'un tiers et se relèvent un peu vers la fin; ceux-ci ont les deux tiers de la hauteur des rayons antérieurs. Les pectorales ont les trois quarts de la longueur de la tête, et les ventrales égalent cette longueur. Les lobes de la caudale sont du cinquième de la longueur du poisson. L'anale fait en avant une petite pointe, et ses derniers rayons s'alongent aussi un peu.

D. 53; A. 25, etc.

Le dessus du corps est d'un verdâtre ardoisé, avec des points bleus peu apparens; le dessous argenté, semé de points ou de petites taches bleues. La dorsale change en vert et en bleu; l'anale est plus pâle, etc.

L'individu est long de trois pieds huit pouces.

La CORYPHÈNE DE LESSON.

(*Coryphœna Lessonii,* nob.)

A toutes ces coryphènes de l'Océan nous devons en ajouter une, dont nous avons trouvé l'indice dans un dessin fait par M. Lesson. On l'avait prise par les 23° 22′ de latitude sud et par les 37° 5′ ouest, à peu près à la hauteur de Rio-Janéiro.

L'observateur qui l'a dessinée, compte cinquante rayons à sa dorsale, vingt-trois à son anale, et représente toute sa partie supérieure d'un bleu d'azur, et l'inférieure de couleur d'argent, sans taches, et il ajoute que dans l'eau son corps paraît comme s'il était recouvert partout d'une teinte de cuivre rosée.

L'individu avait vingt et un pouces de long. Sa chair fut trouvée excellente.

Ce poisson se prenait si aisément, qu'il suffisait d'un flocon de laine pour lui servir d'appât.

La CORYPHÈNE RAYÉE.

(*Coryphœna virgata,* nob.)

Le dessin de coryphène, fait par Plumier à la Martinique, et donné par Bloch pour l'hippurus, ne convient à aucune des espèces précédentes pour les formes, non plus qu'elle ne ressemble pour les couleurs aux descriptions de Margrave, d'Osbeck ou de M. Lesson.

Son profil n'est guère plus arqué que dans celle de la Méditerranée; elle a, comme nous l'avons déjà vu, le dos bleu ou verdâtre, et tacheté de jaune; les côtés de la tête et le ventre blancs; toutes ses nageoires jaunes, excepté la dorsale, qui est divisée en deux moitiés : celle de la base jaune, celle du bord bleue.

La copie qu'en donne Bloch (pl. 174) n'a que quarante-huit rayons à la dorsale et vingt-cinq à l'anale : celle d'Aubriet, publiée par M. de Lacépède, n'en a que quarante-quatre et seize.

Mais ce serait vainement que l'on croirait pouvoir compter sur l'esquisse qui a servi d'original à ces deux gravures. Plumier ne mettait nulle exactitude aux nombres des rayons, et l'on ne pourra se faire une idée nette de cette espèce, si c'en est une, que lorsqu'on l'aura reçue en nature des Antilles.

Nous n'avons point encore réussi à nous la procurer.

La CORYPHÈNE QUEUE D'OR.

(*Coryphœna chrysurus*, Lacép.)

Les coryphènes des Indes, telles que nous les avons reçues de M. Leschenault et de M. Dussumier, ont leur hauteur comprise six fois dans leur longueur. Leur tête est un peu plus haute que longue. La ligne de leur profil a peu de concavité ou d'endroit plus convexe que le reste, et sa courbure est un arc de cercle moindre qu'un quart, et qui monte obliquement.

M. Dussumier nous a rapporté deux de ces coryphènes de la mer des Indes, à cinquante-huit ou cinquante-neuf rayons dorsaux, et à vingt-six à l'anale; mais qui n'ont pas tout-à-fait les mêmes formes de têtes.

La plus grande, longue de trois pieds six pouces, a été prise par 1 degré de latitude nord; elle a : D. 58; A. 26.

Sa hauteur aux pectorales et la longueur de sa tête, sont six fois et demie dans sa longueur totale. Les lobes de sa caudale y sont cinq fois.

Sa tête est presque aussi haute que longue. Son profil serait un quart de cercle, s'il ne tombait un peu trop rapidement en avant. Ses pectorales et ses ventrales sont d'un quart moins longues que sa tête. Sa dorsale a en avant les deux tiers de la hauteur du corps; elle s'abaisse un peu et puis se relève en arrière. L'anale fait en avant une petite pointe. C'est une femelle.

A l'état frais, selon M. Dussumier, le dessus de la tête et les opercules sont d'un vert-jaunâtre bronzé, très-brillant. Le dessous de la mâchoire est blanc. Le corps, d'un gris verdâtre jusqu'à la ligne latérale, était semé de points bleus peu apparens. Au-dessous tout est argenté, avec des points d'un beau bleu et des nuances dorées. La dorsale est verte, variée de bleu; la caudale verdâtre et dorée; la pectorale d'un beau bleu bordé de vert bronzé en dessus. Sa face interne est blanche et bleue. Les ventrales sont en dessous blanches et jaunes, et le dessus en est vert, varié de bleu. L'anale est blanche, variée de vert doré.

Son estomac contenait des exocets.

Sa chair était excellente, facilement divisible et très-légère; elle pesait quatorze livres.

Un autre individu, pris dans les mêmes parages et dans la même saison,

est long de trois pieds, et a la tête d'un huitième plus longue que haute, et cinquante-neuf rayons à la dorsale. Tout d'ailleurs est semblable dans les proportions. On pourrait soupçonner que c'est le mâle, et il serait intéressant de vérifier si cette différence dans la hauteur du crâne serait toujours un caractère de sexe.

M. Dussumier en décrit les couleurs comme il suit :

Le dessus du corps noir verdâtre; les flancs argentés et dorés. Le dessous de la tête et du ventre blanc et doré. Le tout moucheté d'un beau bleu. Le dessus de la tête changeant en vert doré. Les opercules variés de blanc et de vert bronzé. La dorsale bleue; la caudale verdâtre, variée de doré; l'anale blanche et jaune; les ventrales blanches en dessous, vertes et bleues en dessus; les pecto-

rales variées de vert et de bleu, avec une tache jaune à la base et
en dessous.

Enfin, M. Leschenault nous a envoyé une coryphène
prise dans la rade de Pondichéry, où elle porte le nom
de *parla*. La hauteur de sa tête et la force des rayons de
la dorsale la rendent semblable aux deux précédentes.

Les nombres sont les mêmes,

D. 58; A. 26.

Il en décrit les couleurs comme variées de bleu, de jaunâtre et
de verdâtre, avec des taches noires et bleues. Sa taille va à quatre
pieds, et elles sont très-bonnes à manger.

Ces trois poissons nous paraissent se rapporter à celui
dont Commerson a laissé la figure.

A en juger par ce dessin de Commerson, gravé dans
M. de Lacépède, t. II, pl. 18, fig. 2, ces individus mou-
chetés sembleraient répondre au *coryphœna chrysurus* de
ce dernier naturaliste.

Commerson lui attribue cinquante-huit rayons à la dorsale;
vingt-huit à l'anale : il le dit doré, glacé de bleu, sur le dos et
sur les côtés; argenté à la gorge et à la poitrine, avec des gouttes
bleues, répandues sur tout le corps. La dorsale et les pectorales
très-bleues; les ventrales bleues, à rayons jaunes; l'anale changeant
du doré au bleu; la caudale dorée, mais avec un liséré bleu.

Le reste de sa description, toute détaillée et toute exacte
qu'elle est, ne s'étend guère que sur des caractères communs
à toutes les coryphènes. Il trouva dans l'estomac de son
individu un exocet volant et quelques autres petits poissons. Les intestins contenaient plusieurs vers filiformes
d'un pouce ou à peu près de longueur.

On l'avait pris dans le milieu de la mer Pacifique, par

les 15 ou 16 degrés de latitude australe et de 165 ou 170 degrés de longitude, sur la fin d'Avril 1768 : c'est un des poissons dont Commerson vante le plus le bon goût. Une fois que les matelots en avaient un, ils le tenaient suspendu à la surface de l'eau, comme s'il eût encore nagé, et de cette manière ils en attiraient beaucoup d'autres, qu'ils perçaient de leur trident.

On trouve aussi parmi les dessins de Forster, celui d'une coryphène, qu'il nomme *hippurus,* mais qui me paraît appartenir à notre *chrysurus;* il en a du moins les proportions et la forme générale, et même celle de la tête de l'individu où elle est le moins élevée. La couleur du corps est indiquée verdâtre en avant, jaune vers l'arrière et sur la caudale; la dorsale est en avant teinte de vert et de violet, et en arrière de bleu : c'est probablement aussi d'après des poissons semblables qu'a été faite la figure de Renard, 1.re part., pl. 22, fig. 123, où l'on trouve à peu près les formes de têtes de nos deux individus. Il est enluminé de bleu foncé et d'orange tacheté de bleu; l'anale l'est en bleu, et la dorsale en rouge brique. L'original de cette figure, que je trouve dans le Recueil de Corneille de Vlaming, est enluminé de vert très-foncé sur le dos, et la dorsale de violet.

La Coryphène queue d'argent.

(*Coryphœna argyrurus,* nob.)

La mer de Coromandel nourrit d'autres coryphènes, qui peuvent appartenir à une espèce distincte de la précédente, si elles n'en sont pas des variétés sexuelles.

Elles se font toutes remarquer par leur tête peu élevée; par la petitesse de leurs écailles, et par la finesse des rayons de la dorsale. L'anale n'a pas ses rayons antérieurs prolongés et dépassant en pointe le bord de la nageoire.

D. 57; A. 26.

L'individu rapporté par M. Dussumier, avait, à l'état frais, tout le corps argenté et doré, parsemé de petits points bleus. La dorsale bleu verdâtre, légèrement bordée de blanc à sa partie postérieure; l'anale jaune verdâtre; les ventrales blanches à l'extérieur, vertes à l'intérieur; les pectorales transparentes; la caudale verdâtre et argentée.

Ce poisson, long de dix-huit pouces, a été pris au milieu du golfe de Bengale.

Je crois devoir réunir à cette espèce deux individus secs, envoyés par M. Leschenault, et confondus avec le précédent sous le nom de parla.

Ils ont le profil et surtout la crête occipitale également surbaissés; les mêmes rayons grêles à la dorsale, et l'anale sans pointe. La dorsale de l'un a cinquante-neuf rayons, et celle de l'autre soixante. Le corps est encore couvert de mouchetures.

La Coryphène de Vlaming.

(*Coryphæna Vlamingii,* nob.)

Renard a encore donné une figure de coryphène, 2.e part., pl. 16, fig. 76, enluminée de vert clair avec un anneau rouge près de la caudale; mais dont l'original, examiné dans Vlaming, a les mêmes couleurs que la précédente : le dos et toutes les nageoires étant vertes, et le ventre rouge avec quelques taches nuageuses. Ce dessin montre d'ailleurs une tête si élevée, et une dorsale si haute, que nous ne doutons pas qu'il représente une es-

pèce des mers de l'Inde que nous ne possédons pas encore dans nos collections, et sur laquelle nous appelons
l'attention des naturalistes voyageurs.

La Coryphène scombéroïde.

(*Coryphœna scomberoides*, Lacép.; *Osteoglossus*, Commers.)

Nous terminerons la liste des coryphènes par celle que
Commerson a décrite sous le nom d'*ostéoglosse* ou langue
osseuse de la mer du Sud, et dont M. de Lacépède a fait
sa coryphène scombéroïde. D'après les mesures détaillées,
données par l'infatigable observateur qui l'a découverte,
on en a esquissé un dessin, où l'on voit qu'elle s'éloigne
un peu des espèces précédentes par le peu de hauteur de
la portion antérieure de la dorsale. Mais, jusqu'à ce qu'elle
soit mieux connue, nous la plaçons toujours ici provisoi-
rement.

Sa hauteur est comprise cinq fois dans sa longueur totale, qui
n'est que de onze pouces, et son épaisseur deux fois dans sa hauteur;
elle a cinquante-cinq rayons à la dorsale et vingt-cinq à l'anale.

Sa ligne latérale est flexueuse dans sa première moitié.

Tous ses caractères de forme sont d'ailleurs ceux des coryphènes.
Ce qui avait frappé Commerson, et lui avait fait imaginer ce nom
d'ostéoglosse, c'est un espace carré, revêtu de dents en velours ras
sur le milieu de la langue; mais toutes les coryphènes en ont
l'équivalent.

La couleur générale était un argenté pur, teint d'un peu de
brun bleuâtre vers le dos. Le crâne était d'un bleu plus noirâtre,
avec quelques reflets dorés autour des yeux et aux opercules.
Toutes les nageoires sont brunes, excepté les ventrales, qui sont
très-blanches, et ont seulement le bord interne brun. Il n'est question ni de points ni de taches. On voit que par les couleurs cette

petite coryphène ressemble beaucoup à celle de Lesson; mais ses nombres de rayons ne sont pas tout-à-fait les mêmes, et elle ne devient pas moitié si grande.

Elle fut prise en Mars 1768 dans la mer Pacifique, par 18 degrés de latitude australe et 134 degrés de longitude à l'ouest de Paris. Il y en avait des milliers qui suivirent pendant plusieurs jours les vaisseaux, vivant de poissons volans d'une espèce qui surpassait à peine des papillons en grandeur. L'individu, long de onze pouces, qui a servi de sujet à la description, et qui ne pesait que sept onces, était le plus grand de ceux que l'on prit, et Commerson le juge bien certainement adulte; car les femelles avaient l'abdomen presque entièrement rempli par les ovaires.

M. de Lacépède a inséré dans son ouvrage, t. III, p. 193, une traduction fort exacte de l'article de Commerson, et a imposé à l'espèce l'épithète de *scombéroïde,* parce que Commerson l'avait trouvée intermédiaire par la taille entre le maquereau et le hareng.

DES LAMPUGES (*LAMPUGUS,* nob.).

Nous venons de décrire les coryphènes à dorsale haute de l'avant, et qui se font toutes remarquer par leur tête élevée et tranchante. Nous avons à parler de poissons fort semblables à ces coryphènes par l'ensemble de leur organisation; mais qui peuvent être caractérisés par l'abaissement de la crête mitoyenne sur le devant du front, et dont la dorsale, égale et basse dans toute sa longueur, change l'aspect du poisson et nous conduit vers le genre des centrolophes.

M. de Lacépède avait associé l'espèce commune de la
Méditerranée à un caranx de la mer des Antilles, comme
nous le dirons tout à l'heure, dans son genre des caranxomores; mais cette association prouve que le genre
ne peut subsister en ichtyologie, et le nom lui-même est
si mal composé, que je n'ai pas cru devoir le conserver;
j'ai préféré, pour faire un nom générique, latiniser celui
sous lequel on connaît les poissons semblables aux coryphènes dans toute la Méditerranée.

Le LAMPUGE PÉLAGIQUE.

(*Lampugus pelagicus*, nob.[1])

La première espèce est abondante dans la Méditerranée; elle ressemble presque en tout à la coryphène, si
ce n'est par sa petite taille et sa tête alongée et peu élevée.
Elle n'a encore été décrite exactement par personne; mais
sa ressemblance avec la figure donnée par Linnæus (dans
le Musée d'Adolphe-Fréderic, pl. 3o, fig. 72), sous le nom
de *scomber pelagicus,* est telle que, malgré la différence
du nombre de rayons indiqués par Linnæus, nous ne
pouvons douter que ce ne soit un poisson de la même
espèce qu'il ait eu sous les yeux. L'expression même dont
il se sert, *radii circiter* 4o, montre qu'il n'était pas bien
sûr de son compte, et pour peu que son individu fût
desséché, il n'y aurait rien d'étonnant qu'il se fût trompé
sur ce point. Ce qui est certain, c'est que si le *scomber
pelagicus* n'est pas le même que cette petite coryphène,
il est du même genre et ne peut en être éloigné.

---

1. *Scomber pelagicus,* Linn.; *Caranxomore pélagique,* Lacép.; *Cychlia pelagica*
Bl. Schn.

M. de Lacépède, supposant, comme à son ordinaire, ses prédécesseurs infaillibles dans leurs classifications, et voyant ce poisson rangé parmi les scombres, l'a placé, en lui conservant l'épithète de pélagique, dans ses *caranxomores,* qu'il définit comme des scombres ou des caranx à dorsale unique. L'autre espèce qu'il y joint, est bien un caranx ou une sériole, mais qui ne paraît différer des autres que parce que Feuillet et Aubriet, d'où il est tiré, n'ont pas marqué sa première dorsale.

Ainsi le genre caranxomore ne peut pas subsister.

Bloch, dans son système posthume, a fait du *scomber pelagicus* de Linné une *cichle;* mais c'est une de ces classifications arbitraires dont cet ouvrage est plein, et auxquelles un vrai naturaliste ne peut avoir aucun égard.

Ce scombre pélagique a été malheureux en synonymes; car Gronovius (Zoophyl. n.° 3o6) lui donne pour tel un *equula* (Seba, t. III, pl. 27, fig. 4), qui n'a que vingt-quatre rayons à la dorsale, et le *korango* de l'Histoire des voyages (t. III, in-4.°, *ad pag.* 311), qui a deux dorsales et n'est qu'un caranx, comme son nom même le dit. Schneider non-seulement laisse subsister ce rapprochement, mais il y ajoute un vrai thon, tiré de Sloane (Jam., pl. 1, fig. 3). On ne revient pas d'étonnement, quand on remonte aux sources, sur la légèreté et l'assurance avec laquelle tant d'auteurs les citent.

Le lampuge pélagique a sa hauteur près de six fois dans sa longueur, son épaisseur deux fois et demie dans sa hauteur. La longueur de sa tête est cinq fois dans celle du corps, et surpasse sa hauteur de plus d'un quart. Le profil est peu saillant, et demeure horizontal presque jusqu'au bout antérieur, où il se courbe pour former un museau obtus, et arrondi dans le sens transversal. La mâchoire inférieure avance plus que l'autre, mais de très-peu de chose. L'œil est au milieu de la hauteur et presque au milieu de la longueur, dont il occupe un quart. Son orbite a un bord membraneux, mais circulaire, et qui n'avance pas sur l'œil comme dans les maquereaux. La narine a pour orifices deux petits trous très-rapprochés, dont l'antérieur est le plus étroit et a un léger rebord saillant. La bouche est un peu arquée, fendue jusque sous le bord antérieur de l'œil. Le maxillaire va plus loin, jusque sous le milieu. Les dents sont, comme celles des coryphènes proprement dites, en cardes sur les deux mâchoires, le rang extérieur plus fort; en velours sur le devant du vomer, sur les palatins et sur le milieu de la langue. Les opercules et la membrane des ouïes sont disposés comme dans les coryphènes. On y compte aussi sept rayons. Les pectorales et les ventrales ont la même forme et la même proportion relative, c'est-à-dire que la pointe des ventrales dépasse d'un quart celle des pectorales; elles sont attachées de même à l'abdomen. La dorsale règne depuis la nuque jusque fort près de la caudale, mais elle ne s'élève pas de sa partie antérieure; elle a presque partout un peu plus du tiers de la hauteur du corps. On y compte cinquante-huit rayons; l'anale, moins haute que la dorsale, en a vingt-cinq, aussi à peu près égaux entre eux.

C'est à peine si l'intervalle entre ces deux nageoires et la caudale est du quatorzième de la longueur totale. Les lobes droits et pointus de cette nageoire, fourchue jusqu'à sa base, font un peu moins du cinquième de cette longueur.

La pectorale ne fait que le neuvième de la longueur; les ventrales en ont le septième.

La joue, la tempe et le corps sont couverts de très-petites écailles molles, difficiles à détacher de la peau.

La ligne latérale se courbe, comme dans l'hippurus, d'abord en un angle obtus vers le haut; puis en deux ou trois légères ondulations, après lesquelles elle se rend droit à la queue.

Dans la liqueur ce poisson paraît argenté et a tout le dessus plombé. La dorsale et l'anale ont la même couleur, avec un bord blanchâtre. Les ventrales, blanches en dessous, ont leur face supérieure noire.

Un dessin de la même espèce, communiqué par M. Risso, nous apprend que dans l'état frais le plombé est bleu violet, et l'argenté glacé de jaune.

Les viscères de cette espèce ressemblent entièrement à ceux de l'hippurus. L'œsophage est long et étroit; il se continue en un vaste cul-de-sac, qui occupe le reste de la longueur de l'abdomen jusqu'au-delà de l'anus. Les appendices cœcales forment une masse glanduliforme jaune, difficile à séparer par petites houppes. L'intestin est court, ne fait que deux replis rapprochés avant de déboucher à l'anus, qui ne s'ouvre pas tout-à-fait à l'extrémité de la cavité abdominale. Le foie est petit, d'un jaune plus foncé que la masse des cœcums; il se compose d'un lobe gauche étroit, et d'un droit un peu plus large, mais aussi long.

La rate est petite, noirâtre, ovale, fixée sur la crosse du premier repli de l'intestin.

Il n'y a pas de vessie aérienne.

Les reins sont réunis en un seul lobe caché dans un sillon profond, pratiqué sous l'épine dorsale; la vessie urinaire est très-petite.

La tête osseuse de ces poissons ressemble à celle d'un scombre plus qu'à celle d'une coryphène, à cause du peu d'élévation de sa crête mitoyenne; toutefois cette crête se porte en avant presque jusque sur le bout du museau. Les premiers interosseux vont aussi en avant jusque sur l'occiput entre les mastoïdiens.

Il y a trente et une vertèbres, dont quatorze appartiennent à l'abdomen; les cinq ou six dernières de celles-ci portent les côtes sur des apophyses descendantes, qui, sous les deux ou trois dernières, se réunissent en anneaux comme dans les vertèbres caudales.

Les apophyses épineuses sont grêles, sauf les trois ou quatre premières. Les côtes sont aussi très-grêles et assez courtes.

Nos individus n'ont que neuf ou dix pouces de longueur.

Il serait intéressant de connaître la taille à laquelle l'espèce peut arriver; mais nous n'avons à cet égard aucun renseignement.

Le LAMPUGE DE SICILE.

(*Lampugus Siculus*, nob.)

Les côtes de la Sicile nourrissent un lampuge que nous ne trouvons décrit dans aucun des auteurs qui ont parlé des poissons de la Méditerranée, et qui offre un profil d'une hauteur intermédiaire entre la coryphène de la Méditerranée (*coryphæna hippurus*) et le lampuge pélagique (*scomber pelagicus*, Linn.). Cette nouvelle espèce lie ces deux genres et rend leur séparation moins tranchée.

En prenant pour base une ligne tracée par le centre de l'œil et la pointe antérieure du maxillaire supérieur, on trouve que la ligne du profil monte en ligne droite jusqu'à l'occiput, en faisant un angle qui n'est pas le quart d'un droit. La mesure du même angle dans la coryphène est double, et il est plus petit dans le *scomber pelagicus*. Aussi trouve-t-on à ce poisson une crête frontale encore assez élevée. L'œil est placé à peu près au milieu de la hauteur de la tête, et éloigné du bout du museau de deux fois son diamètre longitudinal, lequel est contenu cinq fois dans la longueur de la tête. Elle est courte et seulement du sixième de la longueur totale; les pectorales sont un peu plus courtes et plus échancrées en faux. La dorsale est à peu près de même forme, et basse comme celle du lampuge ordinaire; mais elle a quatre rayons de moins; l'anale, au contraire, en a deux de plus.

B. 7; D. 54; A. 27; C. 17 et 7 à 8; P. 22; V. 1/5.

Les couleurs du poisson conservé dans l'eau-de-vie, sont du plombé noirâtre sur le dos, de l'argenté sur le ventre, qui est tacheté de bleu. On retrouve ces taches sur le fond noirâtre de la dorsale. La caudale est grise, à reflets argentés; les ventrales sont bleues en dessus et blanches en dessous. Mais ces couleurs se sont altérées : observées fraîches par M. Biberon, elles étaient bleues argentées sur le dos, sur la dorsale et sur les pectorales. Les flancs et le ventre brillaient d'un bel éclat argenté, et étaient parsemés de taches bleues. L'anale avait aussi des teintes bleues sous des reflets d'argent. La caudale avait du jaune sur la base et des taches bleues sur ses fourches.

Nous ne possédons qu'un seul individu de cette belle espèce, qui a été rapportée pour le Cabinet du Roi par M. Biberon. Elle a été pêchée à Palerme au mois de Décembre; sa longueur est de vingt-trois pouces. Les pêcheurs de Sicile l'ont nommée *cappone*. Nous trouvons ce nom déjà cité dans les ouvrages de M. Rafinesque, ainsi que nous l'avons déjà mentionné; mais la description ne peut convenir à notre poisson, ce qui prouve que les pêcheurs siciliens le donnent collectivement aux poissons qui ont de la ressemblance avec la coryphène.

Le Lampuge de Naples.

(*Lampugus neapolitanus*, nob.)

Le Cabinet de Berlin a reçu de celui de Bloch un petit poisson intitulé *scomber pelagicus,* fort semblable à notre premier lampuge, mais qui n'est certainement pas de l'espèce de Linnæus.

Il a le corps un peu plus court à proportion (sa hauteur n'est que cinq fois dans sa longueur); la tête est plus arrondie en dessus, sa ligne latérale presque sans angle en avant; les ventrales sont de la longueur des pectorales, brunes en dessous comme en dessus. C'est évidemment, malgré sa ressemblance apparente, une espèce particulière, et qui diffère surtout par les quarante-quatre rayons de sa dorsale.

L'individu est long de quatre pouces.

D. 44; A. 23, etc.

On ignore l'origine du poisson déposé dans le Cabinet de Berlin.

Nous avons depuis reconnu cette espèce sur un dessin colorié, fait à Naples d'après le frais, et qui nous a été communiqué par M. Agassis.

Les formes sont celles du poisson décoloré que nous venons de décrire. La couleur est un plombé noirâtre le long du dos, tacheté d'une suite de gros points bleus. Les flancs et le ventre sont argentés, avec des reflets dorés; le dessus de la tête est brun, mêlé de verdâtre. La dorsale, la caudale et l'anale sont brunes; les pectorales et les ventrales ont du jaunâtre. L'iris de l'œil est orangé.

Cet individu n'est pas plus grand que celui conservé dans le Musée de Berlin.

———

Nous trouvons aussi dans les mers étrangères des coryphénoïdes à dorsale basse, et que nous plaçons à la suite de nos lampuges.

Le LAMPUGE PONCTUÉ.

(*Lampugus punctulatus,* nob.)

M. Dussumier vient de rapporter un poisson fort semblable à notre pélagique par son profil peu élevé, mais qui se distingue de tous les autres par la forme des derniers rayons de la dorsale.

Il a cinquante-un rayons à sa nageoire du dos et vingt-cinq à son anale. Sa hauteur est près de cinq fois dans sa longueur; sa tête y est cinq fois et un quart, et est de deux septièmes moins haute que longue; son profil va en descendant obliquement, et ne s'abaisse plus vite qu'au bout de son museau; ses pectorales n'ont que le dixième de la longueur totale. Les ventrales, qui naissent un peu plus en arrière, en ont près du huitième; les lobes de la caudale en ont le cinquième. Les dix ou douze derniers rayons de sa dorsale et de son anale dépassent la membrane par leur extrémité élargie, en sorte que, lorsque cette nageoire est couchée, il semble que ce soient des fausses pinnules. Elle est toute argentée, teinte de noirâtre vers le dos, avec quelques petits points noirs et peu nombreux sur le corps.

D. 51; A. 25; C. 17; P. 19; V. 1/5.

L'individu est long de treize pouces.

Il a été pris dans l'Atlantique sous l'équateur.

Le Lampuge fasciolé.

(*Lampugus fasciolatus*, nob. [1])

Le *coryphæna fasciolata* de Pallas paraît devoir se rapprocher beaucoup de ce genre; mais ne l'ayant pas vu, nous ne pouvons qu'extraire ce que Pallas en a dit.

Son corps est alongé, légèrement comprimé; sa tête conique; son vertex plan; son profil descend verticalement au museau; des dents fines arment les bords des mâchoires; la langue est plate, ronde et lisse; les yeux sont grands; la narine antérieure beaucoup plus petite que l'autre. Il n'y a aucune dentelure aux opercules. La membrane des ouïes n'aurait que six rayons, en supposant que Pallas n'en ait pas omis un; la dorsale, basse et égale, en a cinquante-quatre; l'anale, vingt-sept; la caudale, profondément fourchue, dix-sept; la pectorale dix-neuf; les ventrales, tant soit peu plus en arrière que les pectorales, ont des rayons plus robustes. Un blanc argenté sur le corps, teint de plombé sur le dos, était traversé par douze ou quinze bandes verticales irrégulières, qui descendaient de la dorsale sur les flancs et s'y perdaient.

---

1. *Coryphæna fasciolata*, Pall.; *Spicil. zoolog. fascic.*, t. VIII, pl. 3, fig. 2.

Ce petit poisson, venu d'Amboine, n'avait que deux pouces et demi de longueur; mais il y a lieu de croire qu'il y en a de plus grands. Dans tout ce qui en est rapporté, je ne vois que la langue lisse qui puisse l'éloigner du sous-genre actuel.

Le LAMPUGE SANS TACHES.

(*Lampugus immaculatus*, nob.; *Coryphœna immaculata*, Agassis, pl. 56.)

M. Spix a un coryphénoïde sans taches, que nous plaçons à la suite de nos lampuges, à cause de sa dorsale basse et égale dans toute son étendue.

Le profil est une courbe peu convexe, et le corps est fort rétréci en arrière. Les lobes de la caudale sont médiocres. Le texte porte :

D. 58; A. 28; C. 9 — 20 — 9; P. 20; V. 9.

Le dos, les deux tiers de la pectorale et le bord de l'anale sont bleu céleste. La dorsale est ardoisée; le reste blanc argenté.

On n'en possède au Cabinet de Munich qu'un seul individu, pris dans l'océan Atlantique et long de vingt pouces.

***

DES CENTROLOPHES (*CENTROLOPHUS*, Lacép.).

Nous avons encore ici un exemple bien remarquable de ces dispersions d'espèces semblables et, qui plus est, de la même espèce, dans des genres divers, amenées par le défaut de critique et de comparaison des articles que l'on empruntait de différentes sources.

Décrit une première fois dans la Méditerranée et nommé *pompilus* par Rondelet, un poisson du genre dont nous parlons est devenu le *coryphœna pompilus* de Linnæus, ou le *coryphène pompile* de Lacépède.[1]

La description d'un poisson très-semblable de l'Océan, nommé *black fish* (*poisson noir*), faite par Borlase, ou du moins tirée par lui des papiers de *Jago*[2], a été prise par Pennant pour celle d'une espèce de gremille. Il en a fait son *black-ruffe* ou *gremille noire*, et Gmelin, qui en fait son *perca nigra*, doute même si elle diffère de la gremille commune. *Cernuæ similis, an specie distincta.* Ce *perca nigra* est devenu ensuite *l'holocentre noir* de Lacépède, t. IV, p. 330 et 357.

Cependant on prenait ce même poisson noir à l'embouchure de la Seine, et on l'envoyait à M. de Lacépède, qui, ne s'apercevant pas que déjà il en avait parlé d'après Gmelin, le décrit sur la nature et en fait un nouveau genre qu'il appelle centrolophe, et l'espèce devient le *centrolophe nègre*, t. IV, p. 441 et 442, et pl. 10, fig. 2.

Je m'étonne qu'il ne l'ait pas décrit une quatrième fois sur ce qu'en dit Duhamel[3], qui l'a fait graver d'après un individu[4] envoyé de Toulon sous le nom de *merle*, et qui a eu la bizarre idée de le prendre pour le *serran* de Provence.

Le caractère ou plutôt l'accident qui a valu à ce sous-genre la dénomination de *centrolophe*, consiste dans trois petites saillies pointues, que l'on voit dans l'individu décrit par M. de Lacépède, sur sa nuque et en avant de sa dorsale. Ce sont des interépineux sans rayons, qui se montrent dans un individu maigre et en partie desséché,

---

1. Lacépède, t. III, p. 198. — 2. Borlase, *Natur. hist. of Cornwall*, p. 271 et pl. 26, fig. 8. — 3. Pêches, 2.ᵉ part., sect. IV, p. 37. — 4. *Ibid.*, pl. 6, fig. 2.

mais que la chair enveloppe dans ceux qui sont en bon état.

Ce n'est point là ce qui peut distinguer ces poissons; mais aux caractères des coryphènes, c'est-à-dire à de petites écailles, à une queue non carénée, à une longue dorsale, dont les rayons épineux se distinguent à peine des autres, ils joignent une tête peu élevée et surtout un palais absolument dénué de dents.

On les reconnaîtra toujours à la réunion de ces caractères.

L'application du nom de *pompilus* à l'un de ces poissons, par Rondelet, est tout-à-fait arbitraire.

Les anciens ne disent autre chose du *pompile,* si ce n'est que c'est un poisson de haute mer, semblable à la pélamide, mais de couleur variée, qui a coutume de suivre les vaisseaux et de les accompagner jusqu'à ce qu'ils approchent de la terre[1]. Ils le regardaient comme sacré[2], et tout nous porte à croire que c'était le pilote.

Il n'y a aucune probabilité à prendre pour un poisson aussi connu que ce pompile et qui devait être si commun, une espèce qui, au rapport de Rondelet lui-même, est si rare sur nos côtes qu'elle n'y a pas même de nom vulgaire.[3]

Daubenton et Haüy, dans leur Dictionnaire d'ichtyologie de l'Encyclopédie[4], ainsi que Bonnaterre dans les planches, lui ont transféré le nom de *lampuge,* mais sans

---

1. *Tuque comes ratium, tractique per æquora sulci*
   Qui semper spumas sequeris, pompile, nitentes.
        Ovid., Hal., v. 101 et 102; et Ælien, l. II, c. 15.
2. Ælien, l. XV, c. 23; et le long article d'Athénée, l. VII, p. 282, 283, 284.
— 3. Rondelet, p. 251. — 4. Dict., p. 111 et 224.

aucun fondement; car Bélon[1], le seul qui ait cité ce nom, l'applique à notre première espèce de liche, qu'il assure le porter à Marseille. Aucun auteur moderne ne reprend cependant cette assertion de Bélon, et tous paraissent s'accorder pour le donner à plusieurs espèces de coryphénoïdes.

M. Rafinesque donne, à la vérité, à notre centrolophe les noms siciliens de *pilui* et de *lampugo;* mais il reste à savoir s'ils ne se sont pas établis récemment et d'après les auteurs, comme il est souvent arrivé aux noms des poissons.

En Sardaigne celui de *pompilo* est connu, mais autant que l'on peut comprendre ce qu'en dit Cetti[2]; il désigne une espèce plus petite de thon, qui paraît au printemps; peut-être la thonine (*thynnus thunnina,* nob.) ou le bonitou (*auxides vulgaris,* nob.).

Le Centrolophe pompile.

(*Centrolophus pompilus,* nob.; *Coryphœna pompilus,* Linn.)

Comme il n'est pas très-facile d'assigner entre les poissons dont nous parlons des différences spécifiques certaines, nous décrirons d'abord les individus semblables à celui de Rondelet, et nous leur comparerons ensuite ceux qui en diffèrent assez pour que l'on ait pu les regarder comme d'une autre espèce.

Le corps est oblong et comprimé; sa hauteur fait le quart de sa longueur totale, et son épaisseur le tiers de sa hauteur. La ligne de son dos et celle de son ventre, légèrement et à peu près éga-

---

1. *Aquat.*, p. 154 et 155. — 2. *Hist. nat. di Sardagn.*, t. III, p. 105.

lement convexes, se rapprochent lentement et se terminent en avant en un museau obtus.

La longueur de sa tête est du cinquième du total, et sa hauteur à la nuque du quart de sa longueur. L'œil est au milieu de la distance entre le bout du museau et l'ouïe. Il est presque au milieu de la hauteur. Son diamètre mesure un peu moins du quart de la longueur de la tête. La crête du crâne est légèrement tranchante, presque en ligne droite jusqu'à l'extrémité de la tête, qui est arrondie. Les orifices de la narine sont à peu près à égale distance de l'œil et du bout du museau, et très-rapprochés; l'antérieur est un petit trou rond; le postérieur, une petite fente verticale. La bouche n'est pas tout-à-fait fendue jusque sous l'œil. Le maxillaire, peu élargi, finit sous son bord antérieur. Chaque mâchoire est garnie d'une rangée de petites dents fines et pointues, disposées comme des cils; mais la langue et tout le palais sont entièrement lisses. Le voile de derrière la mâchoire supérieure est considérable, et la langue, large, obtuse, a les bords minces et très-libres; un sous-orbitaire à bord légèrement convexe, mais non dentelé, plus étroit en arrière, recouvre en partie le maxillaire dans l'état de repos. L'œil est entouré en dessous et en arrière d'un cercle de pores. Le préopercule a son angle très-arrondi, son limbe large et mince, et son pourtour finement crénelé. L'opercule osseux se termine en arrière par une pointe obtuse. Il y a aussi quelque crénelure à la partie inférieure du subopercule et de l'interopercule. L'ouïe est fendue jusque sous le bord antérieur de l'œil. Les membranes se croisent un peu sous le pédicule pectoral, et ont chacune sept rayons; mais le septième est grêle et difficile à voir. L'épaule n'a rien de particulier. La pectorale, attachée un peu au-dessous du milieu de la hauteur, est de forme ovale, du septième de la longueur totale, et a vingt et un rayons. La ventrale s'attache sous le même point, mais n'a pas tout-à-fait la longueur de la pectorale. Son épine est faible et d'un tiers moindre que son premier rayon mou. La dorsale commence sur le milieu de la nageoire de la poitrine. Elle a trente-huit ou trente-neuf rayons presque égaux, excepté les trois ou quatre premiers, qui sont d'abord très-courts et s'élèvent graduellement; les derniers font un peu la pointe. Sa hauteur est du tiers de celle du corps, et sa longueur de trois septièmes de la longueur totale. La moitié de sa hauteur est enveloppée de très-fines écailles.

Il est très-difficile de distinguer parmi ces rayons les épineux et les mous, tant ils se ressemblent par la minceur et la flexibilité. Je crois cependant qu'il y en a huit simples, puis quelques-uns articulés, mais non branchus, et que les autres sont des rayons mous ordinaires. L'anale commence un peu avant la moitié de la dorsale et finit au même endroit; elle a vingt-trois rayons, à peu près aussi difficiles à diviser que ceux du dos en épineux et en mous. L'espace nu derrière ces deux nageoires est un peu moindre que le sixième de la longueur totale. Sa hauteur est de moitié de sa longueur, et il s'élargit un peu en arrière pour porter la caudale. Celle-ci est d'un peu plus du sixième, échancrée à peu près jusqu'au tiers. Ses rayons sont, comme à l'ordinaire, au nombre de dix-sept, avec plusieurs très-petits en dessus et en dessous de sa base.

On doit donc exprimer ses nombres de rayons comme il suit :

B. 7; D. 39; A. 23; C. 17 et 8; P. 21; V. 1/5.

Tout le corps de ce poisson est couvert d'innombrables petites écailles rondes, qui montrent à la loupe sept ou huit stries concentriques. La plus grande partie de la tête en est couverte comme le corps, et elles y deviennent si petites, qu'elles disparaissent presque sous la peau; il y en a sur l'anale et sur la caudale, comme sur la dorsale, mais de plus petites encore.

La ligne latérale, marquée par une suite d'écailles un peu plus serrées, est d'abord un peu convexe vers le dos; arrivée derrière la pointe de la pectorale, elle suit à peu près en ligne droite le milieu de la hauteur. Pour les couleurs, nous avons observé des individus rapportés de Naples dans la liqueur par M. Savigny. Ceux dont la taille est de huit pouces ou à peu près, ont le dos et les côtés, jusqu'au-dessous de la ligne latérale, d'une couleur plombée et semée de taches longitudinales oblongues d'un jaune grisâtre.

La partie inférieure est plus argentée. Les nageoires paraissent brunes.

Il y en a de plus petits, où l'on n'aperçoit aucunes taches.

Un individu, long de quinze pouces, qui vient de nous être envoyé de Marseille par M. Roux, est d'un plombé noirâtre, et a les petites taches, ainsi que la partie abdominale, d'un plombé plus clair.

Il a quarante et un rayons à sa dorsale.

Mais nous les connaissons bien mieux depuis que M. Laurillard nous en a donné une peinture fort exacte d'après le poisson vivant.

Tout le corps est d'une couleur bleue très-foncée ou noirâtre, glacée de verdâtre près de la tête. Le bas des joues et la poitrine sont plus clairs, et tirent vers le bleu cendré. De nombreuses taches argentées oblongues sont semées sur les côtés, qui sont entièrement pointillés de noirâtre. Les points sont plus visibles sur le clair de la poitrine, qui n'a point de taches. La joue est couverte de traits circulaires et verdâtres. Les nageoires ont le bord plus coloré que la base, sur laquelle on voit de petits traits horizontaux noirâtres. Les ventrales sont bleues plombées.

Le foie ne se compose que d'un seul lobe triangulaire aplati, dont la pointe n'atteint que le tiers de la longueur de l'hypocondre gauche.

La vésicule du fiel est un simple tube fort étroit, placé à droite de l'estomac, et qui dépasse un peu la pointe postérieure du foie. Le canal cholédoque est court et donne dans le haut de l'intestin auprès du premier cœcum.

L'œsophage est très-court, et il se prolonge en un estomac peu large, mais qui occupe toute la longueur de l'abdomen. Ses parois sont très-minces et lisses en dedans.

La branche montante est très-courte; il y a neuf appendices cœcales, dont la première à gauche remonte vers le diaphragme; les autres s'alongent jusqu'à la sixième, qui est presque aussi longue que l'estomac; puis elles diminuent assez rapidement, de façon que le neuvième cœcum n'a que le tiers de la longueur du plus long.

L'intestin est alongé; il remonte d'abord vers le diaphragme, et fait ensuite deux replis, chacun de la longueur de l'abdomen.

Il y a une vessie natatoire fort petite et surtout fort étroite, placée au tiers de la longueur de l'abdomen.

Les reins sont gros, renflés auprès de la tête, et réunis ensuite en un seul lobe qui va non loin de l'anus. Il y a une petite vessie urinaire oblongue.

Nous avons trouvé dans l'estomac une ascidie composée assez particulière.

Le pharynx du centrolophe présente une particularité remarquable, qui donne au commencement de leur œsophage une armure puissante. Entre les os pharyngiens supérieurs et les inférieurs, qui rentrent dans les formes ordinaires et sont garnis de fines dents en cardes, l'os supérieur du quatrième arceau porte plusieurs appendices alongés et garnis de dents semblables. Il en résulte que la partie latérale du pharynx a de profondes cannelures osseuses et dentées, dont je ne connais pas d'autres exemples, mais qui ont quelque analogie avec les épines dont la même cavité est armée dans les stromatées. Le reste des arceaux a, comme il arrive souvent, de doubles rangs de tubercules âpres; le premier seul a ceux du rang antérieur longs, pointus, comprimés, et hérissés seulement à leur bord interne.

Le squelette de ce poisson est peu consistant; on y compte vingt-cinq vertèbres, dont onze abdominales et quatorze caudales; les côtes, les apophyses épineuses et les interépineuses en sont grêles; la dixième et la onzième vertèbre abdominale forment de petits anneaux en dessous. Les interépineux du dos commencent sur la troisième vertèbre. L'apophyse épineuse de la première vertèbre caudale en porte six ou sept. Les échancrures cubitale et interradiale sont grandes, et la branche inférieure du cubital mince, etc.

Notre description répond bien à la figure donnée par Rondelet, p. 250, et à tout ce qu'il y ajoute dans son texte; car nous ne mettons pas en ligne de compte son assertion que la caudale n'est pas échancrée, sa propre figure la montre telle, et il n'a pu s'exprimer ainsi que par comparaison avec des caudales à longues fourches, comme celle de l'hippurus.

Tous ceux qui ont parlé de l'espèce que nous traitons, jusques et y compris Artedi, ne l'ont fait que d'après Rondelet. Linnæus semble avoir observé par lui-même celle qu'il décrit; mais son identité avec celle de Rondelet n'est pas aussi certaine qu'il le croit; il ne compte que trente-trois rayons à la dorsale, que quatorze à l'anale[1], que ce même nombre aux pectorales, et il parle d'une mâchoire inférieure montante, d'une bouche très-fendue, de pectorales extrêmement pointues (*admodum acuminatæ*), tous caractères étrangers à nos individus, et que la figure de Rondelet ne montre pas davantage. Ce qu'il ajoute d'âpretés au palais, d'une tête caverneuse et dentée, est également inconciliable avec ce que nous avons observé.

Tout nous montre que le poisson qu'il avait sous les yeux était quelque percoïde, peut-être même de la famille des joues cuirassées; mais nous ne pouvons pas le reconnaître.

Néanmoins c'est d'après Linnæus que Daubenton et Haüy ont décrit l'espèce du coryphène pompile dans l'Encyclopédie. M. de Lacépède a fait sa description sur Gmelin; il met seulement à la dorsale trente-cinq rayons

---

1. Tel est le nombre marqué dans les éditions 10 et 12. Gmelin a mis vingt-quatre, mais sans dire sur quelle autorité; ce n'est probablement de sa part qu'une faute d'impression.

au lieu de trente-trois, mais probablement aussi par une erreur de copiste.

M. Risso paraît avoir observé des individus de la même espèce et de la même taille que les nôtres, dont il marque les nombres comme il suit :

B. 4; D. 38; A. 24; C. 18; P. 18; V. 6;

mais bien sûrement il a d'abord mal compté ceux des ouïes et ceux des pectorales.

Dans sa 2.ᵉ édition, p. 336, il les donne autrement et met B. 7 et P. 20. Il y décrit aussi les couleurs du frais autrement que dans la première : le fond en est bleu, les taches et les teintes argentées, les nageoires sont couvertes d'une peau épaisse d'un bleu foncé. Sa première description représentait le poisson comme varié de différentes nuances de bleu, avec de légères bandes jaunâtres et un tubercule doré au-dessus de chaque œil. Les jeunes que l'on prend au printemps ont, selon lui, des bandes transversales noirâtres. C'est, suivant cet ichthyologiste, le *fanfre d'Americo* des pêcheurs nicéens.

Tout ce que nous savons des habitudes du pompile, c'est qu'il se montre sur les parages de Nice en Avril et en Septembre[1]. On en fait peu de cas, attendu que sa chair n'est pas très-délicate[2]. C'est probablement sur les côtes méridionales de la Méditerranée qu'il fait son habitation ordinaire.

Il est très-rare sur celles de Provence et de Languedoc, selon Rondelet, et l'espèce suivante paraît l'être encore davantage sur celles de l'Océan, puisqu'on n'en cite que deux individus qui y aient été remarqués.

---

1. Risso, 1.ʳᵉ édit., p. 181. — 2. Duhamel, part. II, sect. 4, p. 37.

M. Risso, dans sa 2.ᵉ édition, nous assure que la femelle pond en automne, et que l'on pêche des individus de cette espèce en toute saison dans les endroits vaseux.

Le Centrolophe nègre.

(*Centrolophus morio*, Lacép.)

Le Cabinet du Roi possède encore l'individu envoyé par feu Noël à M. de Lacépède, et sur lequel a été faite la description du centrolophe nègre (t. IV, p. 441), et c'est en pleine connaissance que nous lui donnons des nombres de rayons un peu différens de ceux qu'a indiqués notre prédécesseur. Voici les nôtres :

B. 7; D. 41; A. 23; C. 17 et 8; P. 21; V. 1/5.[1]

Ils ne diffèrent pas, comme on voit, de ceux du centrolophe de la Méditerranée au-delà de ce qui a lieu dans bien d'autres espèces.

Les formes diffèrent encore moins, s'il est possible. Je ne puis rien apercevoir dans un de ces poissons, qui ne se remarque dans l'autre, si ce n'est ces petites saillies de la nuque, qui, ainsi que je l'ai dit, ne résultent que du dessèchement que le poisson avait éprouvé avant d'être mis dans la liqueur ; mais la couleur n'était pas la même ; il paraît que l'individu était entièrement noir ou brun foncé.

Un individu pris récemment et placé dans le Cabinet de la ville de Bologne, était d'une couleur foncée de lie de vin.

Le poisson de Borlase est décrit comme noir ; et j'ai reçu

---

1. M. de Lacépède dit : B. 4 ; D. 39 ; A. 21 ; C. 23 ; P. 17 ; V. 6.

de la Rochelle un dessin que je rapporte à cette espèce, et qui la montre aussi d'un noir uniforme.

L'individu de Noël est long de treize pouces; celui de Noirmoutier et celui de Borlase de quinze.

Ils surpassaient donc d'un tiers et de moitié les individus tachetés.

Mais la Méditerranée a des individus noirs encore bien plus grands. M. Savigny a rapporté de Rome les parties principales d'un qui avait au moins vingt-cinq pouces, et tout nouvellement M. Laurillard en a trouvé à Nice un de vingt-sept pouces, qui a pour nombres : D. 41; A. 23, etc. Tout ce qui en reste est semblable, pour les formes et les proportions, aux petits individus, et ses nombres n'en diffèrent pas dans un degré qui puisse être regardé comme spécifique.

B. 7; D. 38; A. 25; C. 17 à 8; P. 21; V. 1/5.

Il reste donc à vérifier si les individus noirs ne sont pas les adultes, et les tachetés les jeunes d'une seule et même espèce.

Ce qui tendrait à me confirmer dans cette idée, c'est ce que dit un correspondant de Duhamel sur la variété des couleurs auxquelles cette espèce est sujette.[1]

En attendant que ce doute soit résolu, nous conserverons aux uns le nom de centrolophe nègre, et nous donnerons aux autres celui de centrolophe pompile.

---

1. Duhamel, pêches, part. II, sect. 4, p. 37.

Le Centrolophe liparis.

(*Centrolophe liparis,* Riss.)

Il s'agira aussi de savoir si ce n'est pas un de ces individus noirs que M. Risso décrit dans sa 2.ᵉ édition, p. 33₇,
et qu'il croit être le *liparis* de Rondelet, l. IX, c. 8,
p. 272.

Il lui attribue un corps bleu, une queue épaisse, des mâchoires
égales, une ligne latérale droite, des nageoires demi-transparentes,
la caudale en croissant et les nombres de rayons suivans :

B. 7; D. 38; A. 23; C. 22; P. 14; V. 7;

mais nous osons affirmer que ce dernier nombre est erronné. La
longueur de cet individu était de vingt-neuf pouces et demi.

Cette espèce, dit M. Risso, est de passage au mois de
Juillet; elle ne se montre que rarement et dans les endroits
où les eaux des rivières débouchent dans la mer. On en
prend du poids de dix livres. Sa chair est molle et de peu
de goût suivant les pêcheurs de Nice, qui lui donnent le
nom de *fanfre* sans y ajouter d'épithète.

Je crois au reste qu'on aurait de la peine à dire au juste
ce que c'est que le *liparis* de Rondelet, auquel M. Risso
compare son poisson. Il a bien quelque rapport avec le
pompile pour les nageoires; mais son corps est représenté
plus égal de venue, sa tête plus courte, son profil plus
arrondi, semblable, dit l'auteur, à celui d'un lapin; un
ruban assez large (*virga satis lata*) va en droite ligne de
l'ouïe à la queue. Rondelet n'en indique point la grandeur;
mais il dit qu'il est tellement pénétré de graisse, qu'il
semble n'avoir point d'autre substance. Le nom de *liparis*
ne se trouve que dans Pline, et une seule fois sans des-

cription[1], et si Rondelet croit pouvoir l'appliquer à cette espèce, c'est qu'il le suppose dérivé de λιπαρὸς, *pinguis*. Il avoue cependant avoir ouï dire qu'aujourd'hui les Grecs le donnent à l'alose.[2]

Le Centrolophe ovale.

(*Centrolophus ovalis*, nob.)

Nous appelons ainsi un poisson récemment apporté de la Méditerranée par M. Laurillard, qui a tous les caractères génériques des précédens; mais dont le corps est beaucoup plus ramassé et les écailles beaucoup plus grandes.

Sa hauteur n'est que trois fois dans sa longueur totale, et son épaisseur trois fois dans sa hauteur. Sa tête, très-semblable à celle du centrolophe, a la crête du crâne plus élevée et l'œil plus grand. La hauteur de la tête égale sa longueur, qui prend le quart de celle du poisson, et le diamètre de l'œil approche du quart de cette longueur. Les dents, les fines crénelures du préopercule et du sous-opercule, les ouïes, sont comme dans les centrolophes ordi- naires. La dorsale est très-peu élevée, surtout de sa partie antérieure. Elle a six rayons épineux, fort courts, dont les derniers, s'alon- geant un peu par degré, se joignent aux rayons mous sans inter- ruption; ceux-ci sont au nombre de trente-deux ou trente-trois; les plus longs n'ont pas le cinquième de la hauteur du corps au milieu. L'anale commence sous le milieu du corps; elle n'a pas plus de hauteur que la dorsale, finit à la même distance de la caudale (au septième de la longueur totale), et a trois épines courtes et vingt-quatre rayons mous. Cet espace entre les nageoires et la cau- dale est un peu moins haut que long, et deux fois moins épais que haut. La caudale est légèrement échancrée en arc et du septième de la longueur totale; elle a dix-sept rayons entiers. Les pectorales,

---

1. Pline, l. XXXII, c. 11. — 2. Rondelet, p. 292, l. IX, c. 8, *in fine*.

de forme demi-ovale, de longueur moindre que le cinquième de la longueur du corps, ont vingt-deux rayons, dont le premier et le dernier sont fort courts. Les ventrales les égalent en longueur.

B. 7; D. 6/32; A. 3/4; C. 17; P. 22; V. 1/5.

Les écailles sont presque carrées, même entières, très-finement striées parallèlement à leurs quatre bords, de manière que les stries y forment quatre triangles. On en compte quatre-vingt-dix environ entre l'ouïe et la caudale. La ligne latérale, d'abord à peu près parallèle au dos, fait une courbe un peu concave pour suivre à la queue le milieu de la hauteur. Les écailles s'étendent en partie sur la base des nageoires verticales.

La couleur paraît, vers le dos, d'un brun roussâtre, qui se change par degré, vers le ventre, en un blanc olivâtre. La dorsale et l'anale ont leur membrane teinte de noirâtre; mais notre individu, depuis long-temps dans la liqueur, a eu probablement ses teintes plus ou moins altérées. Il est long de treize pouces.

Les replis et les appendices de son pharynx sont les mêmes que dans les autres centrolophes.

C'est le seul que nous ayons jamais vu, et même c'est le seul qui de mémoire d'homme ait été pris à Nice.

Il a été donné à M. Laurillard par M. Vérani, pharmacien de cette ville, et dont nous avons déjà cité la libéralité.

Le CENTROLOPHE ÉPAIS.

(*Centrolophus crassus,* nob.)

Je crois encore pouvoir placer ici un poisson pris par M. Dussumier à cinquante lieues à l'ouest des Açores, et qui, avec la plupart des caractères du précédent, a le corps encore plus épais, et s'éloigne par conséquent des formes de la famille.

La plus grande hauteur, qui est aux pectorales, n'est que deux fois et trois quarts dans sa longueur totale; son épaisseur fait moitié de sa hauteur; sa tête a le quart de sa longuéur et est aussi haute que longue; le profil descend en arc de cercle, et n'est pas tranchant, mais arrondi transversalement. L'œil, un peu au-dessous du milieu et un peu plus près du museau que de l'ouïe, lui donne quelque chose de la physionomie des coryphènes propres. Le diamètre a le quart de la longueur de la tête. Le museau est très-obtus. L'orifice postérieur de la narine est une petite fente verticale à mi-distance de l'œil, au bout du museau; l'antérieur est un trou rond, un peu plus en avant. La bouche descend un peu jusque sous le bord antérieur de l'œil; elle n'a qu'une rangée de très-fines dents en cils courts. Le palais et la langue, qui est obtuse, plate et assez libre, sont dépourvus de dents; mais le pharynx a la même complication de replis et d'appendices saillantes et dentées que dans les centrolophes ordinaires. Tout le crâne, le museau, la tempe, le tour de l'œil, sont lisses, poreux, sans écailles; mais il y en a sur la joue et l'opercule. Les fines crénelures des bords du préopercule et de l'interopercule sont comme dans les premiers centrolophes; l'opercule a deux pointes obtuses flexibles, séparées par un arc légèrement rentrant. Les ouïes sont les mêmes. Les pectorales, attachées près du tiers inférieur, sont demi-ovales, assez pointues et du cinquième de la longueur totale. Les ventrales, attachées sous leur quart antérieur, ne vont pas plus loin qu'elles. Leur épine est de moitié plus courte que leur premier rayon mou. La dorsale commence à l'aplomb de l'ouïe; les sept premiers rayons sont épineux, assez forts, et sortent à peine du dos; les suivans, au nombre de trente-deux, s'alongent un peu, sont mous; les plus longs n'ont pas le quart de la hauteur du poisson. L'anale commence sous le milieu de la dorsale, et a trois épines courtes et vingt-deux ou vingt-trois rayons mous encore moins élevés. L'intervalle entre ces deux nageoires et la caudale est du septième de la longueur totale, d'un quart moins haut que long et de moitié moins épais que haut. La caudale a le sixième de la longueur totale, et est assez fortement échancrée en croissant.

B. 7; D. 7,32; A. 3/22; C. 17; P. 22; V. 1/5.

Les écailles, à peu près carrées, un peu arrondies au bord visible, ont de très-fines stries parallèles aux pourtours, qui en divisent la surface par leurs reflets en quatre compartimens triangulaires; il y en a une centaine sur une ligne longitudinale. Les nageoires verticales en ont de petites. La ligne latérale se marque par une tubulure continue et blanche.

Ce poisson est ardoisé sur le dos, et l'ardoisé se change par degré en argenté blanchâtre vers le ventre. Les nageoires sont noirâtres. Le tout avait dans le frais un glacé verdâtre.

L'individu est long de dix-sept pouces et extrêmement gras.

L'anatomie du centrolophe épais nous a montré un canal intestinal gros, plié quatre fois sur lui-même et terminé par un rectum fort élargi. L'estomac est un sac étroit, dont la pointe est aussi recourbée en dessous. Le velouté a des rides nombreuses. Six gros et longs cœcums entourent l'orifice du pylore. Le foie est divisé en deux lobes, réunis sous l'œsophage par une lame très-étroite et mince. Le lobe gauche est très-volumineux et fortement échancré vers le bas; le droit est triangulaire, épais et court; il porte une vésicule du fiel longue et étroite. La rate est grosse et tendre. La vessie aérienne n'est pas très-grande.

Il se trouvait avec une troupe de la même espèce autour d'un bois flottant, couvert d'anatifes.

CHAPITRE XIX.

Des Astrodermus et des Pteraclis.

DES ASTRODERMUS.

Ces poissons tiennent aux coryphènes, aux scombres et aux zeus; le genre se caractérise aisément par la forme élevée et tranchante de la tête de ces poissons, par la bouche peu fendue, par les quatre rayons de leurs ouïes, par leurs très-petites ventrales, et surtout par leurs écailles rayonnant de tout côté comme des étoiles.

C'est d'après cette dernière circonstance que M. Bonelli leur a imposé le nom générique d'Astrodermus, que nous lui conserverons.

On n'en connaît encore qu'une espèce, qui même est très-rare, et n'a été découverte que dans les derniers temps.

M. Risso en a parlé le premier dans un mémoire présenté à l'Institut le 7 Mars 1814, à l'appui duquel il nous a envoyé le poisson en nature et un dessin colorié d'après le frais. Il le nommait alors *coryphœna elegans.*

Plus récemment, en 1825, M. Bonelli nous en a communiqué une description et une peinture, faites l'une et l'autre avec beaucoup de soin.

Enfin M. Risso, en 1827, dans sa 2.ᵉ édition, en a fait un genre qu'il nomme *diana.*[1]

L'individu de M. Risso avait été péché dans les parages

---

1. Risso, Hist. nat. de l'Europe mérid., t, III, p. 267.

de Nice, où l'on n'en prend que très-rarement, et d'ordinaire pendant les calmes qui règnent en Septembre.

M. Bonelli en a aussi reçu un de Nice, pris pendant l'hiver de 1823; mais il lui en est venu deux autres, pris le 12 Septembre 1822 dans le golfe de Cagliari en Sardaigne.

*L'*Astroderme élégant.

(*Astrodermus coryphœnoides,* Bon.; *Coryphœna elegans,* Riss.)

La forme générale de l'astroderme est celle d'une coryphène, sauf un peu plus d'élévation proportionnelle à la partie antérieure, et un amincissement plus rapide vers la queue.

Sa plus grande hauteur (aux pectorales) n'est pas tout-à-fait quatre fois dans sa longueur; son épaisseur n'est pas le tiers de sa hauteur. La queue est si mince qu'à la base de la caudale elle n'a que le dixième de la hauteur du thorax.

La longueur de la tête est quatre fois et demie dans la longueur totale, et ne surpasse sa hauteur que de très-peu de chose.

Près de moitié de cette hauteur appartient à la crête mitoyenne du crâne, ce dont on s'aperçoit d'autant plus aisément, que les crêtes latérales forment une ligne saillante au travers de la peau, lesquelles passent en ligne droite sur l'œil depuis le devant de l'opercule jusque sur le museau.

Le profil descend d'abord lentement jusqu'au-dessus de l'œil, où il se courbe en un petit arc, pour descendre par une ligne oblique plus rapide. L'œil occupe le troisième sixième de la longueur de la tête et est tout entier sous le milieu de sa hauteur. La bouche est au bout du museau et à la hauteur de l'œil. Sa fente n'entame pas le quart de l'intervalle qui est en avant de l'œil, et le maxillaire ne va que jusqu'à moitié. Cet os est très-court, très-large et en forme de demi-cercle. Il rentre presque entièrement sous un repli de la peau, soutenue par un os mince qui répond au sous-orbitaire, quoique sa position soit fort en avant de l'œil.

La mâchoire inférieure est courte et haute, et avance un peu plus que l'autre.

Les deuts des mâchoires sont fines comme des cheveux, courtes, séparées et sur une seule rangée; elles tombent facilement et résistent à peine au doigt.

Le palais a deux voiles au lieu d'un; l'ordinaire derrière la mâchoire supérieure est fort haut; le second adhère au devant du vomer et est bilobé. La membrane de l'une et de l'autre est toute striée. Il y a des dents en velours sur les palatins et sur une plaque oblongue de la base de la langue. Celle-ci est alongée, obtuse, mince et très-libre.

Les orifices de la narine sont plus élevés que l'œil, à peu près au-dessus du milieu du maxillaire, tout près de la crête latérale du crâne. Ils sont presque contigus; l'antérieur est ovale et assez grand; le postérieur ressemble à une piqûre d'aiguille.

Le préopercule a son angle largement arrondi et ses bords bien entiers; le rebord de son limbe est peu saillant. L'opercule est plus long que haut. L'interopercule occupe un espace fort long.

La membrane des ouïes se rattache à l'isthme vis-à-vis de l'œil, en sorte que l'ouïe n'est pas fendue à beaucoup près jusque sous les mâchoires. Elle ne remonte que jusqu'à moitié de la hauteur du corps, et le bord supérieur de l'opercule est attaché par une membrane. Il y a quatre rayons branchiaux arqués et plats, qu'on voit aisément, et un cinquième plus grêle et caché dans les muscles.[1] La dorsale commence au-dessus de l'orifice des ouïes; elle a vingt-deux ou vingt-trois rayons[2], tous grêles, fort distans les uns des autres, réunis par une membrane très-frêle : ils s'élèvent par degré jusqu'aux treizième, quatorzième et quinzième, et redescendent aussi par degré. Ils forment ainsi une nageoire qui, avec l'anale qui lui correspond, donne au poisson, dans la partie où le tronc commence à diminuer, une hauteur verticale de plus de moitié de sa longueur. L'anale est soutenue de même par des rayons grêles,

---

1. M. Risso les compte de même. M. Bonelli n'en marque que trois.
2. J'en compte avec M. Risso vingt-deux. M. Bonelli vingt-trois.

longs, fort distans, au nombre de dix-huit[1]. Elle commence très-peu après les ventrales et finit avec la dorsale. Le bout de queue entre ces deux nageoires et la caudale est du onzième de la longueur. La caudale est en large croissant et a ses lobes très-écartés et très-fermes. Prise selon son axe, sa longueur est du septième du total; celle de chaque lobe presque du cinquième. Outre les dix-sept rayons ordinaires, elle en a sept ou huit petits sur chaque bord de sa base.

Les pectorales, étroites et pointues, ont plus du cinquième de la longueur du corps. De leur dix-huit rayons, le premier est très-court; le deuxième, le troisième et le quatrième sont les plus longs. On n'y voit pas d'articulations. La plupart sont fourchus jusqu'au-delà de leur milieu. L'attache de ces nageoires vis-à-vis la partie supérieure de l'orifice des ouïes est cependant au milieu de la hauteur du corps.

Les ventrales s'attachent tout près l'une de l'autre sous le bord antérieur de l'insertion des pectorales. Leur longueur est à peine du dixième de la hauteur du corps au-dessus d'elles. Elles se composent d'une épine forte, dentelée en scie, et presque ciliée à son bord externe, et de quatre rayons mous, dont les trois derniers sont très-minces; s'il y en a un cinquième, je n'ai pu l'apercevoir. L'anus est immédiatement derrière leur base.

Le corps et même toutes les parties de la tête de ce poisson, le maxillaire excepté, sont couverts d'une infinité de très-petites écailles serrées, qui en rendent la surface âpre au toucher, comme celle d'une roussette (*squalus catulus*, L.). Vues à la loupe, elles présentent chacune la figure d'une étoile rayonnante de toute part; aussi ne se recouvrent-elles point mutuellement, mais sont attachées chacune par un pédicule. Il y en a dans le nombre qui sont en forme de disque rond, et ont à leur surface quelques lignes saillantes formant l'étoile. Aucune nageoire n'a d'écailles.

La ligne latérale se distingue mal parmi cette scabrosité; mais

---

1. M. Risso n'en compte que seize, et M. Bonelli dix-sept.

quand on enlève les écailles, ce qui se fait aisément, on voit qu'elle marche parallèlement au dos, le long du tiers supérieur, jusque vis-à-vis du douzième rayon dorsal, que là elle s'interrompt pour recommencer plus bas au milieu de la hauteur et continuer ainsi jusqu'à la caudale. Les côtés de la queue à la base de la caudale ont les deux petites crêtes des maquereaux, et une troisième à peu près de même nature au milieu, mais qui s'efface aisément.

Cet astroderme est un beau poisson, de couleur rose argentée, avec cinq ou six séries longitudinales de taches noires et rondes; sa dorsale et son anale sont noirâtres; mais ses pectorales et sa caudale sont d'un beau rouge de corail.

Notre individu est long de quinze pouces. Celui de Cagliari est de même longueur. Ceux de Turin n'ont qu'un pied.

Nous n'avons pu examiner que le canal intestinal de l'astroderme : il est un des plus longs que l'on puisse rencontrer chez les poissons. L'œsophage est large; il pénètre dans la cavité abdominale, se renfle un peu, et indique ce que l'on peut appeler l'estomac, qui n'est alors qu'un canal oblong très-peu distinct de l'œsophage. Arrivé au tiers de l'abdomen, il devient un peu plus étroit et se recourbe pour remonter vers le diaphragme. Dans cette étendue, les parois sont épaisses et hérissées de papilles coniques et pointues, dont plusieurs sont très-grosses et entremêlées de plus petites. La portion qui remonte vers le diaphragme, a au contraire des parois minces et transparentes, presque tout-à-fait lisses en dedans; arrivé près du diaphragme, l'estomac se renfle un peu, et bientôt il est presque étranglé pour former l'ouverture du pylore, qui est étroite. Les parois de l'intestin s'épaississent un peu; le pylore est muni de cinq appendices cœcales, grosses, courtes et dirigées vers le diaphragme; le reste du canal intestinal fait un très-grand nombre de replis, et se trouve divisé en deux masses situées à droite et à gauche de l'œsophage; celle-ci est beaucoup plus considérable que la première; et après tous ces replis, le rectum, qui est dans le côté droit de l'abdomen, débouche à l'anus, qui est ouvert très peu en arrière de la distance à laquelle répond le pylore. Dans toute sa longueur l'intestin conserve un diamètre égal, et la même épaisseur dans ses parois qui sont blanches et transparentes. D'après ce que nous avons vu des restes du foie, nous croyons qu'il n'est pas très-gros; la vésicule du fiel elle-même est petite.

M. Risso dit dans son mémoire que la chair de ce poisson est blanche, molle et de peu de goût.

***

DES PTÉRACLIS.

Ce n'est pas sans quelques hésitations que je place dans la famille des scombéroïdes et à côté des coryphènes le genre des ptéraclis.

La grandeur de leurs écailles; leur crête frontale peu élevée; la hauteur de la dorsale et de l'anale; la position jugulaire des ventrales, dont le nombre des rayons ne paraît pas atteindre à celui que l'on compte dans tous les scombres; leurs cœcums, au nombre de six, bien distincts et si différens de cette masse glanduleuse présentée par les coryphènes et par tous les autres vrais scombéroïdes, offrent un ensemble de caractères qui paraît éloigner ces singuliers poissons de ceux près desquels nous les mettons, tout en montrant qu'ils ont quelques affinités avec les astrodermes. Les ptéraclis n'ont de commun avec les coryphènes que l'alongement de leur corps comprimé, la présence de dents en cardes aux mâchoires et aux palatins, quelques âpretés sur la langue, et surtout l'étendue de la dorsale, commençant sur la nuque et finissant sur la queue. C'est ce qui leur donne cette ressemblance qui a été d'abord appréciée par Pallas, et que tous les ichtyologistes ont suivi jusqu'à présent. Les exemplaires que j'ai eus à ma disposition, ne m'ont pas permis d'en faire une étude assez approfondie pour lever tous mes doutes sur les rapports naturels de ces êtres singuliers, et j'ai préféré les laisser à la place qui leur a été assignée avant moi, en ayant eu soin toutefois d'appeler l'attention des zoologistes qui, plus heureux que moi, auraient la facilité d'en observer d'autres individus bien conservés.

Ce genre a été formé avec une espèce décrite par Pallas sous le nom de *coryphœna velifera*[1], et qui est en effet un poisson très-comprimé, à profil élevé, à dorsale régnant tout le long du corps, comme dans les coryphènes; mais dont la dorsale et l'anale, sortant d'entre deux rangées d'écailles, ont une hauteur verticale telle que, lorsqu'elles s'étendent, le poisson paraît plus élevé qu'il n'est long. Ses ventrales sont d'ailleurs grêles, et placées sous la gorge bien plus avant que les pectorales; ses écailles sont aussi beaucoup plus grandes que dans les coryphènes et d'une forme toute particulière, qui ressemble beaucoup à celles des castagnoles; mais les castagnoles en ont sur les nageoires verticales, ce qui n'a point lieu dans le poisson dont nous parlons. Gronovius, déterminé par ces caractères, a séparé ce poisson des coryphènes et en a fait son genre *pteraclis*, dont le nom devait indiquer les doubles rangées d'écailles qui embrassent les bases des deux nageoires verticales[2]; mais la description qu'il en donne est loin d'être aussi exacte que celle de Pallas.[3]

M. de Lacépède, qui n'a connu que cette dernière, a cru devoir aussi faire de ce poisson un genre particulier,

---

1. En 1770, dans le 8.ᵉ cahier de ses *Spicilegia*, p. 19.
2. De πτερὸν (*pinna*), et de κλείω (*claudo*), mot d'où vient δικλις (*fores geminœ*).
3. En 1772, dans le t. VII des *Acta helvetica*, p. 43, pl. 2, fig. 1.

et l'a nommé *oligopode*[1], à cause de la petitesse des ventrales dans l'individu décrit par Pallas; mais Bloch et Schneider[2] ayant préféré ce nom de *pteraclis* comme plus ancien, nous croyons devoir suivre leur exemple, parce qu'il porte sur un caractère réel, tandis que celui d'oligopode n'exprime que le résultat d'une mutilation accidentelle.

On a dû naturellement se demander, à l'aspect d'une structure aussi singulière, quel peut en être l'usage, et à quoi ce poisson peut employer les hautes voiles verticales que lui a données la nature.

Un si petit corps, si élevé et si comprimé, avait-il besoin d'un appareil aussi étendu pour se maintenir en équilibre? S'en sert-il pour prendre le vent comme l'*histiophore*?

Pallas va jusqu'à soupçonner que les deux nageoires lui donnent la faculté de s'élever et de se soutenir quelques instans dans l'air; il faudrait alors qu'il volât sur le côté comme les pleuronectes nagent.

Les observateurs qui rencontreront des ptéraclis vivans et seront témoins de leurs mouvemens, pourront seuls résoudre ces questions. L'espèce en est malheureusement si rare, qu'on ne peut se flatter d'obtenir de long-temps ces réponses.

Le Cabinet du Roi ne possède que trois ptéraclis, dont deux ont été apportés de la mer des Indes par MM. Quoy et Gaimard; l'un d'eux a été pris dans le voisinage de Madagascar. Le troisième est dû à feu M. Bosc, qui assurait l'avoir rapporté de la Caroline. Pallas n'en avait vu

---

1. Il lui nie des ventrales, et ne lui donne que six rayons aux ouïes. Lacépède, t. II, p. 511, 512 et suivantes. — 2. Bloch, *Syst. posth.*, éd. de Schneider, p. 143.

qu'un seul individu desséché, conservé dans le Cabinet de Leyde, où l'on n'a gardé aucune note de son origine. Il le croyait de la mer des Indes, tout en reconnaissant que sa figure ne s'est jamais rencontrée dans ces nombreux recueils venus des Indes en Hollande. On ne la voit en effet ni dans Renard ni dans Valentin.

Ces trois individus, examinés avec le plus grand soin, nous ont paru offrir des différences spécifiques, soit dans leur forme, soit dans le nombre de leurs rayons. Nous allons commencer par décrire celui qui est le mieux conservé; nous lui comparerons ensuite les deux autres, et nous chercherons à déterminer les rapports qui existent entre ces espèces et celle de Pallas et de Gronovius.

Le PTÉRACLIS OCELLÉ.

(*Pteraclis ocellatus*, nob.)

Les zélés zoologistes à qui nous devons notre première espèce, l'ont retirée de l'estomac d'une bonite prise dans le canal de Mozambique, le 28 Décembre 1828, par trente degrés de latitude sud. Le poisson venait d'être avalé, de manière qu'il est encore très-frais.

La hauteur aux pectorales n'est que trois fois et un quart dans sa longueur.[1]

Son épaisseur n'est que le sixième de cette hauteur. A partir de ce point, la ligne du dos et celle du ventre se rapprochent graduellement jusqu'à la base de la caudale, où la hauteur n'est plus que du dix-huitième de la longueur du corps. Le profil du crâne

---

1. La figure de Pallas la fait plus longue, quatre fois et demie la hauteur; mais, d'après les mesures qu'il donne en chiffres, cette figure est trop longue.

descend peu, mais passé l'œil il tombe subitement en s'arrondissant, et seulement jusque vis-à-vis le milieu de la hauteur de l'œil, où la bouche commence.

La tête a le quart de la longueur totale, et est presque aussi haute que longue. Le diamètre de l'œil est de près du tiers de la longueur de la tête. Il occupe à peu près le milieu de la hauteur; ce qu'il y a du museau en avant de l'œil, est moindre que son diamètre. La fente de la bouche descend obliquement jusque sous le milieu, et le maxillaire se porte presque jusque sous le bord postérieur de l'œil. Cet os est long et étroit, un peu élargi en arrière; l'intermaxillaire est encore plus étroit; la mâchoire inférieure n'a aussi que peu de hauteur. Les dents sont grêles et pointues, sur une rangée à chaque mâchoire, avec quelques autres dents en velours par derrière; les palatins et le devant du vomer en portent de semblables à celles-ci. La langue est courte, épaisse et obtuse, et ne montre qu'un peu d'âpreté. Les narines sont entre le bout arrondi du museau et le bord antérieur de l'œil, vis-à-vis le milieu de sa hauteur. Le préopercule est à peu près en demi-cercle; l'opercule est coupé en angle très-obtus; les ouïes sont fendues jusque sous l'aplomb de la narine, et la membrane branchiostège a sept rayons.

La dorsale et l'anale marchent entre deux rangées d'écailles plus grandes que les autres, qui forment une espèce de canal, où il ne serait pas impossible que ces nageoires se reployassent en entier; celle du dos commence sur le bout même du museau, en avant de l'œil. Le premier rayon est fort petit; les deux suivans grandissent un peu; le troisième est gros et se laisse diviser aisément en deux moitiés, une à droite et l'autre à gauche; sa hauteur est des trois quarts de la longueur du corps. Il y en a ensuite de plus grêles, et qui vont, en augmentant de hauteur, jusqu'au septième, qui égale à peu près la longueur totale. Ils diminuent ensuite progressivement jusqu'auprès de la caudale. A l'anale je vois que le premier rayon est court, et que c'est le second qui est fort, mais divisible, et moins haut que le troisième de la dorsale. Les rayons vont en augmentant jusqu'au cinquième, à compter duquel ils diminuent

comme ceux de la dorsale. La nageoire de l'anus commence sous
le bord postérieur de l'orbite, ce qui repousse les ventrales jusque
sous l'œil, et rend par conséquent ce poisson très-jugulaire. La
membrane de la dorsale et de l'anale est fine comme une toile
d'araignée, et se déchire avec une facilité extrême. Les ventrales
sont très-grêles, très-rapprochées; je ne puis y apercevoir que
quatre rayons, dont les trois postérieurs, fins comme des cheveux,
articulés et branchus, ont dans cet individu bien conservé une
hauteur à peu près égale aux cinq sixièmes de celle du corps. Les
pectorales sont étroites et pointues; leur longueur égale presque le
quart de celle du corps. Il n'y a point de carène aux côtés de la
queue. La caudale est fourchue et à peu près du huitième de la
longueur totale; elle a, comme à l'ordinaire, dix-sept rayons entiers
et quelques petits. Malgré la finesse des rayons des hautes voiles
verticales, je suis parvenu à les compter ainsi qu'il suit :

B. 7; D. 45 ou 46; A. 42; C. 19; P. 15; V. 4.

Le corps, la tête de ce poisson, le museau et même le maxillaire,
sont couverts d'écailles régulièrement rangées et d'une forme bien
singulière; plus larges que longues, elles ont les angles de leur
base alongés chacun en une longue pointe, l'une montante, l'autre
descendante. Leur surface est striée en rayons; leur bord extérieur
a une forte échancrure; une ligne droite s'étend d'une de leurs
pointes à l'autre, et a sur son milieu un petit crochet qui entre
dans l'échancrure de l'écaille placée en avant. Il y en a dix-sept
rangées longitudinales, et on en compte cinquante ou cinquante-
deux entre l'ouïe et la caudale. Celles qui accompagnent la base
de la dorsale et de l'anale, sont rhomboïdales, un peu dentelées
à leur partie découverte, et n'ont ni pointes latérales ni crochets;
sur la nageoire même il n'y en a aucunes. La ligne latérale, étroite
et simple, marche parallèlement au dos, et à peu près au quart de
la hauteur. Cet individu a tout le corps de la plus belle couleur
d'argent, fort brillante; les rayons de ses nageoires sont noirâtres;
leur membrane paraît grisâtre dans les endroits où elle s'est conservée. Le dessin fait sur le poisson frais par MM. Quoy et Gaimard,

nous montre le corps également argenté, et les nageoires dorsale et anale bleues grisâtres. Vers la pointe supérieure de la dorsale on voit une tache ou un ocelle bleu clair. Les pectorales et la caudale sont jaunes.

L'individu est long de deux pouces quatre lignes.

Le Ptéraclis trichiptère.

(*Pteraclis trichipterus*, nob.)

Un second ptéraclis, rapporté par les mêmes voyageurs, en moins bon état que le précédent, nous a offert les différences suivantes :

Le corps est plus alongé; le rayon le plus gros de la dorsale est le quatrième. Il est plus large que le troisième de l'espèce précédente, et les autres rayons sont au contraire beaucoup plus grêles. Ils ont l'apparence de fins cheveux. Les nombres sont plus considérables. La caudale est plus longue.

D. 50; A. 44, etc.

Tout le corps paraît avoir été argenté, et la couleur des nageoires ne paraît pas être si tranchée sur celle du corps.

L'individu est long de trois pouces et demi.

MM. Quoy et Gaimard ne nous ont fourni aucune note sur ce poisson.

Le Ptéraclis de la Caroline.

(*Pteraclis Carolinus*, nob.)

Enfin, nous devons à M. Bosc le troisième de nos ptéraclis. Il l'a rapporté de la Caroline.

Il a la gueule plus fendue, les écailles plus grandes; le quatrième rayon de la dorsale est sensiblement plus gros que dans les espèces précédentes. Les autres rayons paraissent aussi moins grêles; ceux de la caudale sont plus larges; enfin, les nombres diffèrent encore de ceux des précédens.

D. 52; A. 44, etc.

Nous ne pouvons rien dire de la hauteur de la dorsale et de l'anale, parce qu'elles sont tout-à-fait mutilées dans cet individu. Sa couleur paraît être un argenté uniforme, avec quelques reflets bleuâtres.

Son anatomie nous a fourni les observations suivantes : la cavité abdominale se prolonge au-dessus de l'anale, à peu près jusqu'à la moitié de la longueur du corps. Le foie nous a paru petit et composé d'un seul lobe placé dans l'hypocondre gauche; malheureusement il était gâté et nous n'avons pu juger de sa forme ni de sa figure. Le canal intestinal était bien entier. Il nous a montré un œsophage court et continué en un sac oblong et étroit, qui est l'estomac; ses parois sont minces et lisses à l'intérieur. La branche montante naît auprès du cardia; elle est courte, et ses parois sont de beaucoup plus épaisses que celles de l'estomac. Il y a six appendices cœcales au pylore; la première, à gauche, est beaucoup plus longue que l'estomac; la seconde est de la même longueur que ce viscère; les autres diminuent successivement jusqu'à la dernière de droite, qui n'a au plus que le quart de la longueur de la première. L'intestin est étroit, mais assez long : il descend jusqu'à la pointe de l'esto-mac; de là il remonte jusque sous le pylore; il se replie de nouveau vers l'arrière de l'abdomen; mais il se contourne tout aussitôt et remonte sous la gorge pour déboucher à l'anus. Cette partie de l'intestin fait quelques sinuosités. Sur l'œsophage, tout près du diaphragme, il y a une très-petite vessie aérienne ovale, qui brille d'un bel éclat d'argent poli. Nous avons trouvé des débris de poissons dans son estomac.

L'individu est long de quatre pouces.

Tels sont les ptéraclis que nous avons vus et que nous décrivons d'après nature. Pallas et Gronovius ont donné, comme nous l'avons dit plus haut, chacun une description et une figure qui ne sont pas parfaitement semblables, quoique faites sur le même individu, et qui ne se rapportent exactement à aucun de ceux que nous possédons.

Le Ptéraclis tacheté

(*Pteraclis guttatus*, nob.; *Coryphœna velifera*, Pall.)

est fort semblable à celui que Bosc nous a rapporté de la Caroline.

Le corps, les écailles sont dans les mêmes proportions; les nombres, d'après Pallas, se rapprochent aussi beaucoup de notre poisson.

B. 7; D. 55 ou 3/55; A. 51 ou 2/49; C. 22; P. 14; V. 1.

Il dit que l'individu sec paraissait gris argenté, semblable à celui de ce petit insecte si commun, nommé *lepisma*; les membranes de ses nageoires verticales étaient très-fines, brunes, semées de gouttes blanchâtres. L'anale avait son bord antérieur blanc. Les autres nageoires paraissaient d'une teinte pâle.

J'ai vu cet individu, long de quatorze pouces, conservé dans le Cabinet de Leyde; mais n'ayant pu l'observer comparativement avec les nôtres, je ne suis pas en état de décider s'il est ou non de l'espèce précédente. Je l'y rapporterais volontiers, si j'étais sûr qu'il y eût quelques taches sur la dorsale ou sur l'anale.

La figure de Pallas a été assez bien copiée dans l'Encyclopédie, mais pour donner un exemple de coryphène.

Gronovius a publié une description de ce même individu moins exacte que Pallas; peut-être qu'il était déjà

mutilé, car l'auteur lui refuse des ventrales. Il compte
ainsi les autres nombres :

B. 6; D. 56; A. 46 ou 2/44; C. 15; P. 13; V. 0.

Sur la figure il y ajoute une bande blanche, parallèle
aux bords de la dorsale et de l'anale. Elle a été beaucoup
altérée par Bloch, qui l'a copiée, en la diminuant, dans
le Système posthume, pl. 35.

CHAPITRE XX.

Des Stromatées, des Rhombes, des Louvareous, des Seserins et des Kurtes.

Nous réunissons dans ce chapitre, à la fin de notre quatrième tribu des scombéroïdes, les poissons qui tiennent en effet à cette famille par leur corps nu ou couvert de petites écailles plus ou moins perdues dans la peau, et qui ont des cœcums nombreux et réunis en masse plus ou moins glandulaire. La forme comprimée de la tête et du tronc les rapproche assez bien des coryphènes; mais ils en diffèrent par le raccourcissement du corps.

DES STROMATÉES.

Στρῶμα en grec signifie un tapis, une *tenture de couleur variée,* et l'on croit que c'est de là que dérive le nom de *Stromateus,* donné apparemment par les Grecs d'Égypte à un poisson de la mer Rouge, qui, au rapport de Philon, cité par Athénée [1], ressemblait à la saupe, et avait des lignes dorées sur tout le corps.

D'après cette indication, qui pourrait convenir à beaucoup de poissons très-différens, Rondelet a cru pouvoir nommer *Stromateus* un poisson de la Méditerranée, que les Romains modernes appellent *fiatola,* quoique sa ressemblance avec la saupe soit assez peu prononcée, et qu'il

---

1. *Athen. Deipnos.,* l. VII, p. m. 322.

ait sur le corps non pas des lignes, mais des taches en partie rondes, en partie oblongues, de couleur dorée sur un fond argenté ou plombé.

Ce nom a été adopté par Artedi et par Linnæus pour le genre particulier dont ce poisson est devenu avec raison le type.

Ce genre se distingue dans la famille des scombéroïdes par le manque de ventrales et par une dorsale unique, dont les rayons épineux, en petit nombre, sont cachés dans son bord antérieur, et dont les nageoires verticales sont couvertes d'écailles à la manière des squamipennes.

Le STROMATÉE FIATOLE.

(*Stromateus fiatola*, Linn.)

Rondelet donne deux figures de la fiatole, qui paraissent lui avoir été envoyées l'une et l'autre de Rome : la première, p. 157, est faite d'après un poisson frais, et les taches y sont bien rendues; mais l'individu qui a servi de modèle, ainsi que l'a déjà fait remarquer M. Schneider[1], paraît avoir eu la pectorale du côté droit reployée en dessous, en sorte qu'elle se montre un peu sous la gorge, comme si c'était une ventrale; et c'est sur cette seule apparence que M. de Lacépède a cru pouvoir créer son genre *chrysostrome*[2], qui ne repose par conséquent que sur une inadvertance de dessinateur.

L'autre figure de Rondelet, p. 257, qu'il dit aussi se nommer *fiatole,* paraît avoir été faite d'après un individu desséché avec sa chair, où l'on ne voyait que les lignes

---

1. Syst. posth. de Bloch, p. 493. — 2. Lacépède, t. IV, p. 697 et 698.

d'intersection des tranches musculaires, et où les taches dorées avaient disparu. Ce qui a pu faire croire à Rondelet que ces dessins représentaient des espèces différentes, c'est qu'il ne paraît pas avoir vu le poisson par lui-même; car il le dit étranger et ne parle point de ses intestins, comme il le fait d'ordinaire pour les poissons du pays.

C'est de la seconde de ces figures seulement que M. de Lacépède fait son *stromatée fiatole*[1]; mais on n'a jamais pu retrouver dans la Méditerranée de poisson qui répondît à cette seconde figure. Willughby[2], qui avait bien observé les poissons de la Méditerranée, ne croit pas qu'elle soit d'une autre espèce que la première, et M. Risso lui-même, qui, dans sa 1.ʳᵉ édition[3], plaçait encore deux *stromateus* dans la mer de Nice, les réduit à un seul dans la seconde.[4]

Bélon[5], Gesner[6] et Aldrovande[7] ont donné, comme Rondelet, des figures de la fiatole faites d'après nature, mais plus ou moins grossières, suivant la méthode de ce temps-là.

C'est encore dans celle de Bélon que l'on peut prendre une idée plus juste du poisson, tel que nous l'avons sous les yeux.

Willughby l'a décrit aussi d'après nature et assez exactement[8]; mais il s'est borné à copier une des figures de Rondelet.[9]

---

1. Lacépède, t. II, p. 316. — 2. Willughby, *Ichtyol.*, p. 157. — 3. Risso, 1.ʳᵉ édition, p. 100. — 4. *Idem*, 2.ᵉ édition, p. 289, *fiatola fasciata*.

NB. Que les descriptions données d'abord par M. Risso dans la première édition de l'Ichtyologie de Nice, p. 100, paraissent avoir été empruntées de M. de Lacépède, et que celle de la dernière édition, où il parle des ventrales, n'est point la description de la fiatole, mais bien celle du *seserinus*.

5. Bélon, *Aquatil.*, p. 153. — 6. Gesner, p. 413, sous le nom d'*hepatus*; et mieux, p. 926, sous celui de *fiatola*. — 7. Aldrov., *Pisc.*, p. 194. — 8. Willughby, p. 156 et 157. — 9. *Idem*, pl. 1 et 4, fig. 2.

Depuis lors et jusqu'à MM. Risso et Rafinesque, aucun naturaliste n'a dit avoir observé la fiatole par lui-même. Artedi, Linnæus et leurs successeurs n'en ont parlé que d'après Willughby.

Il paraît que cette *fiatole* prend aussi quelquefois le nom de *lampeca*[1] et de *lampuga*[2], qui appartient aussi à une de nos liches et à quelques coryphénoïdes; on l'appelle encore *fetolo*[3] et *lissett*[4] ou *liscio,* ou du moins ces noms lui ont été donnés à certaines époques et par certains pêcheurs, car rien n'est plus variable que ces noms populaires.

Bélon croit que la fiatole est le *callichtys* des Grecs; mais c'est une opinion tout aussi hasardée que celle qui en fait leur *stromateus,* et que tant d'autres sur les noms que les poissons portaient chez les anciens. Elle n'est fondée que sur l'étymologie, parce que ce nom de καλλιχθυς signifie *beau poisson;* mais il y en a assez de plus beaux que la fiatole, pour que cette raison ne soit pas péremptoire, et l'on trouve d'ailleurs dans le peu que les anciens rapportent de leur callichte, des motifs plus que suffisans pour rejeter cette synonymie.

Selon Athénée[5] et Oppien[6], *callichtys* était un des noms de l'anthias ou poisson sacré, dont le voisinage rassurait les pêcheurs contre la crainte des cétacés. Oppien, à la vérité, dans un autre endroit, semble en faire une espèce distincte de l'anthias; mais il le range avec ce poisson et avec les orcynus parmi les espèces grandes et robustes.[7]

<hr>

1. Corneille Sittard, lettre à C. Gesner; Gesner., p. 926. — 2. Willughby, *Ichtyol.,* p. 156; et Risso, 1.re édit., p. 100; 2.e édit., p. 289. — 3. Corneille Sittard, *uti sup.* — 4. Willughby, *loc. cit.* — 5. Athén., l. VII, p. m. 282. — 6. Oppien, l. I, p. 185. — 7. *Idem,* l. III, p. 335.

Enfin, d'après un passage d'Aristote, rapporté par Athénée[1], le callichte avait des dents tranchantes; il se nour-
rissait de chair et vivait en société. Aucun de ces traits ne
peut convenir à la fiatole, poisson faible, rare, et à qui
sa petite bouche et ses dents à peine visibles ne permettent pas de vivre de grosse proie.

La fiatole de la Méditerranée est un poisson de forme oblongue
et comprimée, dont la plus grande hauteur, à peu près au milieu
du tronc, est deux fois et trois quarts ou près de trois fois dans
sa longueur totale; longueur dont une caudale fourchue prend à
peu près le quart. L'épaisseur ne fait guères plus du quart de cette
hauteur. La longueur de la tête est d'un peu moins du cinquième
de la longueur totale, et sa hauteur égale sa longueur. La ligne du
dos descend lentement et s'arrondit au bout du museau, qui est
un peu tronqué. L'œil est au-dessous de la ligne moyenne et plus
en avant que le milieu de la longueur. Son diamètre est du cinquième de la longueur de la tête. La bouche, très-peu fendue, ne
va pas même jusque sous l'œil. La mâchoire inférieure avance un
peu plus que l'autre, et c'est sous l'œil qu'elle a son articulation.
Les dents sont sur une seule rangée à chaque mâchoire, et si fines
et si courtes qu'il faut une loupe pour les distinguer; il n'y en a
ni au palais, ni sur la langue[2]. Le voile membraneux existe, comme
à l'ordinaire, derrière les dents. Le maxillaire s'élargit en arrière;
on n'en voit dans l'état de repos qu'un petit triangle derrière la
commissure. Le sous-orbitaire est coupé en arc de cercle convexe,
sans dentelure. Les orifices de la narine sont au niveau du bord
supérieur de l'œil, et un peu au-dessus de la mâchoire supérieure,
à peu près à égale distance de l'œil et du bout du museau, et
rapprochés l'un de l'autre; l'antérieur est rond, le postérieur ovale:
la joue a peu d'étendue; le préopercule est coupé presque en demi-

---

1. Athén., *uti sup.* — 2. M. Risso, nouv. édit., p. 289, dit le palais hérissé de
dents, mais cela n'est certainement point.

cercle, et a le limbe large et plat, un peu veiné vers le bas, et le bord sans dentelure. L'opercule est un peu strié vers sa base; mais les écailles cachent ces stries. Son bord a un petit angle saillant obtus; le sous-opercule forme au-dessous de cet angle une lame étroite et presque verticale; l'interopercule est plus large, et l'ensemble des trois pièces forme une valve arrondie. La fente des ouïes descend jusque sous le bord inférieur de l'œil; je n'y ai trouvé que six rayons, et le sixième est même difficile à découvrir dans une membrane épaisse et charnue, qui l'unit à elle du côté opposé en passant sous l'isthme. L'épaule donne une lame triangulaire, courte et obtuse, au-dessus de l'aisselle, mais n'a pas d'autre armure. La pectorale est ovale, d'un peu moins du sixième de la longueur totale; j'y compte vingt-trois rayons, dont le sixième et le septième sont les plus longs. Je me suis assuré par un examen fait exprès, qu'il n'y a aucun vestige de ventrales, mais que l'on voit seulement, à l'endroit où les nageoires sont ordinairement dans les poissons dits thoraciques, un très-léger bourrelet de chaque côté du tranchant abdominal, mais non pas une épine comme dans les *peprilus;* et lorsque M. Risso dit que la fiatole a de très-petites ventrales composées de quatre rayons, il est évident pour moi que c'est un autre poisson qu'il a décrit, et probablement le *seserinus.* L'anus est assez loin derrière cette impression et en avant du bord antérieur de l'anale. La dorsale commence vis-à-vis le milieu de la pectorale; son bord se continue avec la ligne de la nuque, et s'élève par degrés jusque vis-à-vis le milieu du tronc, où elle prend environ le cinquième de la hauteur; ensuite elle diminue et se termine à une distance de la caudale égale au quatorzième de la longueur totale; elle est épaisse, et l'intervalle de ses membranes est rempli de graisse. Je ne lui trouve que cinq rayons épineux, et j'en compte quarante mous; le huitième et le neuvième de ces derniers sont les plus longs. L'anale commence sous le milieu du tronc; elle prend à son quart antérieur à peu près la hauteur de la dorsale, diminue de même et se termine vis-à-vis du même point; sa substance est semblable: j'y trouve trois épines et trente-trois rayons mous. Le bout de queue derrière ces deux nageoires est à peu près aussi haut que

long, et de moitié moins épais; je n'y aperçois aucune carène. La
caudale est robuste, à la manière des scombres. Outre les dix-sept
rayons entiers, elle en a sept ou huit sur chaque bord, qui vont en
diminuant. La peau de ce poisson est lisse et brillante comme celle
d'un thon. On a peine à y distinguer les écailles, qui sont très-
petites, rondes, lisses et entières. Il faut une forte loupe pour
remarquer les fines stries concentriques de leur surface. Celles de
la ligne latérale sont plus grandes, ovales, et relevées chacune dans
leur milieu d'une petite saillie creuse. Cette ligne est au tiers supérieur de la hauteur et presque parallèle au dos, c'est-à-dire légèrement arquée; mais le long du flanc, à moitié hauteur, règne
une strie en ligne droite, dont quelques anciens naturalistes ont
voulu faire une deuxième ligne latérale.

Nous avons dû à M. Polydore Roux, naturaliste habile,
bien connu par son Ornithologie provençale, l'avantage
de pouvoir décrire les couleurs de la fiatole presque
d'après le frais.

Son dos est d'un bleu d'acier bruni, qui se change par degrés
sur les flancs en plombé, et qui devient d'un bel argenté sur tout
le ventre. Les joues et la gorge sont argentées; mais le dessus de la
tête est de la couleur du dos.

Le long de la base de la dorsale il y a sur le bleu deux ou trois
rangées irrégulières de petites taches dorées; plus bas sont des taches
plus grandes, ovales, dont le doré se change en noirâtre ou en
couleur d'ardoise. Le long du flanc elles s'alongent et s'unissent
au point de former des espèces de bandes longitudinales; elles y
prennent une teinte légèrement dorée et un liséré ardoisé. Toute
la partie inférieure n'a que des taches d'un doré vif; celles qui
approchent du flanc, sont alongées; celles qui avoisinent le tranchant du ventre, redeviennent ovales ou même rondes.

La gorge est blanche et sans taches. La dorsale et l'anale sont
grises, avec une légère teinte jaunâtre. Les pectorales sont un peu
plus jaunâtres. La caudale est jaunâtre, changeant en gris ou en

argenté vers ses pointes, et entourée d'un liséré noirâtre. L'iris de l'œil est doré.

Willughby a décrit les intestins de ce poisson avec une exactitude remarquable; seulement il a pris pour un premier estomac cette portion de l'œsophage qui est charnue et armée en dedans d'une quantité de dents osseuses de différentes grandeurs, qu'il compare aux épines de la peau du hérisson.

A l'extérieur, cette partie présente la forme d'une bourse; les épines dont elle est armée sont de différente grosseur; les plus grandes sont un peu en forme de fuseau; les petites garnissent les intervalles des grandes. Chacune de ces épines s'attache à la veloutée par sept ou huit racines ou fibres disposées en étoile. Leur surface, vue à la loupe, est toute hérissée de petites soies. Le foie est divisé en deux lobes triangulaires et très-distincts; celui du côté gauche est le plus grand. Le véritable estomac est membraneux, très-long, et se porte en arrière plus loin que l'anus; il revient ensuite en avant. Les cœcums partent en quantité innombrable de plusieurs troncs, divisés chacun en branches et en de nombreux petits rameaux, réunis par une cellulosité assez forte, comme dans les thons; ils ont l'air de former une glande conglomérée plutôt que des appendices. Le canal intestinal est très-long et fait plusieurs replis. Les testicules sont couchés des deux côtés en avant de l'anus, sur le bas de la cavité abdominale.

Outre l'individu de M. Polydore Roux, nous en avons vu d'autres pris au Martigue, près de Cette, par M. Delalande; dans le golfe de Naples, par M. Savigny; et même à Alexandrie, par M. Ehrenberg. Ils avaient depuis sept jusqu'à onze pouces.

Des Stromatées étrangers.

La fiatole n'existe, à ma connaissance, que dans la Méditerranée; je ne trouve aucun témoignage authentique portant qu'elle a été pêchée ailleurs, et si Linnæus et d'après lui d'autres ichtyologistes prétendent qu'on la trouve dans la mer Rouge, c'est parce qu'à l'exemple de Rondelet, ils ont cru que ce devait être le *stromateus* de Philon et d'Athénée.

Cependant la mer des Indes produit d'autres espèces de ce genre, et il y en a particulièrement trois ou quatre dans le golfe de Bengale, que nos Français de Pondichéry connaissent sous le nom de *pample,* et les Anglais de Madras et de Vizagapatam sous celui de *pomfret;* l'un et l'autre est corrompu de *pampas* ou *pampus,* lequel tient lui-même à celui de *pampano,* qui est proprement en espagnol et en portugais le nom de la saupe (*sparus salpa,* L.), mais que les colons espagnols et portugais des deux Indes emploient pour toute sorte de poissons comprimés, pour des liches, des trachinotes, des chétodons, etc.

Les indigènes de la côte de Coromandel nomment ce genre *vaval,* et ceux de la côte d'Orixa *sandawah,* ajoutant des épithètes pour distinguer les espèces. *Vaval,* qui signifie *chauve-souris,* s'applique aussi à d'autres poissons comprimés et à nageoires hautes, notamment au *chætodon teïra.* Nos colons français désignent ces espèces par la couleur, et ont une *pample noire,* une *pample grise* et une *pample blanche.* M. Sonnerat nous les a données sous ces noms, et la pample noire en particulier nous a été envoyée à plusieurs exemplaires par M. Leschenault.

Bloch, vers la fin de son grand ouvrage, a décrit et représenté trois de ces poissons sous les noms de *stromateus niger* (pl. 422), *stromateus cinereus* (pl. 420) et *stromateus argenteus* (pl. 421), et M. de Lacépède a donné un extrait de ces articles (t. IV, p. 892 et suiv.); mais ce que ni l'un ni l'autre n'a remarqué, c'est que Bloch avait déjà donné son *stromateus niger,* pl. 160, et l'avait confondu avec le *pampus* de Sloane ou *stromateus paru* de Linnæus, qui ne se trouve qu'en Amérique et est même d'un autre sous-genre, comme nous le verrons bientôt. Aussi Bonnaterre n'a-t-il pas manqué de prendre cette figure de Bloch pour représenter le *paru.*

Ce qui n'est pas moins à remarquer, c'est que ce nom de *paru* n'appartient pas plus au poisson d'Amérique qu'à celui des Indes; car c'est le nom que Margrave donne à un de nos pomacanthes, le *chætodon paru,* et Sloane n'avait pas dit que son pampus le portât, mais il avait simplement fait observer que ce pampus est voisin du *paru* du Brésil.

On ne doit pas s'inquiéter de la prodigieuse différence de couleur entre ce paru de Bloch et son stromatée noir. Bloch, qui n'avait pour modèles que des individus altérés par la liqueur ou la dessiccation, les enluminait souvent à sa fantaisie, heureux encore quand il n'en altérait que les couleurs.

Russel a donné quatre de ces *stromateus,* et Euphrasen deux; nous essayerons d'en fixer la synonymie avec ceux de Bloch et avec les nôtres, tâche qui n'est pas très-facile dans un genre où les espèces se ressemblent tant.

Ces stromatées des Indes ont le corps en général plus élevé que notre fiatole, la dorsale et l'anale plus pointues de l'avant, mieux taillées en faux, et les écailles plus fortes et plus apparentes; leur chair est très-estimée, et ils passent pour être du nombre des poissons les plus délicats de ces côtes.

Le Stromatée noir.

(*Stromateus niger*, Bl.)

L'espèce qui paraît la plus commune, la *pample noire*, est mieux représentée par Bloch sous le nom de *stromateus paru*, pl. 160, que sous celui de *stromateus niger*, pl. 422, sauf toutefois la belle couleur jonquille de la première de ces planches, qui est tout-à-fait imaginaire; la teinte entièrement noire de la seconde est aussi beaucoup trop foncée. Ce poisson est seulement d'un brun foncé, avec les bords des nageoires noirs; mais sa peau prend quelquefois, lorsqu'elle est desséchée, une couleur jaunâtre. Il se nomme en tamoule *karpou-vaval* ou chauve-souris noire; c'est le *black-pomfret* des Anglais et le *nalla-sandawah* des habitans de Vizagapatam. (Russel, pl. 43.)

Il est un peu plus haut à proportion que notre fiatole; son profil descend un peu plus rapidement; sa dorsale et son anale s'élèvent davantage de leur partie antérieure; la hauteur du tronc est à peu près deux fois et demie dans sa longueur totale, et la partie antérieure de sa dorsale et de son anale a près de la moitié de cette hauteur; il se distingue surtout des espèces suivantes par de grandes pectorales taillées en faux, très-pointues, et qui égalent près des deux tiers de sa longueur, la caudale non comprise. Son crâne, son front, son sous-orbitaire, ses mâchoires n'ont point d'écailles; mais il y en a sur sa joue, sur sa tempe et sur le haut de son opercule; le bord montant de son préopercule est en ligne droite; l'angle est arrondi; le limbe est large et un peu veiné. Il y a sur l'opercule de légères stries qui partent en rayons de son articulation. Les écailles du corps, quoique petites, sont très-apparentes, et ont cela de remarquable, que leur partie cachée est plus étroite et plus longue que leur partie externe, et a deux ou trois lignes concentriques sans éventail. Sur la dorsale et sur l'anale on n'aperçoit les écailles que comme de fines stries transversales serrées. La ligne latérale est au tiers supérieur de la hauteur, et forme une carène très-marquée aux côtés de la queue. Il n'y a sous la poitrine et le ventre aucun vestige, ni de ventrales, ni d'épine, qui les représenterait, comme nous en verrons une dans le sous-genre suivant.

Je trouve à la dorsale quarante-un ou quarante-deux rayons mous, et à l'anale 38. En avant des rayons mous de la dorsale, il y a une épine du tiers de la hauteur du premier mou, et encore plus avant, on en découvre par la dissection trois petites entièrement cachées sous la peau. Je n'ai pu distinguer qu'un seul épineux en avant de l'anale. La pectorale en a vingt et un branchus, et un premier court et simple. La caudale a ses fourches moins longues à proportion que celles de la fiatole, mais ses rayons sont disposés de même.

D. 4/42; A. 1/38; C. 17; P. 21.

M. Leschenault nous apprend que ce poisson atteint une longueur de *deux pieds*. On le pêche en grand nombre pendant toute l'année dans la rade de Pondichéry. C'est un des plus abondans et des plus estimés du marché de cette ville.

Selon M. Russel, c'est à la fin de Mars et au mois d'Avril qu'il y en a le plus à Vizagapatam; on l'y prend abondamment pendant deux ou trois jours, et il disparaît pendant les deux ou trois autres jours pour revenir ainsi alternativement. Il est vraiment délicieux selon cet auteur, mais il faut le manger aussitôt qu'il est pris; quelques heures de retard l'altèrent déjà beaucoup.

M. Dussumier, qui nous l'a rapporté de Bombay, nous dit que c'est un des poissons les plus estimés de cette rade; qu'il s'y pêche toute l'année en abondance et que l'on y en fait des salaisons.

Le Stromatée pample-blanche.

(*Stromateus albus,* nob.)

Le poisson que nous avons reçu de Pondichéry sous le nom de *pample blanche* et qui est nommé *movin* par les indigènes de cette côte, n'est pas le *stromateus argenteus* de Bloch.

Sa forme est encore plus élevée que dans la pample noire (sa hauteur n'est que deux fois dans sa longueur totale); son profil se courbe un peu plus rapidement; sa mâchoire inférieure avance un peu plus; sa dorsale et son anale sont à peu près les mêmes; mais les fourches de sa caudale ne sont pas si longues, et surtout ses pectorales ne sont pas aussi alongées et aussi pointues. Leur longueur ne fait pas moitié de celle du corps sans la caudale.

La ligne latérale se rapproche beaucoup plus du dos (elle est au cinquième de la hauteur); elle ne prend pas même le milieu sur les côtés de la queue, et n'y a aucune carène; les écailles sont plus petites, surtout à la partie antérieure. Je compte quarante-deux rayons à la dorsale et autant à l'anale; c'est à la première le quatorzième, à la seconde le douzième, qui sont les plus longs. Le premier seul est épineux, et les petites épines cachées sous la peau sont si menues et si peu consistantes, que nous avons eu peine à nous assurer de leur existence; nous n'avons pu en découvrir que trois. La couleur de ce poisson est un gris argenté, avec une teinte plombée vers le dos et du jaunâtre sur l'anale. On aperçoit vers la nuque des lignes brunes, fines et serrées.

On le prend à Pondichéry pendant toute l'année, et il y est aussi en grande estime.

Nous en avons des individus de dix pouces; mais on ne nous dit pas à quelle taille l'espèce parvient.

Le STROMATÉE ATOUKOIA.

(*Stromateus atous*, nob.)

L'*atoo-koia* de Russel ne semble différer de cette pample blanche que par des traits de peu d'importance.

Sa figure le représente encore plus élevé; lui marque à la nuque des écailles aussi apparentes que sur le reste du corps, et sans stries; lui refuse toute espèce d'épines, et compte quarante-quatre rayons à la dorsale et quarante à l'anale [1]. Toute sa couleur est cendrée, plus pâle vers le ventre. L'individu qu'il décrit était long de onze pouces. [2]

Il assure que l'espèce est très-rare à Vizagapatam, et que sa chair est moins délicate que celle de l'espèce qui va suivre.

Peut-être cet *atoo-koia* est-il le même que le *stromateus chinensis* d'Euphrasen [3], caractérisé

par une mâchoire inférieure plus longue, par l'absence d'épines, tant au dos qu'à l'abdomen, et par des points noirs dans la bouche. Sa figure ressemble beaucoup, et ses nombres s'éloignent peu.

D. 40; A. 38; C. 24; P. 25.

Il est certain que les stromatées sont bien connus des Chinois et des Japonais. Nous en trouvons une figure dans

---

1. On ne doit pas s'arrêter à ce que dit Russel, que les opercules de ce stromatée peuvent à peine être considérés comme composés de deux lames; tout opercule a quatre pièces.
2. T. XXII, pl. 21. — 3. Nouv. mém. de l'Acad. de Stockh., t. IX, pl. 9.

le beau recueil de peintures chinoises de la bibliothèque du Muséum.

Il y en a une encore meilleure dans l'imprimé japonais de la même bibliothèque; mais ni l'une ni l'autre n'ont le corps si élevé que celles d'Euphrasen et de Russel.

Le STROMATÉE BLANC.

(*Stromateus candidus*, nob.; *Tella sandawah*, Russ.)

Le *tella sandawah* de Russel, pl. 42, qu'il dit être appelé *white pomfret* par les Anglais de Vizagapatam, est une espèce différente de celle qui nous a été envoyée comme la *pample blanche* de Pondichéry.

Nous l'avons aussi reçue de la côte de Malabar, par les soins de M. Bélenger et par ceux de M. Dussumier.

Elle se distingue aisément, parce que son museau forme en avant de sa bouche une proéminence obtuse, et que la région entre la nuque et son opercule est finement striée; de plus, il y a en avant de sa dorsale six ou sept petites épines tronquées, qui ne dépassent pas la surface de la peau, mais qu'on y sent avec le doigt, et qui se terminent chacune par une petite lame tranchante, dont l'extrémité antérieure forme une pointe dirigée en avant. Six épines ou petites lames semblables sont situées en avant de l'anale, mais avec cette différence, que leur pointe est dirigée en arrière. Il y a de plus à la base de chacune de ces nageoires un rayon épineux court. Pour le reste, ce poisson ressemble beaucoup au précédent : il a les mêmes petites écailles, la même position de la ligne latérale, la même hauteur relative; ses nageoires sont seulement un peu plus pointues.

D. 42 ou 43; A. 39.[1]

---

1. Russel compte D. 39, A. 38; mais c'est une différence qui peut tenir à l'observateur.

Sa couleur est un gris argenté, teint de bleuâtre vers le dos. M. Russel dit que l'anale a un reflet jaunâtre.

Ayant eu cette espèce dans la liqueur et bien conservée, j'ai pu me convaincre qu'elle n'a pas de vestige de ventrales, bien qu'il se trouve sous la peau un bassin assez volumineux.

Nous en avons examiné les viscères. Immédiatement après les os pharyngiens vient un œsophage en forme de sac renflé et charnu, rond, un peu bilobé en dessus et en dessous; sa membrane interne est noire et ridée; sa face supérieure et l'inférieure sont garnies en dedans de grosses épines osseuses, cylindriques, terminées en pointe mousse, au nombre de vingt ou trente à chaque face, entremêlées d'un grand nombre d'autres plus petites. Entre les deux plaques que forment les épines, il y a à droite et à gauche une bande longitudinale qui en est dénuée; le fond de ce sac œsophagien, qui s'ouvre dans le cardia, n'en a pas non plus, mais est plissé longitudinalement. Un anneau circulaire, un peu renflé en dedans, marque le commencement de l'estomac, qui est en forme de boyau long, assez large, à membrane interne faisant des plis longitudinaux très-saillans; il se courbe en arc de cercle pour revenir près du cardia et se terminer au pylore.

Huit groupes de cœcums, divisés et subdivisés de manière à se terminer chacun en dix ou douze rameaux, adhèrent au duodénum. Tous ces ramuscules aveugles sont unis par de la cellulosité. Le reste du canal intestinal est à peu près d'égale venue, à parois minces, et fait sept replis avant d'aboutir à l'anus.

Le foie est de grandeur médiocre et peu divisé.

Les testicules se logent des deux côtés du premier et grand interépineux.

Je n'ai pu voir de vessie natatoire.

Le Stromatée argenté.

(*Stromateus argenteus*, Bl.)

M. Russel regarde le *tella-sandawah* comme le même que le *stromateus argenteus* de Bloch, pl. 421, ou le *volley-vaval* de Tranquebar, et en effet,

la forme générale et les nombres des rayons apparens (D. 38; A. 38) sont assez semblables; mais Bloch ne marque aucunes stries sur la nuque, et prétend qu'il n'y a point d'épines ni au dos ni au ventre.

Il reste à savoir si ce ne sont pas là de ces négligences si fréquentes dans son ouvrage.

Le Stromatée aiguillonné.

(*Stromateus aculeatus*, Bl. Schn.; *Stromateus argenteus*, Euphrasen.)

Le *Stromateus argenteus* d'Euphrasen[1], dont Bloch, dans son Système posthume, a fait le *stromateus aculeatus,*

a les mêmes épines en avant de la dorsale et de l'anale que l'espèce précédente; son museau est semblable; mais la figure lui donne le corps plus alongé de l'arrière, et les nombres de ses rayons sont très-différens;

D. 9 — 45; A. 7 — 43; C. 22; P. 23.

La langue, l'intérieur de la bouche et la dorsale sont pointillés de noir.

Cette espèce est aussi des mers de la Chine.

---

[1] Nouv. mém. de Stockh., t. IX (pour 1788), pl. 9.

Le STROMATÉE PORTE-HACHES.

(*Stromateus securifer*, nob.)

Nous devons à M. Dussumier un petit stromatée de Bombay, fort voisin de celui d'Euphrasen;

un peu plus haut cependant, à pointes de la dorsale et de l'anale plus saillantes et de nombres différens.

D. 9/40; A. 6/39.

De ses neuf épines dorsales, qui toutes se montrent bien au dehors, les quatre premières sont crochues, la pointe dirigée en arrière; les suivantes, en forme de hâche et même un peu fourchues, ont une pointe en avant et en arrière. A l'anale, la première seule n'a qu'une pointe dirigée en arrière; les cinq autres en ont deux. Ce poisson est argenté et a le dos couleur de plomb.

L'individu est long de trois pouces.

Le STROMATÉE PAMPLE GRISE.

(*Stromateus griseus*, nob.)

Il reste à parler de la *pample grise* de nos colons de Pondichéry, que nous avons trouvée dans les collections de feu Sonnerat.

Ce stromatée a le même museau proéminent, les mêmes épines tronquées et tranchantes au-devant de la dorsale et de l'anale que les deux précédens, mais qui se distingue par la longueur de sa pectorale, des pointes de sa dorsale et de son anale, et surtout parce que sa caudale, divisée en deux lobes aigus, a l'inférieur de près du double plus long que l'autre.

Les nombres sont:

D. 7 — 1/40; A. 5 — 1/38; C. 17 et 6 et 5, en comptant tout, 28; P. 23.

Sa ligne latérale est placée comme dans les précédens; mais ses écailles sont plus ménues, et en n'y regardant pas de près, on peut très-bien croire qu'elles lui manquent.

C'est ce qui fait que nous rapportons à cette espèce le *sudi-sundawah* de Russel, quoique cet auteur le dise sans écailles; d'ailleurs, tout le reste de ses caractères est conforme, et le nombre de ses rayons s'accorde aussi, ou à peu près, car Russel les décrit:

$$D.\ 7 - 1/39;\ A.\ 5 - 1/40;\ C.\ 24;\ P.\ 22.$$

Son individu d'ailleurs était petit et de six pouces seulement; le nôtre en a plus de neuf.

Selon Russel, son *sudi-sundawah* est argenté; sa caudale et son anale ont une teinte jaunâtre.

Bloch nous paraît aussi avoir représenté notre pample grise, pl. 420, sous le nom de *stromateus cinereus.* Son dessin est exact pour la tête, le corps et les nageoires; cependant il y marque trop fortement les écailles; il y oublie entièrement les épines, et il semble en compter les rayons bien différemment: D. 35; A. 29; mais sa propre figure nous les montre autrement : on y en voit trente-sept à la dorsale et trente-neuf à l'anale, en sorte que les vingt-neuf du texte pourraient bien être une faute d'impression. Je laisse aux naturalistes qui visiteront la côte de Coromandel, à décider si les autres différences tiennent à l'espèce du poisson ou à l'incurie si habituelle de l'ichtyologiste.

Bloch donne assez au long, d'après son correspondant, le missionnaire John, l'histoire de ce stromatée cendré. Les Tamoules le nomment *aïvaval,* c'est-à-dire chauve-souris ailée.

On le prend à Tranquebar pendant toute l'année; mais il est plus abondant en Janvier, Février et Mars. C'est surtout dans ces deux derniers mois qu'il est le plus gras et le plus succulent. Il n'a point de temps fixe pour frayer et n'entre jamais dans les rivières; on le pêche à quelque distance de la côte avec de grands filets. Les plus forts passent rarement un pied de longueur sur deux pouces d'épaisseur; plus il est grand, et meilleur il est. On en fait une préparation nommée karavade, en le coupant en tranches minces, le saupoudrant de sel et le pressant entre deux planches. Lavée ensuite et séchée à la fumée, cette préparation fournit un mets délicat. On conserve aussi ce poisson dans le vinaigre, et il est très-bon, de quelque manière qu'on l'accommode.

———

Une chose singulière, c'est que, bien que les stromatées paraissent communs sur les côtes de l'Indostan, et qu'il y en ait même en Chine, nous n'en ayons jamais reçu ni de l'Isle-de-France, ni d'aucune partie de l'Archipel des Indes, et que ni Forskal ni Commerson n'en aient observé.

Bloch (part. 5, p. 64) y rapporte le *toutetou* de Renard (pl. 33, fig. 178), et il pense même que c'est son *para* ou notre *pample noire*. Il se trompe manifestement; car ce toutetou est une espèce de poisson de la famille des theuthies dont nous parlerons plus loin; mais je croirais volontiers que notre pample noire est vraiment représentée dans Renard, t. I, pl. 5, fig. 38, sous le nom de *nanourang*, ou du moins que c'est quelque espèce très-voisine. L'original de cette figure dans Vlaming, n.° 128, manque aussi de ventrales; il est enluminé de bleuâtre au dos, d'argenté au ventre, avec un peu de jaunâtre entre deux. La carène de la fin de la ligne latérale y est marquée comme mieux écussonnée ; et outre son nom malais de *nanourang*, on y a écrit celui d'*ikan-candoar*, et le nom portugais de *corcoado*, qui se donne, comme nous l'avons vu, à beaucoup de poissons de la famille des vomers. Je n'ai pu retrouver cette figure ni dans Ruysch ni dans Valentyn. Il y a dans Renard (pl. 15, fig. 85) un *tou-té-tou* différent de celui que cite Bloch, mais qui n'a pas non plus de rapport avec les stromatées, et que nous avons reconnu pour être de notre genre *pempheris* (t. VII, p. 222).

Le STROMATÉE TACHETÉ.

(*Stromateus maculatus,* nob.)

Indépendamment des pamples ou stromatées des Indes, les côtes de l'Amérique méridionale sur la mer Pacifique possèdent un poisson de ce genre, plus semblable qu'aucun d'eux à la fiatole de la Méditerranée. Déjà nous en avions découvert une figure sans nom dans le manuscrit de Feuillée qui est conservé dans la bibliothèque de M. Huzard; et nous venons d'être assez heureux pour que M. d'Orbigny nous en ait envoyé deux individus de Valparaïso du Chili, et tout récemment M. Gay vient d'en rapporter deux autres.

Sa forme est, à peu de chose près, celle de la fiatole commune; ses nombres de rayons sont les mêmes, mais elle en diffère sensiblement par les couleurs. Tout le dessus, jusque près du milieu de la hauteur, est d'un beau bleu d'acier bruni, à reflets métalliques, semé de taches jaunes qui deviennent noirâtres dans la liqueur; elles sont rondes, égales, assez nombreuses et sans ordre, mais sur quatre ou cinq, ou même six de hauteur. Tout le dessous est d'un bel argenté brillant. Les nageoires sont grises; la caudale est plus foncée.

M. Pentland nous apprend que l'espèce est commune sur les marchés de Lima pendant les mois de Mai, de Juin et de Juillet. On en fait peu de cas comme aliment.

Nos individus sont longs de six pouces ; mais l'espèce devient plus grande : la figure de Feuillée en a dix, et celle de M. Gay va jusqu'à treize. Cet habile naturaliste a observé que ce sont des poissons de haute-mer qui arrivent avec les aloses (*machuelos*), et qu'ils approchent d'autant plus de la côte que la mer est plus grosse : sur la fin de Décembre, vers Noël. Ils sont de mauvais goût, et par conséquent fort peu estimés.

DES RHOMBES (*Rhombus*, Lac.).

Les stromatées des côtes d'Amérique sur l'Atlantique se distinguent de ceux de la Méditerranée et de la mer des Indes, parce que l'extrémité de leur bassin forme en avant de leur anus une petite lame tranchante et pointue, qui semble être un vestige de ventrales. Cette particularité fait une sorte de lien entre les *psettus* et les stromatées proprement dits.

Linnæus avait reçu un de ces poissons de Garden, et l'avait inséré dans sa 12.ᵉ édition, en le nommant *chætodon alepidotus,* bien que l'absence de ventrales et les dents sur une seule rangée eussent dû l'avertir qu'il se rapprochait des stromatées plus que des chétodons. M. de Lacépède l'a, avec raison, placé auprès des premiers, et en a fait son genre *rhombe;* mais celui qui a pris le plus mauvais parti à son égard, c'est, je crois, Bloch, qui, dans son système posthume, l'a associé au *sternoptyx*.

Nous conservons à ce genre le nom de rhombe[1], que lui avait donné M. de Lacépède, quoique toutes les espèces n'aient pas le corps aussi rhomboïdal que la première. Nos caractères, tirés de la nature de l'épine du bassin, sont beaucoup plus précis.

Le Rhombe a longues nageoires.

(*Rhombus longipinnis*, nob.)

Nous commencerons l'histoire de ces espèces par celle qui nous paraît répondre le mieux au poisson de Garden, ou à ce prétendu *chœtodon alepidotus*. Le docteur Mitchill l'a décrit sous le nom de *stromateus longipinnis*.

Son corps est rhomboïdal, très-élevé et très-comprimé.

En ne comptant pas la caudale, sa longueur ne comprend sa hauteur qu'une fois et un quart; mais la caudale fourchue ajoute à cette longueur plus d'un tiers. La partie antérieure de la dorsale et de l'anale s'aiguise en pointe; des deux tiers de la hauteur du corps la longueur de la tête est comprise quatre fois et un tiers dans la longueur totale, et sa hauteur surpasse sa longueur de près de moitié. La ligne du profil descend en arc légèrement convexe depuis la dorsale jusqu'au-devant des yeux, où elle tombe subitement, en sorte que le museau a l'air tronqué. L'œil est au milieu de la hauteur, et a en diamètre le tiers de la longueur de la tête. Sa distance au museau est de moitié moindre qu'à l'ouïe. Les deux orifices de la narine sont l'un près de l'autre, à égale distance de l'œil et du

---

1. M Cuvier avait donné à ce genre le nom de PEPRILUS dans la seconde édition du Règne animal, parce qu'il n'avait pas alors remarqué que M. de Lacépède avait déjà établi le même genre sous le nom de RHOMBUS, d'après la description du *chœtodon alepidotus* de Linné.

museau, et un peu au-dessous du niveau de l'arcade surcilière :
l'antérieur est rond et petit; le postérieur verticalement ovale. La
bouche n'est pas fendue jusque sous l'œil, ni fort extensible; quand
elle s'ouvre, c'est la mâchoire inférieure qui avance le plus. Le
maxillaire, élargi et tronqué à son extrémité, ne peut se cacher
entièrement sous un sous-orbitaire étroit et sans dentelures. Il n'y
a à chaque mâchoire qu'une rangée de très-petites dents grêles,
pointues et serrées. La joue est étroite; le limbe du préopercule
large, lisse; son angle arrondi; ses bords sans dentelure. L'opercule
a son bord inférieur en ligne concave, et le postérieur échancré
par un arc qui y forme deux pointes, dont la supérieure est plus
aiguë.

Les membranes branchiostèges s'unissent sous l'œil et y embrassent l'isthme; elles ont chacune sept rayons assez larges. Il n'y a
aucune armure à l'épaule. La pectorale a près du tiers de la longueur totale et est assez pointue; on y compte vingt-trois rayons;
la dorsale en a quarante-quatre mous et trois épineux en avant,
et de plus avant le premier, une épine ou lame tranchante, dont
une pointe est dirigée vers la tête[1]. Le premier épineux est très-
court; les autres croissent par degrés jusqu'au neuvième, qui forme
le sommet de la pointe; ils redécroissent jusqu'au dix-septième ou
au dix-huitième, après lequel ils demeurent courts; l'anale est
pareille à la caudale. Je lui trouve quatre épines et quarante-trois
rayons mous; à sa base, en avant de son premier rayon épineux,
est une lame tranchante ou en forme de hache, qui a une pointe
dirigée en avant, et c'est celle que le bassin donne en sens contraire, et que l'on a considérée comme représentant les ventrales.
L'anus est entre deux. Le bout de queue derrière la dorsale et l'anale
n'a pas le douzième de la longueur totale et est encore un peu
moins haut que long. Les écailles[2] sont petites, rondes, lisses et

---

1. Les nombres de Linnæus, écrits à notre manière, sont : B. 6; D. 3/48;
A. 3/44. J'ai peine à m'expliquer une différence de quatre à la dorsale.

2. La présence des écailles nous a engagé à changer le nom spécifique de cette
espèce, et à préférer l'épithète du docteur Mitchill qui est de beaucoup plus exacte.

peu apparentes, surtout aux nageoires où l'œil nu a peine à les suivre. Une forte loupe fait voir qu'elles sont striées concentriquement. Il y a un espace qui forme une espèce de capuchon depuis la nuque et où les écailles prennent un autre aspect, qui en est même dépourvue au crâne et au museau; l'opercule ne paraît pas en avoir non plus, mais il y en a sur la joue.

La ligne latérale en a de plus fortes; elle est courbée de manière à se rapprocher du dos, et se terminer à la fin de la dorsale au bord supérieur du bout de queue qui porte la caudale. La couleur générale est argentée, teinte de plombé ou de bleuâtre vers le dos. Le capuchon est d'une couleur plus foncée, et d'après M. Mitchill, le corps a des reflets noirs et violets. La dorsale et l'anale sont finement pointillées de noir, et une grande partie de leurs pointes sont entièrement noirâtres. Il y a aussi des points noirs en dedans de la bouche.

La caudale paraît avoir été jaune, et il y a un peu de noirâtre vers ses pointes.

Selon M. Mitchill, l'espèce arrive à sept pouces de longueur. Nous en avons même reçu de Charlestown un individu de huit pouces, envoyé par M. Holbroock.

On la nomme à New-York *harvest-fish*, parce qu'elle arrive sur cette côte au temps de la récolte. C'est un manger délicat.

Le RHOMBE A NAGEOIRES ARGENTÉES.

(*Rhombus argentipinnis*, nob.)

M. d'Orbigny nous a envoyé récemment de Montévidéo un rhombe fort semblable à l'harvest-fish pour la forme, pour les lames ou épines en avant de la dorsale et de l'anale; mais où les deux nageoires ont les pointes moins élevées, de moitié seulement de la hauteur du corps, et comptent moins de rayons (D. 5/40; A. 3/38). Son capuchon est lisse.

Tout son corps est argenté, teint de bleuâtre vers le dos. Sa dorsale et son anale sont argentées; la première est finement pointillée de noirâtre; l'autre est un peu teinte de cette couleur vers sa pointe. La caudale paraît jaunâtre. Il y a des points noirs dans la bouche, comme aux espèces voisines.

Nos individus sont longs de cinq pouces.

Le Rhombe a queue jaune.

(*Rhombus xanthurus*, nob.)

Le Brésil produit une autre espèce voisine de l'harvest-fish,

Un peu moins haute à proportion; plutôt ovale que rhomboïdale; où le profil descend un peu moins rapidement, et se termine en s'arrondissant et non par une troncature; où le capuchon n'est pas lisse, mais veiné, c'est-à-dire marqué de lignes serrées et irrégulièrement branchues, représentant un réseau veineux.

Nous en avons des individus dont la dorsale et l'anale sont noirâtres et pointillées de noir, d'autres où elles sont jaunes et pointillées plus finement; tous ont la caudale jaune, et l'intérieur de la bouche semé de points noirs.

D. 4/40; A. 3/39.

C'est bien sûrement ici le *pampus* ou *paru pisci brasiliensi congener sine pinnis ventralibus* de Sloane[1], que Bloch a cru identique avec la pample noire de Tranquebar; idée qui lui a fait donner le nom de *stromateus paru* à cette pample, lorsqu'il l'a représentée pour la première fois.

Sloane parle même en détail des petits os qui garnissent l'estomac de ce poisson.

---

1. Sloan., *Jam.*, t. II, p. 281, pl. 250, fig. 4.

En effet, ses intestins ressemblent à ceux de tout le genre.

Ils commencent par un œsophage charnu, armé intérieurement de dents osseuses coniques, les unes plus grosses, les autres plus petites, disposées sur quatre grands espaces ovales qui se continuent avec les pharyngiens, mais les surpassent beaucoup en étendue, ainsi que pour la force de leurs dents. Ensuite vient l'estomac, qui est en forme de long boyau, dont la surface interne est plissée longitudinalement; il se porte vers l'arrière de l'abdomen, fait un coude et revient en avant.

Les cœcums sont en nombre très-considérable, distribués en plusieurs groupes, qui s'insèrent à différens points de l'intestin; celui-ci se replie quatre ou cinq fois sur lui-même, et presque en spirale, avant d'aboutir à l'anus.

Dans le squelette, on remarque la grande hauteur de la crête mitoyenne, et cette circonstance que les deux crêtes intermédiaires ne s'élèvent que sur le frontal et ne s'étendent point sur le pariétal. Le bassin est une tige prismatique, terminée par une épine. Il y a quinze vertèbres abdominales et quinze caudales; les sept dernières abdominales ont des apophyses descendantes de plus en plus longues. Le premier et grand interépineux de l'anale s'appuie du haut contre l'apophyse inférieure de la première vertèbre caudale, et se porte de là obliquement en avant jusque derrière l'anus, où il se termine par un aplatissement vertical, qui porte la petite lame tranchante, placée en avant de l'anale.

Les interépineux des neuf ou dix premiers rayons de l'anale se suspendent à la face postérieure ou inférieure de ce premier grand os.

Derrière la nuque il y a trois interépineux sans rayons, puis deux pour les petites lames tranchantes en avant de la dorsale. Les côtes sont grêles comme des crins et simples; elles n'embrassent pas à beaucoup près l'abdomen.

Les coracoïdiens sont grêles et descendent jusques assez près de l'anus.

Le Rhombe a fossettes.

(*Rhombus cryptosus*, nob.; *Stromateus cryptosus*, Mitch.)

Le *stromateus cryptosus* de M. Mitchill est aussi de ce genre;

mais sa forme est plus oblongue que dans les précédens, et ses nageoires verticales ne s'aiguisent pas en pointes; elles sont seulement un peu plus hautes de l'avant. Sa hauteur est trois fois dans sa longueur totale; sa tête cinq : elle est aussi haute que longue. Son profil descend par un arc uniforme de la nuque au museau. L'œil est au milieu de la hauteur et de très-peu plus en avant que la moitié antérieure de la joue; son diamètre est d'un peu plus du quart de la longueur de la tête. Les orifices de la narine sont très-rapprochés l'un de l'autre, et un peu plus près du bout du museau que de l'œil : le premier est un trou rond; le second, une petite fente verticale. La fente de la bouche ne prend que moitié de l'intervalle en avant de l'œil. Les dents, très-fines, très-serrées, forment une rangée à chaque mâchoire. La peau du palais est plissée, mais sans dents; il y a d'ailleurs derrière les mâchoires ce voile qui ne manque presque à aucun poisson.

La langue est large, plate, molle, tranchante sur ses bords, lisse et très-libre. Le limbe du préopercule est très-large et strié; son angle arrondi. L'opercule est coupé comme dans les précédens; sa surface est striée en rayons; tout le capuchon est veiné. La partie antérieure de la dorsale et de l'anale ne s'élève guère que du tiers de la hauteur du tronc. Dans la dorsale, le nombre des rayons mous varie de quarante à quarante-trois, et il y en a trois épineux, sans compter la petite lame tronquée de sa base antérieure. L'anale en a plus constamment trente-neuf ou quarante mous et trois épineux, sa lame tranchante non comptée. Ces deux nageoires sont couvertes d'écailles très-fines, et qui font l'effet de stries tracées sur une surface adipeuse. La pectorale et les lobes de la caudale ont le quart de la longueur totale. Les écailles et la ligne latérale sont disposées comme dans les autres espèces. Celle-ci est presque au cinquième de la hauteur, et il y a de plus un trait délié, qui va en ligne droite de l'ouïe à la queue, comme dans tout ce genre. Mais le caractère qui distingue essentiellement cette espèce et qui lui a valu l'épithète de *cryptosus*, consiste dans une série de fossettes rondes, creusées le long du dos, des deux côtés de la base de la dorsale. Les quinze ou seize premières sont très-apparentes; ensuite elles diminuent de largeur et disparaissent. Ce poisson paraît avoir été argenté, et teint de cendré ou de bleuâtre vers le dos. La dorsale et l'anale, et même un peu la caudale, sont pointillées de noir. M. Mitchill décrit le frais comme irisé, et dit qu'il y a des points noirs dans l'intérieur de la bouche; ils ont disparu dans la liqueur.

La taille de nos individus est de neuf pouces.

M. Mitchill paraît n'en avoir vu que de huit. Il annonce que cette espèce est un manger délicat.

Cet habile observateur parle de l'appareil dentaire, qui, dit-il, est dans l'estomac pour aider à la digestion.

Ce n'est pas tout-à-fait dans l'estomac, mais dans le haut de l'œsophage. On y voit les mêmes proéminences osseuses coniques de différentes grosseurs que dans les autres espèces, et cela sans préjudice des dents en fin velours ras qui garnissent les os pharyngiens. Le reste des intestins est aussi très-semblable, et surtout il y a la même quantité de cœcums et la même distribution en paquets de ces appendices.

Dans le squelette, les os coracoïdiens et la tige que forme l'os du bassin, se prolongent jusqu'au bord de l'anus, où se rend de son côté le premier et grand interépineux de l'anale. Du reste, tout est à peu près comme dans les espèces plus hautes, sauf les différences qui s'annoncent déjà à l'extérieur. Il y a trente et une vertèbres, dont quatorze peuvent être rapportées à l'abdomen. Les côtes sont aussi moins grêles que dans les précédens.

Le RHOMBE CRÉNELÉ.

(*Rhombus crenulatus,* nob.)

Nous rapportons encore à ce genre et nous appelons *rhombus crenulatus* un très-petit poisson, qui nous a été envoyé de Cayenne par M. Poiteau, et qui est singulièrement remarquable par les crénelures de ses épines dorsales et anales.

Sa forme est rhomboïdale et très-comprimée; sa hauteur est contenue à peu près deux fois dans sa longueur, en y comprenant la caudale; il ressemble beaucoup à l'espèce de Garden par la tête et par tout l'ensemble. Ses nageoires dorsale et anale sont seulement un peu moins hautes de leurs pointes antérieures : en avant de la première est d'abord l'épine couchée, qui en a sur sa base une toute petite avec quelques crénelures; puis viennent deux épines courtes, comprimées, tranchantes et à bord crénelé; enfin la quatrième épine, qui est simple et encore assez courte. Les rayons mous sont au nombre de quarante-cinq. Au-devant de l'anus est la pointe du bassin, seul vestige de ventrales de ce genre; derrière l'anus vient une lame fixe à trois lobes tranchans et crénelés; puis une épine mobile, fourchue et crénelée, et une épine plus longue, dont la base est aussi élargie et crénelée. Elle est suivie de trente-neuf rayons mous. Sa caudale est fourchue.

D. 4/45; A. 3/39; C. 17; P. 21.

Il paraît lisse; sa ligne latérale est au cinquième supérieur, et paraît peu; la couleur est argentée aux flancs et au ventre, et d'un gris plombé sur le dos.

Notre plus grand individu n'a pas deux pouces.

DU LOUVAREOU (*LUVARUS*, Rafin.).

M. Rafinesque[1], dans ses *Caractères de quelques nou-*
veaux genres, etc., p. 22, parle d'un poisson qu'il nomme
luvarus imperialis, et en donne une description abrégée
et une figure médiocrement soignée. Il est difficile, d'après
le peu qu'il en dit, d'en assigner précisément la place, et
de déterminer si c'est auprès des liches, des coryphènes
ou des stromatées qu'il doit se ranger. Cependant, comme
il n'a pas de ventrales, nous le mettons ici, en attendant
que des naturalistes aient pu l'observer et le décrire avec
plus de détail; mais peut-être est-ce de l'astroderme qu'il
devra définitivement être rapproché.

D'après la figure, il est trois fois et demie plus long que haut;
son profil, d'abord courbé en arc de cercle, fait une petite inflexion concave au-dessus du museau, qui est court; la bouche est
très-peu fendue, et les mâchoires égales et sans dents. L'auteur n'a
compté que quatre rayons aux ouïes. La dorsale et l'anale ne commencent qu'au milieu de la longueur du corps, et sont à peu près
égales et peu élevées. Elles ont chacune quatorze rayons presque
épineux, dit l'auteur. Le bout de queue derrière ces nageoires est
mince et a de chaque côté une carène ou aile adipeuse très-pro-
noncée. La caudale est fourchue, robuste, à lobes très-écartés; les
pectorales petites et de douze rayons. L'anus, placé sous les pectorales, a en avant un petit appendice plat, obtus et mobile, qui
lui forme une espèce d'opercule. Il n'y a, dit l'auteur, aucune ligne
latérale, et d'après sa figure, il paraît que ses écailles sont très-peu
apparentes.

Ce poisson est très-rare et a la chair d'un goût exquis;
celui que M. Rafinesque a décrit, fut pris le 15 Juin 1808,

---

1. *Caratteri di alcuni nuovi generi e nuove specie di animali e piante della Sicilia.*

près de Solanto, où il avait échoué sur la plage. Il était long de cinq pieds et pesait cent dix rotoli de Sicile; tout le corps était d'une couleur argentée rougeâtre, plus obscure vers le dos.

Son nom vulgaire de *luvaru imperiali* ou *luvaru reale,* marque sa ressemblance de couleur avec le pagel, qui est le *luvaru* ordinaire.

D'après M. Rafinesque, le principal caractère générique des luvarus consisterait dans cet appendice qui sert d'opercule à l'anus; ce serait par là qu'ils se distingueraient des fiatoles.

———

On a pris en l'année 1826, à l'Isle-de-Ré, un poisson inconnu de tous les pêcheurs, dont j'ai dû un dessin et une courte description à l'obligeante attention de M. Journal-Rouquet, employé des douanes de cette île. Si ce poisson n'est pas le *luvarus* de M. Rafinesque, il doit au moins être rangé dans le même genre.

Sa taille était de quatre pieds et demi en longueur, et son poids de cent trente livres. Sa forme ressemble beaucoup à celle du luvarus, tel que l'a dessiné M. Rafinesque. Son profil, la position basse de son œil, la petite ouverture de sa bouche, sa queue grêle, sa caudale fourchue, sont les mêmes; mais ses nageoires dorsale et anale ont chacune en avant une partie élevée et pointue qu'on ne voit pas dans ce dessin; la première ne commence que sur le milieu du dos; sa partie postérieure, à la pointe, devient et demeure fort basse. L'anale, placée vis-à-vis, lui ressemble pour la forme et pour la grandeur.

M. Rouquet n'a compté que les rayons de cette partie basse, qui sont au nombre de douze; mais il ne nous dit pas combien il s'en trouve dans les parties antérieures et pointues. Il ne fait aucune mention d'épines libres en avant de la dorsale; mais il dit que l'espace entre l'anus et le commencement de l'anale est soutenu par un os dur, en forme de carène comprimée. Les pectorales sont assez grandes et un peu pointues; la caudale, comme dans la généralité des scombéroïdes, est fourchue et ferme. Au-devant de l'anus et au lieu où seraient les ventrales, M. Rouquet assure n'avoir trouvé qu'un os en forme d'écusson mobile, et servant comme de soupape à l'anus, exactement comme dans le luvarus. Il n'a compté que trois rayons aux branchies. Il paraît que le tronc n'est pas autant aplati par les côtés. M. Rouquet dit qu'il est rond, et seulement un peu efflanqué dans la direction de la queue à l'ouïe. La partie grêle et nue de la queue a de chaque côté une carène saillante, comme dans le thon ou le germon, et aussi comme dans le luvarus. La figure ne montre non plus aucune ligne latérale. La peau de ce poisson était fine, lisse, sans écailles apparentes, argentée, et teinte sur le dos de couleur de laque carminée. La caudale était d'un brun rouge.

On n'apercevait point de dents ni aucunes aspérités aux mâchoires. Il avait la chair blanche. On voit qu'il est difficile qu'un poisson ressemble à un autre plus que le luvarus de Sicile à celui de l'Isle-de-Ré; car nous ne faisons pas une grande attention aux petites différences des nombres, qui semblent venir de la manière dont on les a comptés, et même à ces pointes de la dorsale et de l'anale qui paraissent caractériser le poisson des côtes de Bretagne. Ces dernières pourraient fort bien avoir disparu dans l'autre par l'effet de la détrition, comme il arrive dans le chrysotose et dans beaucoup d'autres grands poissons.

DU SESERINUS,

Et en particulier du Seserin aux petites ventrales.

(*Seserinus michochirus,* nob.; *Centrolophus michochirus,* Bon.)

Le nom de *seserinus,* que nous employons pour ce genre, ne se trouve qu'une fois dans les anciens, et cela dans un passage d'Aristote, conservé par Athénée[1], où le seul trait qu'on en rapporte est qu'il a deux raies sur le corps, par opposition à la saupe qui en a plusieurs.

Rondelet[2] l'a appliqué à un poisson de la Méditerranée, très-semblable en petit à la fiatole, et qui a, comme elle, une ligne latérale écailleuse arquée, et une strie s'étendant en ligne droite de l'ouïe à la caudale. C'est dans cette disposition qu'il croit retrouver les deux raies attribuées par Aristote à son *seserinus.*

Ce qui est plus certain, c'est que ce petit poisson se distingue de la fiatole et de tous les stromatées et rhombes par deux très-petites ventrales qui n'ont pas le quinzième de la longueur du corps.

A la vérité, la figure de Rondelet ne montre pas ces petites ventrales; mais son texte en suppose l'existence : *pinnarum quæ in branchiis et ventre sunt, non differt ab hippuro.*

C'est ce seserinus que nous croyons avoir été pris par M. Risso pour la fiatole, et c'est ainsi que nous expliquons l'attribution qu'il fait à cette dernière espèce de ventrales à rayons déliés, que bien certainement elle n'a pas.[3]

---

1. Athén., l. VII, p. m. 3o5. — 2. Rondelet, l. IX, c. 20, p. 257.

3. En général, la description de la fiatole, telle que l'a donnée M. Risso, semble, sur plusieurs points, faite d'après les auteurs plutôt que d'après la nature. Quant aux ventrales, c'est évidemment du seserinus qu'il les a empruntées; car aucun auteur n'en donne à la fiatole.

La figure du corps est un ovale comprimé, dont la hauteur est deux fois et un tiers dans la longueur; son épaisseur quatre fois dans sa hauteur; la ligne du dos descend obliquement, en s'arquant un peu jusqu'au bout du museau, qui est obtus; vers la queue elle se courbe d'une manière semblable, et la courbure du ventre est la même que celle du dos. La tête est un peu plus longue que haute, et a le quart de la longueur totale. L'œil est au milieu de sa hauteur et au tiers antérieur de sa longueur; il a le quart de cette longueur en diamètre. La bouche, les narines, les pièces operculaires, sont comme dans la fiatole. L'opercule se termine par un petit arc rentrant entre deux saillies arrondies; la pectorale est en ovale obtus, du cinquième de la longueur totale. Les petites ventrales naissent sous la base des pectorales; c'est à peine si l'on peut distinguer leur épine. La dorsale commence à peu près vis-à-vis le milieu de la nageoire de la poitrine; elle s'élève moins de l'avant que dans la fiatole. L'anale naît un peu plus en arrière que la dorsale, et a encore un peu moins de saillie à la partie antérieure. Ces deux nageoires sont adipeuses, et tant que le poisson n'est pas un peu desséché, on a peine à y compter les rayons; ce desséchement fait un peu saillir vers la nuque les extrémités des premiers interépineux, et cette circonstance avait déterminé M. Bonelli à en rapporter l'espèce aux centrolophes; il la nommait *centrolophus microchirus;* mais l'ensemble de son organisation prouve que c'est plutôt des stromatées qu'il doit être rapproché; au reste, les stromatées et les centrolophes ne sont pas sans rapports assez intimes, ne fût-ce que par l'armure de leur œsophage. La caudale est fourchue. Tout le corps est couvert de très-petites écailles lisses, peu sensibles tant qu'il n'est pas desséché; la ligne latérale en a d'un peu plus grandes.

B. 6; D. 49[1]; A. 37[2]; C. 17 et 8; P. 21; V. 1/5.[3]

---

1. Il n'est pas facile de distinguer combien il y en a d'épineux, mais j'en vois au moins cinq ou six.

2. Deux ou trois paraissent épineux.

3. On devine ce dernier nombre plutôt qu'on ne le voit.

La couleur générale de ce poisson paraît plombée, avec huit
ou neuf bandes verticales noirâtres, descendant du dos et se per-
dant sur les flancs. Un fin pointillé noirâtre règne sur l'ensemble,
et les points, devenant plus serrés sur la dorsale et sur l'anale, font
paraître ces nageoires plus noires que le corps. Le bout de la queue
et la caudale sont jaunes. Les bandes verticales pourraient bien être
un caractère de jeunesse, comme dans beaucoup d'espèces de la
famille des scombéroïdes; car elles se montrent moins sur les individus un peu grands. Au reste, les plus grands que nous ayons
sont encore fort petits, car leur longueur n'est que de trois pouces
et demi.

Les intestins de cette espèce ressemblent à ceux de la fiatole. Il y
a de même un œsophage charnu, armé en dedans d'épines carti-
lagineuses. Un estomac alongé, des cœcums innombrables, réunis
par une cellulosité épaisse et parenchymateuse en une masse com-
parable à celle qu'on voit dans l'esturgeon et dans beaucoup de
scombéroïdes.

———

DES KURTES.

Kurtus, formé du grec κυρτὸς, *bossu,* est un nom imposé
par Bloch à un poisson des Indes, qu'il a fait connaître le
premier, et même dont les autres naturalistes n'ont parlé
que d'après lui, bien que la description et la figure qu'il
en a publiées soient peu exactes pour les détails.

Le sujet sur lequel il a travaillé, lui avait été donné
par le célèbre observateur Othon-Fréderic Müller, qui
l'avait reçu d'un médecin établi à Tranquebar, nommé
Kœnig.

Nous en avons reçu un qui nous paraît absolument semblable, envoyé de Java par MM. Kuhl et Van Hasselt; mais
ce kurtus, semblable à celui de Bloch, pourrait bien n'être
que la femelle d'un autre, dont M. Russel a donné une

figure, pl. 48 de ses poissons de Vizagapatam, et qui, sauf le caractère très-extraordinaire d'une corne cartilagineuse sur la nuque, ressemble complétement à celui dont nous parlons.

M. Russel dit que ce *kurtus* cornu se nomme sur la côte d'Orixa *somdrum-kara-moddée.*

Nous l'avons aussi reçu de la côte de Coromandel, où M. Leschenault dit que les indigènes lui donnent le nom de *tové.* Par la comparaison scrupuleuse que nous avons faite des individus armés d'une corne avec ceux qui n'en ont point, nous sommes arrivés à penser que ce sont les deux sexes d'une même espèce; néanmoins, en attendant que ce soupçon se vérifie, nous les décrirons séparément, laissant à ceux qui n'ont point de corne le nom que Bloch leur a donné de *kurtus indicus,* et proposant pour les autres celui de *kurtus cornutus.*

Le KURTE BLOCHIEN. [1]

(*Kurtus Blochii,* Lacép.; *Kurtus indicus,* Bl., pl. 169.)

Le corps du kurte sans corne est très-comprimé, élevé de la nuque et prolongé en coin vers la queue. Sa plus grande hauteur, à la naissance de la dorsale, est un peu plus de trois fois dans sa longueur. Son épaisseur est près de cinq fois dans sa hauteur. Son dos est mousse, et son ventre tranchant. La longueur de sa tête fait un peu moins du quart de sa longueur totale; la hauteur en est un peu plus considérable et fait juste ce quart. La partie antérieure du dos descend lentement et en ligne droite; arrivée à la nuque, la ligne devient un peu convexe et descend plus rapidement; entre les yeux elle devient concave, et le bout du museau est tronqué.

---

1. Lacépède, t. II, p. 516 et 517.

La ligne de la gorge et de la poitrine est légèrement convexe jusqu'à l'anale, qui s'élève sous la naissance de la dorsale. A partir de ces deux points, qui répondent à peu près au tiers antérieur du corps , le tranchant du dos et celui du ventre se rapprochent par deux lignes droites jusqu'à la base de la caudale, où il y a un peu d'écartement. La caudale est fourchue et du cinquième de la longueur totale.

L'œil est au tiers antérieur de la longueur de la tête et au milieu de sa hauteur; son diamètre est du quart de la longueur.

La fente de la bouche va en descendant en arrière jusque sous le milieu de l'œil. La mâchoire inférieure monte en avant quand la bouche est fermée; la supérieure est médiocrement extensible. Le maxillaire n'est pas recouvert par le sous-orbitaire; son extrémité postérieure est élargie et tronquée en arc rentrant. Le sous-orbitaire est long, étroit et sans dentelures. La joue est plus haute que longue.

Le bord montant du préopercule est mince, presque membraneux, sans dentelures; son angle a une échancrure, et son bord inférieur, qui est court, trois petites épines. Il paraît que ces épines étaient usées ou tronquées dans l'individu que Bloch a fait dessiner. Les bords de l'opercule sont très-minces; son angle, placé assez haut, se prolonge en substance presque membraneuse et se termine obtusément. Son bord, au-dessus de l'angle, a des stries et des dentelures minces, qui ressemblent plutôt à des déchirures. Son bord inférieur est à peu près droit et approche de la verticale. Le sous-opercule et l'interopercule ont aussi leurs bords amincis.

Les branches de la mâchoire inférieure, qui dans l'état de repos se touchent l'une l'autre, peuvent s'écarter beaucoup, et alors les ouïes, qui sont fendues jusque plus avant que l'œil, s'ouvrent extraordinairement. Leurs membranes se croisent un peu sous un isthme très-comprimé, et ont chacune sept rayons, et non pas deux, comme l'a dit Bloch, dont l'erreur s'explique parce qu'il n'a vu qu'un poisson sec.

Les dents en velours ras garnissent les bords des mâchoires, un chevron au vomer et les palatins sur des bandes étroites.

La langue est un tubercule un peu triangulaire, à surface convexe et lisse. L'épaule n'a point d'armure. La pectorale s'attache un peu au-dessous du milieu; elle est assez étroite et pointue, du cinquième de la longueur totale, et compte dix-neuf ou vingt rayons.

Le bassin qui porte les ventrales forme un petit trapèze plat, qui a une petite épine à chacun de ses angles postérieurs, et se prolonge en une épine étroite, cachée sous la peau, à laquelle les ventrales adhèrent par les deux tiers de leur bord interne.

Les ventrales naissent un peu plus en avant que les pectorales, et n'ont que moitié de la longueur de celles-ci; leur épine est forte, pointue et aussi longue que les cinq rayons mous. L'anus est une petite fente pratiquée au milieu de l'espace entre le bassin et la première épine de l'anale.

Entre la nuque et la dorsale sont trois petites lames tronquées et tranchantes; ensuite en vient une qui donne une pointe couchée en avant et une plus petite en arrière, qui semble proprement la première épine de la dorsale; les trois épines suivantes sortent à peine de la peau et sont presque immobiles. Il en vient ensuite une du double plus longue et une autre quadruple, qui se meuvent avec les rayons mous; ceux-ci sont au nombre de treize. Ils occupent ensemble et avec les deux épines mobiles sur le milieu du dos un espace qui ne fait pas le cinquième de la longueur totale; leur hauteur est de moitié de celle du corps sous eux. L'anale commence un peu plus en avant que la dorsale par une très-courte épine, suivie d'une autre qui égale les rayons mous. Ceux-ci, au nombre de trente-deux, forment une nageoire longue, dont la hauteur n'est que du tiers de celle du corps, et qui ne laisse entre elle et la caudale qu'un espace égal au neuvième de la longueur totale, tandis que celui qui est entre la dorsale et la caudale est de près du tiers. Le bout de queue derrière l'anale n'a en hauteur que le quart de celle du corps. A la naissance de la dorsale, la caudale, outre ses dix-sept rayons ordinaires, en a six ou sept petits sur chaque bord.

B. 7; D. 6 — 1/13; A. 2/32; C. 17 et 10; P. 19; V. 1/5.

Ce poisson semble au premier coup d'œil n'avoir point d'écailles, mais le moindre desséchement les montre petites, fines et lisses. C'est vers le tranchant inférieur de l'abdomen qu'elles sont le plus apparentes. Je n'en vois aucunes aux nageoires. Je ne vois de ligne latérale qu'une légère strie allant directement de l'ouïe à la caudale, à peu près au milieu de la hauteur. Tout ce poisson est d'une belle couleur fauve, glacée d'argent et irisée en quelques endroits. Notre individu a une tache noire, formée de points sur la nuque, et quelques points noirs entre les petites épines du devant de la dorsale. Les nageoires verticales sont jaunâtres, finement pointillées de noir, mais à points très-peu serrés. L'iris est doré.

Il n'y a peut-être pas de poisson plus singulier que ce kurtus par son ostéologie, décrite au Musée royal des Pays-Bas par M. Valenciennes, sur les squelettes envoyés de Java par M. Kuhl, et que nous avons pu vérifier depuis sur nos propres individus.

Les côtes, à compter de la troisième vertèbre et jusqu'à la quatorzième ou la quinzième, sont dilatées, convexes, larges, forment des anneaux qui se touchent les uns les autres, et enferment ainsi un espace conique et vide, qui a dans son milieu plus du quart de la hauteur du corps en diamètre, et qui, se rétrécissant en arrière, se prolonge sous la queue dans les anneaux inférieurs des vertèbres en un tube long et mince.

Ce grand vide au-dessus de l'abdomen tient manifestement lieu de vessie natatoire; néanmoins la membrane qui le tapisse intérieurement dans cette partie élargie est entièrement transparente, et ce n'est que dans le tube du dessous de la queue qu'elle prend l'opacité et l'éclat de l'argent.

L'estomac est un sac court et obtus. Le péritoine est entièrement argenté.

Notre individu n'est long que de quatre pouces; celui de Bloch en a dix. On le conserve encore au Musée de Berlin, où M. Valenciennes l'a vu.

L'ichtyologiste allemand nous apprend qu'il a trouvé des débris de crabe dans l'estomac, et c'est le seul renseignement que l'on ait sur les habitudes de l'espèce.

Elle doit être rare, puisque de tant de voyageurs qui nous ont procuré récemment des poissons de la mer des Indes, MM. Kuhl et Van Hasselt sont les seuls qui l'aient rencontrée.

Le KURTE CORNU.

(*Kurtus cornutus,* nob.)

Le *somdrum - kara - moddée* de Vizagapatam, le *tové* de Pondichéry, que nous appelons *kurtus cornutus,* mais que nous croyons pouvoir considérer comme le mâle de l'espèce précédente,

a exactement les mêmes proportions, la même coupe de profil, les mêmes dents, les mêmes épines au préopercule et en avant de la dorsale, les mêmes nombres de rayons, les mêmes couleurs et la même singulière épine du dos; la seule différence que nous puissions apercevoir, c'est qu'en avant ou sur la première des petites lames tranchantes de la nuque s'élève une corne cartilagineuse, comprimée, courbée en avant, et se recourbant un peu en dessus à son extrémité. Cet appendice extraordinaire, et dont je ne vois pas d'autre exemple dans toute la classe des poissons, a à peu près en longueur le cinquième de la hauteur du corps. Il est noir, et la partie voisine du dos a aussi des points noirs. Le reste du corps est du même fauve glacé d'argent, changeant en doré et en nacré, que dans le précédent.

La colonne vertébrale présente aussi la même disposition des côtes élargies en barillet conique sous le corps des vertèbres.

Notre individu n'est aussi que de quatre pouces de longueur; celui de M. Russel en avait cinq, et il dit n'en avoir pas vu de plus grand. C'est aussi ce qu'assure M. Leschenault, qui ajoute qu'on le pêche pendant toute l'année dans la rade de Pondichéry. Le poisson frais est presque transparent.

Il est bon à manger.

ADDITIONS ET CORRECTIONS

AUX TOMES II, III, IV ET V.

TOME SECOND.

Page 38, après l'article de la *perche de Plumier*, ajoutez :

La Perche truite.

(*Perca trucha*, nob.)

Nous avons reçu du Rio-Négro de la Patagonie, par les soins de M. d'Orbigny, une perche qui diffère non-seulement de celle d'Europe, mais des autres espèces voisines des eaux douces de l'Amérique septentrionale, parce que les écailles s'avancent sur l'extrémité du museau et couvrent le sous-orbitaire, disposition qui donne à ce poisson l'apparence d'un sciénoïde.

Mais ses dents en velours ras aux mâchoires, au vomer et aux palatins, ses deux dorsales et les dentelures fines et serrées du sous-orbitaire et du bord montant du préopercule, celles plus fortes, nombreuses et dirigées vers l'extrémité du museau, le long du bord horizontal de cet os, l'épine de l'angle de l'opercule, longue et pointue, fixent la vraie place de ce poisson dans le système ichtyologique.

La première dorsale a des épines assez fortes ; la troisième est la plus haute, et triple de la première. La seconde dorsale est un peu plus basse. L'anale est courte ; la caudale est légèrement arrondie.

D. 9 — 1/13 ; A. 3/10 ; C. 17 ; P. 14 ; V. 1/5.

Les écailles sont petites, assez fortes, ciliées. La ligne latérale presque droite, très-fortement marquée.

Le dos est brun et tacheté de points bruns irréguliers, qui s'avancent jusque sur la tête et le museau. Le ventre est d'un blanc sale.

Telles sont les couleurs indiquées par M. d'Orbigny sur le poisson frais. Il ajoute que ce poisson abonde dans le Rio-Négro de la Patagonie, mais seulement dans l'eau douce, et qu'il ne descend pas le fleuve jusqu'à l'endroit où remonte la marée. Les habitans le nomment *trucha*, c'est le nom espagnol de la truite. On le prend à la ligne de fond; c'est un manger délicat et très-estimé dans le pays. Il atteint un pied de longueur.

Nous en avons observé un individu empaillé long de dix pouces, et un autre conservé dans la liqueur et long de cinq pouces, dans les collections rapportées du Chili par M. Gay.

Page 135. Addition à l'article de l'*ambasse de Dussumier.*

Cet ambasse est répandu dans les mers de l'Inde; car nous l'avons reçu en grand nombre des îles Célèbes et d'Amboine par les compagnons de M. d'Urville. M. Desjardins nous en a envoyé de l'Isle-de-France de fort beaux individus longs de quatre pouces.

M. Dussumier l'a retrouvé pendant son dernier voyage aux îles Séchelles. Voici les renseignemens qu'il a recueillis sur cette espèce, et qui complettent la description que nous en avons faite.

Le poisson frais a le dos fauve; le ventre argenté. La bande des flancs est beaucoup plus brillante que le ventre. Le sommet de la dorsale et les pointes de la caudale sont noirâtres.

Les habitans de ces îles donnent à ce poisson le nom de *gambas*. On le pêche abondamment à l'embouchure des rivières, et on le mange.

Page 182. Addition à l'article du *serran à deux faisceaux*.

Cette espèce, établie d'après le seul individu du Brésil que le Cabinet possédait, avance vers le nord de l'Amérique jusque sur les côtes de Charlestown. Le poisson que M. le docteur Holbroock a donné au Muséum, est long de dix pouces.

Ses couleurs mieux conservées montrent que le corps est rayé de cinq à six bandelettes longitudinales lilas. La première part de l'occiput et se termine sous le sixième rayon mou de la dorsale; la seconde, de l'angle supérieur du préopercule; la troisième, du milieu de son bord; la quatrième, de l'épaule au-dessous de l'angle de l'opercule. Les deux autres sont plus pâles, et se perdent dans le blanc jaunâtre du ventre. Le dessus de la tête porte trois lignes transversales violettes, un peu brisées en un chevron, dont l'angle est dirigé vers le bout du museau. Il y a aussi trois traits obliques de mêmes couleurs sur le sous-orbitaire.

Page 213. Addition à l'article du *mérou à museau aigu*.

Ce mérou se trouve aussi sur les côtes de l'Amérique septentrionale; nous en avons reçu un fort bel exemplaire long de vingt pouces, pris à Charlestown par M. le docteur Holbroock. C'est une espèce à ajouter avec la précédente au catalogue des poissons des côtes des États-Unis, et dont nous ne voyons pas que le docteur Mitchill fasse mention. Il reste à savoir si elle s'avance vers le nord jusqu'à New-York.

Page 252, après l'article du *mérou léopard*, ajoutez :

Le MÉROU A QUEUE TACHETÉE

(*Serranus spilurus,* nob.)

est une jolie espèce voisine du léopard ; mais qui n'en a pas tout-à-fait les couleurs.

Le corps est d'un rouge clair, tacheté quelquefois de rouge plus foncé, quelquefois de jaunâtre.

Sur le dos de la queue, immédiatement après le dernier rayon mou de la dorsale, il y a une tache noire assez foncée. La caudale est arrondie, d'un beau rouge vif, et bordée de violet. L'anale est plus pâle, tachetée de jaune, et avec un liséré violet. Les pectorales et les ventrales sont rouges et tachetées comme l'anale ; mais elles n'ont pas de liséré. La dorsale est presque entièrement recouverte d'écailles sur toute sa partie épineuse ; elle est jaunâtre, et sa portion molle est bordée de lilas clair.

La tête de ce serran est grosse. Son préopercule est arrondi et très-finement dentelé.

La ligne latérale est tracée près du dos et fait un angle très-marqué sous le sixième rayon épineux de la dorsale ; après quoi elle se fléchit et va se terminer à la caudale par le milieu de la hauteur de la queue. D. 9/14 ; A. 3/9, etc.

L'individu, long de cinq pouces, nous a été envoyé de l'Isle-de-France par M. Desjardins.

Page 260, après l'article du *serran à lignes blanches,* ajoutez :

Le MÉROU MORUE.

(*Serranus morrhua,* nob.)

Nous devons encore la connaissance de cette nouvelle espèce au zèle éclairé de M. Desjardins. Il a bien voulu nous donner l'individu unique de sa collection. Nous lui en témoignons ici notre reconnaissance, puisque nous enrichirons notre ouvrage d'une espèce intéressante par les ressources qu'elle offre aux habitans de l'île.

La forme du corps, les nageoires arrondies, la disposition des couleurs, rapprochent ce serran de notre mérou à lignes blanches. Il s'en distingue par les fortes épines de l'angle de l'opercule et par la nuance des couleurs.

Sur un fond jaune sale ou brun, plus clair sous le ventre, on voit quatre ou cinq lignes longitudinales, arquées, brunes, entre lesquelles sont des points bruns épars. La joue est traversée par quatre bandes brunes, qui descendent obliquement de l'œil au bord du préopercule. Il y a une large tache brune sur l'occiput.

D. 11/13; A. 3/8, etc.

L'individu est long de treize pouces. M. Desjardins en cite une variété qui n'a que trois raies brunes sur la joue.

Ce poisson atteint jusqu'à dix livres de poids.

Il porte à l'Isle-de-France le nom de *vieille morue*, parce qu'on le conserve salé comme la morue du banc de Terre-Neuve, afin de le manger dans la mauvaise saison.

M. Desjardins a joint à l'individu une description fort détaillée de ce mérou, qu'il appelle le mérou mauritien; mais nous pensons qu'il adoptera le nom que nous proposons pour cette espèce, parce que l'épithète de mauritien n'est pas assez caractéristique sur une côte où il y a tant d'autres poissons de ce genre; et qu'il vaut mieux, dans la nomenclature méthodique, adopter les noms sous lesquels les animaux sont connus dans les différens pays.

Page 276. Addition à l'article du *serran moucheté*.

Ce serran s'est aussi trouvé parmi les poissons que M. Desjardins a envoyés de l'Isle-de-France. Ce naturaliste nous apprend qu'il est connu dans cette île sous le nom de *croissant*. Il pèse jusqu'à vingt-cinq livres; il est dangereux de le manger frais, parce qu'il est quelquefois vénéneux : mais on en fait des salaisons.

Page 279, après l'article du *mérou couronné*, ajoutez :

Le Mérou inerme.

(*Serranus inermis*, nob.)

Nous avons encore à décrire un petit mérou des Antilles, rapporté par M. Plée, qui est remarquable par l'extrême finesse des dentelures du préopercule. Il y a trois petites dentelures plus visibles à l'angle arrondi de cet os. L'épine de l'opercule est à peine distincte : c'est ce qui nous a engagés à lui imposer l'épithète d'*inermis*.

La tête mesure près du quart de la longueur totale. Les nageoires sont grandes. Le premier rayon de la dorsale n'a que la moitié de la hauteur du troisième, qui égale à peu près la moitié de la hauteur du corps. Le quatrième est aussi élevé; ensuite la nageoire s'abaisse assez rapidement, et le dernier rayon épineux n'a guère plus que la moitié de la hauteur du troisième.

Les rayons de la portion molle et arrondie de cette dorsale sont plus élevés que la quatrième épine. Les rayons mous de l'anale sont de moitié plus longs. La pectorale est grande, ovale, du quart de la longueur totale du corps. La pointe des ventrales atteint aux deux tiers de la pectorale.

D. 11/19; A. 3/10; C. 17; P. 18; V. 1/5.

L'individu desséché, long de neuf pouces, offre sur un fond brun rougeâtre de grandes taches rondes et blanches. Les taches de la tête sont brunes. Les nageoires impaires sont noirâtres, tachetées de blanc; les pectorales et les ventrales, d'un noir verdâtre, semées de taches olives assez claires. Sous les branches de la mâchoire inférieure il y a quatre taches blanches et rondes.

M. Plée ne nous apprend rien sur cette jolie espèce, si ce n'est que la couleur des taches n'a pas été altérée, et qu'elles étaient blanches, comme nous les voyons sur le seul individu empaillé qui faisait partie de ses collections.

Page 281, après l'article du *serran chat*, ajoutez:

Le MÉROU DES ROCHES.

(*Serranus rupestris*, nob.)

Les dernières collections envoyées de Saint-Domingue par M. Ricord, nous ont procuré deux espèces de mérous tachetés, qui n'appartiennent à aucune de celles conservées dans le Cabinet, et qui ne se rapportent à aucune de celles mentionnées d'après Parra ou d'après Catesby. Elles sont confondues par les pêcheurs de Saint-Domingue et des autres Antilles, sous le nom de *grande gueule* ou de *grand'gueule fin.*

L'une d'elles a le corps épais comme le mérou chat.

Sa hauteur mesure près du quart de la longueur totale. L'épaisseur est entre la moitié et le tiers de la hauteur. La tête est grande et du tiers de la longueur du corps. L'œil est médiocre, placé sur le haut de la joue, et éloigné du bout du museau du tiers de la longueur de la tête. La gueule est bien fendue. Le préopercule est très-finement dentelé, et a au-dessus de l'angle, qui est rond, une sinuosité rentrante. Les dents sont en très-fortes cardes. Les écailles

sont petites et lisses. La portion molle de la dorsale et l'anale sont
arrondies. La caudale est coupée carrément.

D. 11/16 ; A. 3/10, etc.

La couleur du corps est un violet lie de vin, pâle, parsemé de
larges taches arrondies, inégales, mal déterminées, d'un rouge de
vermillon très-brillant sur le dos, sur la base de la dorsale et sur
les ventrales. Sur les flancs et la tête elles sont plus violettes, et
dessous la gorge elles deviennent lie de vin plus brillant que le
fond. La pectorale a la base rougeâtre, le milieu violet, et le bord
terminé par une large bande jaune.

La dorsale épineuse est brune verdâtre sur le milieu. Cette teinte
s'étend sur la portion molle au-dessus du rouge de sa base. Un
trait blanc sépare le brun verdâtre du bord noir liséré de blanc de
cette seconde portion de la dorsale. La caudale a des teintes rougeâtres et violettes, disposées inégalement par taches. Le bord
vertical est noir, liséré de blanc. L'anale offre à peu près les mêmes
couleurs ; mais le bord noirâtre est plus étroit et n'avance pas sur
les rayons épineux ; il y a du noirâtre à la pointe des ventrales.

Cette espèce a un estomac de grandeur médiocre ; muni d'un
grand nombre de cœcums.

Nous avons compté dix-sept appendices cœcales, longues et
grêles, divisées en deux paquets : celui de gauche n'en a que cinq.
Il y a une très-grande vessie aérienne. Les autres viscères ne nous
ont rien offert de très-particulier.

L'individu est long de quinze pouces.

La grandeur des taches et la coloration remarquable de
la pectorale distinguent ce poisson de notre mérou chat
(*serranus catus*, nob.).

Nous croyons retrouver la même espèce dans un individu empaillé, qui faisait partie des collections recueillies
à Saint-Domingue par M. Plée.

Ce poisson, long de quatorze pouces, offre sur un fond décoloré
de très-larges taches brunes arrondies, peu arrêtées. Le bord des

nageoires impaires est noirâtre, liséré de blanc, et la pectorale nous paraît avoir été bordée de jaune.

M. Plée nous apprend que ses taches étaient noires, et que les nageoires étaient tachetées de bleu et de noirâtre; les pectorales étaient jaunes. Cette description indique des couleurs assez différentes de celles que nous avons observées sur les poissons pêchés à Saint-Domingue; mais peut-être que M. Plée n'a pas décrit son individu immédiatement au sortir de l'eau. Il le regardait lui-même comme d'une espèce différente du *serranus catus,* le couronné, que les pêcheurs confondent également sous le nom de *rockfish.*

Un autre individu, pris à Saint-Barthélemy, nous offre encore

une pectorale bordée de jaune. Les taches ne paraissent plus que sur la tête; il reste à peine quelques marbrures brunes sur le corps.
Il est long de trente pouces.

Peut-être que les taches se confondent avec le fond de la couleur du corps, à mesure que le poisson grandit; M. Plée dit que le corps était d'un beau rouge. Il ajoute que ce poisson est mangé à Saint-Barthélemy; mais qu'on le craint quand il arrive à cette taille, parce qu'il est souvent vénéneux. Les pêcheurs le lui ont donné sous le nom de grande gueule, ou de vieille.

Le MÉROU TIGRE.

(*Serranus tigris,* nob.)

Le second mérou tacheté de Saint-Domingue
a des canines plus grosses; le bord du préopercule sans sinuosité; ses dentelures encore plus fines que le précédent. Les premiers

rayons mous de la dorsale beaucoup plus hauts, et la nageoire anale a moins de longueur sous le corps du poisson. Les pointes de la caudale sont un peu arrondies.

Les nombres sont :

D. 11/17; A. 3/11, etc.

Le fond du corps est un violet plus ou moins foncé sur la tête et sur le dos, et parsemé de taches d'un brun verdâtre, plus claires sous le ventre. Huit raies obliques lilas traversent le corps. La première descend du dos sur l'épaule en avant de la dorsale. La seconde naît en arrière du troisième rayon épineux; la troisième en arrière du cinquième rayon; la quatrième sous la huitième épine; la cinquième sous le premier rayon mou; la sixième sous le cinquième rayon mou; la septième sous le onzième, et la huitième et dernière, plus pâle, sous la fin de la dorsale. Les cinq dernières bandes, arrivées sous le ventre, se divisent et se confondent avec les mailles violettes du fond, qui cernent les taches verdâtres. Les nageoires sont noirâtres, mêlées de violet. La dorsale a des taches vertes, et la caudale des taches violettes. Les nageoires sont lisérées de blanc. La pectorale est noirâtre, avec une large bordure verte.

La longueur de notre individu est de treize pouces.

Page 304. Addition après l'article du *plectropome rouge et noir*.

Le PLECTROPOME A DEMI-CEINTURES.

(*Plectropoma semicinctum*, nob.)

Nous venons de recevoir de M. Gay une belle espèce de plectropome, que cet habile naturaliste a découverte à San-Juan-Fernandez, sur la côte du Chili.

Les formes du corps, la dentelure du bord montant du préopercule et la distribution des couleurs, le placent auprès de notre plectropome rouge et noir des côtes de la Nouvelle-Hollande. La hauteur du corps égale la longueur de la tête et fait le tiers de celle du corps, la caudale n'y étant pas comprise. La nuque est surbaissée, et les muscles dorsaux font à leur insertion près de la tête une saillie assez marquée. Il y a deux fortes canines à la mâchoire supérieure et à l'inférieure auprès de la symphyse, et deux de chaque côté, rapprochées sur le milieu de la longueur de la branche de la mâchoire : six canines en tout. Les dents en velours sont fines. Le bord du préopercule est arrondi et finement dentelé. Trois fortes épines dirigées en avant du bord horizontal. L'antérieure est la plus grosse. Les épines de l'opercule sont faibles. La pectorale est arrondie, assez alongée, du cinquième de la longueur totale. La caudale est coupée carrément, avec les angles supérieurs et inférieurs mousses. Les nageoires sont en partie recouvertes de petites écailles.

Les nombres de leurs rayons sont :

B. 7; D. 10/20; A. 3/7; C. 17; P. 15; V. 1/5.

Les écailles sont très-âpres, leur bord étant profondément cilié. On en compte environ cinquante entre l'ouïe et la caudale.

La ligne latérale fait une grande courbure convexe du côté du dos.

Les couleurs de ce poisson sont un beau rouge vermillon, traversé par huit demi-bandes d'un rouge-brun vif, qui descendent du dos et s'arrêtent sur le milieu des côtés, de manière à former des demi-ceintures sur les flancs. La dernière seule entoure presque la queue entière. Des traits bruns plus pâles et obliques traversent les joues, et forment sur l'opercule des rivulations confuses. La dorsale et la caudale sont rougeâtres. La pectorale, les ventrales et l'anale ont de l'olivâtre, mêlé dans le rouge qui fait le fond général de la couleur.

Le seul individu, pris par M. Gay, est long de six pouces et quelques lignes. Cette espèce paraît rare ; car les pêcheurs ne lui ont fourni aucune note à son sujet.

Page 345. Article à ajouter après celui du *mésoprion oreille noire* (*mesoprion buccanella*).

Le MÉSOPRION A DENTS ÉGALES.

(*Mesoprion isoodon*, nob.)

Parmi les derniers envois faits de Saint-Domingue par M. Ricord, nous avons trouvé une nouvelle espèce de mésoprion, voisine du *mesoprion buccanella;* mais qui en diffère

par un museau beaucoup plus long; ce qui donne plus d'espace au sous-orbitaire, qui est effectivement beaucoup plus haut et encore agrandi parce que l'œil est plus petit. Les dents diffèrent de celles de tous les autres mésoprions, en ce que la mâchoire supérieure porte trois fortes canines, suivies de seize dents coniques, décroissantes, serrées régulièrement depuis la première, qui n'a pas la moitié de la hauteur des canines. La mâchoire inférieure a une première rangée de dents semblables à celles d'en haut, sauf qu'elle manque de canines. Les dents en velours sont petites et sur une bande étroite. La hauteur du corps égale la longueur de la tête, et n'est contenue que trois fois et demie dans la longueur totale. La pectorale est lancéolée, un peu plus courte que la tête. Les rayons épineux de la dorsale sont élevés et de grosseur médiocre. Les épines de l'anale sont grosses et peu élevées. La caudale est coupée carrément.

D. 11/15; A. 3/7; C. 17; P. 16; V. 1/5.

Les écailles sont lisses et de médiocre grandeur. J'en trouve cinquante rangées entre l'ouïe et la caudale.

L'individu desséché, long de vingt et un pouces, paraît avoir été d'une couleur uniforme rouge sur le dos, et argenté ou doré sous le ventre. On ne voit pas de traces de bandes ou de taches.

TOME TROISIÈME.

Page 70. Addition au chapitre XX.

DE L'APHRÉDODÈRE (*Aphredoderus*, Lesueur).

Nous avons été fort long-temps embarrassés sur la place que devait occuper un poisson simplement connu par une courte description et un dessin insérés dans le quatrième volume du Journal des sciences de Philadelphie, sous le nom de *Scolopsis Sayanus*. Nous avons seulement eu soin de faire remarquer, en traitant du genre des scolopsides, que le poisson décrit par M. J. Gilliams ne pouvait appartenir à un genre de la famille des sciénoïdes, à cause de ses dents palatines; et nous reconnaissions alors que ce poisson devait être le type d'un genre particulier; mais nous ne pouvions en établir les caractères, parce que la description du naturaliste américain n'est pas assez détaillée.

M. Gilliams pêcha ce singulier poisson dans les étangs d'Harrowgate, endroit peu éloigné de Philadelphie, célèbre par les bains que l'on y va prendre, et qui font de ce lieu un endroit de plaisance. Ce naturaliste le donna comme une nouvelle espèce du genre *perca* de Linnæus; mais, voulant préciser davantage ce qu'une pareille détermination laisse de vague, il crut devoir, et sans hésiter, comme il le dit lui-même, en faire une espèce de notre genre scolopside; il s'était évidemment mépris sur les petites épines du sous-orbitaire et les dentelures des deux bords qui n'ont rien de semblable au prolongement épineux du sous-orbitaire des scolopsides. Ceux-ci n'ont pas de dents au palais, comme nous venons de le dire. Le

9. 42

caractère le plus remarquable du nouveau poisson, celui de la position singulièrement avancée de l'anus, ouvert sous la gorge, fut totalement oublié; et ce qui est étonnant, c'est que M. Lesueur, qui dessina le poisson pour être gravé à côté de la description, n'observa pas non plus ce caractère extraordinaire : mais il ne lui échappa pas, lorsque le hasard lui en fit retrouver un second exemplaire dans un autre endroit, assez éloigné de celui où l'espèce fut trouvée pour la première fois.

C'est dans le lac Pontchartrain, près de la Nouvelle-Orléans, que ce zélé naturaliste prit l'individu dont il a fait un dessin exact, gravé à l'eau forte, et où la position de l'anus est très-bien indiquée.

La description qui l'accompagne n'est pas tout-à-fait aussi bonne; ainsi il compte sept rayons aux ouïes, quoique certainement le nombre soit de six. Les rayons des nageoires sont aussi notés d'une manière inexacte.

Nous avons reçu de M. Lesueur le même individu qui a été décrit et figuré par lui; nous avons, par ce moyen, été mis à même de rectifier ces légères incorrections, et de publier une description nouvelle et détaillée, qui fera connaître ce singulier poisson type d'un genre bien distinct.

Il doit appartenir à la division de nos percoïdes à six rayons branchiaux et à dents en velours. Quelques centrarchus montrent déjà de l'affinité avec ce poisson d'eau douce, par les nombres de rayons branchiaux, par leurs dents en velours et par la position reculée de la dorsale; mais ce nouveau genre, voisin des centrarchus et même des pomotis, diffère des premiers par le petit nombre d'épines de l'anale, et des seconds par les nombres des rayons de la dorsale, et de tous deux parce que les ventrales en manquent tout-à-fait; leurs sept rayons sont tous articulés. Le défaut d'épines aux ventrales et le nombre des rayons branchiostèges empêchent de porter notre nouveau genre dans la famille des percoïdes à plus de sept rayons aux ventrales, parce que les percoïdes de cette division ont tous en même temps plus de sept rayons à la membrane branchiostège. Je ne trouve d'ailleurs aucune affinité entre ce poisson et les holocentres, ou même les béryx, qui ont cependant la dorsale petite et reculée. Les dentelures des deux bords du sous-orbitaire de l'aphrédodère, les épines qui s'élèvent sur la crête mitoyenne de cet os, les dentelures de tout le bord du préopercule, l'épine de l'angle de l'opercule et l'absence des rayons aux ventrales, seront les caractères ichtyologiques qui se joignent à la position avancée de l'anus pour fixer la diagnose de ce genre. M. Lesueur avait jugé avec raison que cette espèce était d'un genre particulier, auquel il a donné le nom d'aphrédodère, que nous lui conservons, ainsi que la dénomination spécifique sous laquelle il nous l'a envoyée.

L'Aphrédodère bossu.

(*Aphredoderus gibbosus,* Lesueur; *Scolopsis sayanus,*
J. Gilliams.)

Ce petit poisson a le corps alongé, comprimé, de forme assez semblable à celle de nos centropristes. La ligne du profil du dos monte obliquement jusqu'à la base de la dorsale, où elle commence à s'incliner vers l'arrière; elle forme un angle ouvert, dont le sommet marque la plus grande hauteur du corps, laquelle est contenue quatre fois et un tiers dans la longueur totale. L'épaisseur ne fait guère que le tiers de la hauteur.

La tête est aplatie en dessus, et un peu renflée sur les joues. La longueur de cette partie du corps égale, à peu de chose près, le quart de la longueur totale. Les yeux sont de grandeur médiocre et placés assez haut sur la joue, pour que le cercle de l'orbite entame la ligne du profil; ils sont éloignés du bout du museau d'une distance égale à leur diamètre, et l'intervalle qui les sépare est d'une fois et demie ce diamètre. Les deux premières pièces du sous-orbitaire ont le bord inférieur dentelé. L'osselet antérieur a sur le milieu une crête osseuse, longitudinale, portant deux ou trois épines, qui sont continues avec la crête dentelée du bord supérieur du second osselet; de manière que la portion inférieure du cercle de l'orbite est épineuse, tandis que les deux tiers supérieurs de ce cercle sont lisses. Ces deux crêtes épineuses sont un peu relevées, et cernent ainsi une gouttière longitudinale sur le sous-orbitaire. Les osselets postérieurs sont fort petits et ont le bord postérieur très-finement dentelé. Le préopercule est large; il a le limbe nu, étroit; tout le bord finement dentelé, l'angle arrondi; il est recouvert par six rangées d'écailles, dont la surface est visiblement striée et le bord dentelé. L'opercule et le sous-opercule sont cachés sous des écailles de grandeur égale à celles du préopercule, mais qui n'ont plus, comme celles du corps, que le bord dentelé et la surface lisse. Près de l'angle operculaire il existe une épine courte, forte et relevée. Le bord membraneux n'est bien visible qu'au-dessus de l'angle. L'interopercule est lisse, étroit, et n'a point d'écailles. Le dessus de la tête en est également dépourvu. Le museau est arrondi. La mâchoire inférieure dépasse un peu la supérieure. Le maxillaire et une partie de l'intermaxillaire sont recouverts par le bord antérieur du sous-orbitaire. Les branches de la mandibule inférieure sont larges et lisses. Leur articulation se porte en arrière jusque sous le milieu de l'œil. Des bandes de dents en fin velours sont placées sur les mâchoires, sur les palatins et sur le chevron du vomer.

La langue est épaisse, arrondie à son extrémité, qui est libre; elle n'a aucune âpreté. Les pharyngiens n'ont également que des dents en velours. Les ouïes sont très-fendues.

Les deux ouvertures de la narine sont percées sur le dessus de la tête, assez près l'une de l'autre. La postérieure est près du bord de l'orbite, grande et pourvue en avant d'une papille qui s'abaisse dessus. L'antérieure est un peu plus petite et prolongée en un petit tube, dont M. Lesueur a beaucoup exagéré la longueur dans sa figure.

La membrane branchiostège n'a bien certainement que six rayons, quoique M. Lesueur en ait compté et figuré sept : elle est large et croise sous la gorge celle du côté opposé. C'est précisément dans l'angle qu'elles forment sous la gorge que l'ouverture de l'anus, ou plutôt du cloaque, est percée; elle est oblongue, très-distincte et en avant de l'insertion des pectorales et des ventrales. L'intervalle entre cette ouverture et le bout du museau égale le cinquième de la longueur totale. On y voit déboucher manifestement le rectum et l'extrémité du tube des laitances et de la vessie urinaire. La dorsale commence un peu en arrière du premier tiers de la longueur totale, et, ainsi que nous l'avons dit, à l'angle de la ligne brisée du profil du dos.

Sa hauteur fait les deux tiers de sa longueur, qui n'est que du cinquième de celle du corps. Ses trois rayons extérieurs seuls sont épineux. Le premier est très-petit; le second à peine double de celui-ci, et le troisième n'a guère que la moitié de la hauteur du suivant, qui est articulé et branchu, ainsi que les dix autres. L'anale commence sous le dernier rayon de la dorsale; elle est courte, presque deux fois plus haute que longue. On lui compte trois rayons épineux et sept articulés. La caudale est arrondie, et composée, comme c'est l'ordinaire des acanthoptérygiens, de dix-sept rayons branchus. L'ossature de l'épaule n'a rien de particulier et est peu visible. La pectorale a douze rayons articulés, dont le premier seul n'est pas rameux. M. Lesueur en compte à tort dix-huit. La ventrale, attachée très-peu en arrière de l'origine de la pectorale, offre une disposition rare et jusqu'à présent unique dans la famille des percoïdes; elle se compose de sept rayons, tous branchus et articulés; elle n'a pas de rayons épineux.

B. 6; D. 3/11; A. 3/7; C. 17; P. 12; V. 0/7.

Les écailles sont petites, âpres. On en compte de quarante-cinq à cinquante rangées entre l'ouïe et la caudale.

La ligne latérale est déliée, continue, et passe par le milieu de la hauteur.

La couleur est un vert olivâtre sombre et terne. Les nageoires verticales ont le fond jaunâtre sale, et le bord noirâtre.

L'anatomie de ce poisson nous a fourni aussi plusieurs particularités curieuses et en rapport avec la singulière position de l'anus. La cavité abdominale s'étend jusqu'à l'anale ; elle est oblongue et beaucoup plus haute que large ; elle contient un très-petit estomac, renflement d'un œsophage fort court. De la partie inférieure de l'estomac sort l'intestin, qui remonte sous ce viscère jusqu'auprès du diaphragme, où il se courbe et se porte en droite ligne vers la moitié de la longueur de l'abdomen. A cet endroit il se plie sur lui-même, en faisant un angle très-aigu, et descend jusque sur les os du bassin ; il se renfle dans cette portion. L'intestin traverse alors les os du bassin, passe dessous, et pénètre dans un conduit pratiqué dans l'épaisseur des muscles droits abdominaux, en faisant comme une sorte de hernie. Le rectum avance sous la gorge et se rend à l'anus, qui est ouvert, comme nous l'avons dit, peu en arrière du bord de la membrane branchiostège. Auprès du pylore le duodénum a de chaque côté six appendices cœcales, opposées l'une à l'autre ; courtes, assez grosses et obtuses.

Le foie a peu de volume. La rate, fort petite, est alongée et située sous l'intestin entre lui et les appendices cœcales.

Les laitances forment deux longs cordons pliés en arrière de l'angle de l'intestin, et s'ouvrent au dehors par un long canal, qui suit le trajet du rectum. Au-dessous de ce canal en est un autre très-long et grêle, donnant dans une petite vessie urinaire oblongue, située derrière la crosse des organes génitaux. Les reins donnent immédiatement dans la vessie. Ces viscères forment deux longs rubans grêles et noirâtres, bien distincts. Au-dessous d'eux l'on voit une fort grande vessie aérienne, simple, arrondie à ses deux extrémités. Les parois en sont extrêmement minces, transparentes et légèrement argentées.

Cette espèce paraît être fort rare dans le lac Pont-chartrain. L'individu que nous venons de décrire n'a que trois pouces de longueur; il est le seul que M. Lesueur ait pu se procurer. Ce zélé observateur l'a entendu désigner sous le nom de *Têtard de Saint-Domingue,* à cause de sa ressemblance grossière avec quelques-uns des éléotris de cette île.

Ce poisson aime les eaux ombragées sur un fond vaseux.

Page 169, après l'article du *béryx décadactyle*, ajoutez :

Nous pouvons parler d'une troisième et nouvelle espèce de béryx, d'après un individu un peu mutilé, à la vérité, mais qui nous a offert des caractères assez précis et assez curieux pour nous engager à le faire connaître. Il a été retiré de l'estomac d'un dauphin harponné par M. Dussu-mier dans les mers de l'Inde, par 32′ latitude sud et par 51° longitude nord de Paris. Nous croyons pouvoir l'ap-peler, d'après cette circonstance,

Le Béryx du dauphin.

(*Beryx delphini,* nob.)

Il a l'œil assez grand; les différentes pièces operculaires et les arêtes des branches de la mâchoire inférieure finement dentelées. Les dents en fin velours. Les deux mandibules laissent entre elles une petite échancrure, dans laquelle entre un petit tubercule de la mâchoire inférieure, qui dépasse un peu la supérieure.

La dorsale est unique, et a cinq premiers rayons grêles, flexibles et épineux; le premier est très-court, et les autres augmentent suc-cessivement de hauteur jusqu'au cinquième, qui n'a encore que la moitié du premier rayon mou, lequel est aussi élevé que le corps. Le second est un peu moins haut, et les autres décroissent successivement : il y en a seize. La ventrale est longue, et compte encore un plus grand nombre de rayons que notre décadactyle; elle a une épine petite et treize rayons mous. La pectorale n'en a que dix-huit.

B. 10; D. 5/16; A.? P. 18; V. 1/13.

L'anale et la caudale manquent. Nous ne pouvons pas non plus parler des écailles ni de la couleur de cette espèce curieuse. Ce que nous avons pu voir des viscères, nous a montré vingt-quatre appendices cœcales auprès du pylore. Un petit estomac en cul-de-sac; un intestin peu long. La vessie aérienne grande et brillante. Le péritoine d'un beau noir.

Pour compléter cette description, nous devons attendre des individus plus entiers.

Page 209. Addition à l'article du pinguipède du Brésil.

Les collections faites par M. Gay pendant son court séjour au Brésil, contenaient un pinguipède de cette côte, auquel on avait enlevé les viscères, mais qui nous a laissé la faculté de faire faire un squelette de ce genre, et dont la description complétera ce que nous avons déjà dit sur l'histoire naturelle de l'espèce.

Ce squelette nous montre que la crête mitoyenne du crâne est très-peu élevée, que les latérales internes le sont encore moins; mais que les externes ont encore assez de hauteur; ce qui rend les deux fosses internes larges et peu profondes, tandis que les externes le sont autant que dans les perches ordinaires. Le surmastoïdien est ici fort long, grêle, unique, et ne forme pas une chaîne d'osselets. Le surscapulaire a le corps large et aplati en avant pour s'appuyer sur la base de la crête latérale interne du crâne; il donne de son autre extrémité une apophyse assez forte, qui descend sur l'arrière du crâne, et s'appuie, je crois, sur l'occipital latéral. Le scapulaire est triangulaire, court; mais assez fort; il soutient une forte ossature pour l'épaule; car l'huméral et le brachial font une large et solide ceinture en avant des pectorales, et le radial, qui les soutient, est lui-même assez large. Le styloïdien, qui, dans les autres poissons, n'a l'air que d'une simple côte grêle, est dans cette espèce large et aplati, et doit augmenter beaucoup la force de la ceinture osseuse établie derrière les nageoires de la poitrine. La colonne vertébrale se compose de trente-huit vertèbres, dont les deux premières n'ont pas d'interépineux et ne portent pas de rayons de la dorsale. Les quatorze suivantes reçoivent, comme les deux premières, des côtes grêles verticales, au-dessus desquelles nous voyons une seconde rangée de côtes horizontales, articulées sur la même apophyse transverse qui soutient la côte verticale, mais un peu au-dessus et plus près du corps de la vertèbre. L'articulation de ces côtes horizontales se rapproche de plus en plus du corps de la vertèbre, à mesure que la côte appartient à une vertèbre caudale, et nous en voyons jusque sur la trentième vertèbre. Je ne voudrais pas assurer que les vertèbres suivantes n'en eussent pas; mais on n'a pas pu les conserver sur le squelette. A compter de la dix-septième vertèbre, les apophyses transverses se réunissent sous le corps de l'os, pour former une suite d'anneaux, dont le diamètre diminue à mesure que l'on est plus près de la queue, et compose ainsi une cage conique sous les premières vertèbres caudales, dans laquelle entre la pointe de la vessie natatoire, dont il restait quelques traces. Je ne trouve que trente et un interépineux à la dorsale, quoiqu'elle ait trente-quatre rayons et vingt-cinq interépineux à l'anale, qui en a vingt-sept. Les huit premiers interépineux de l'anale répondent à des vertèbres abdominales, et ne s'articulent pas par conséquent avec des apophyses épineuses inférieures.

Ces détails ostéologiques montrent de plus grandes différences d'organisation entre les pinguipèdes et les percis, que celles déjà signalées dans notre premier travail.

———

Mais M. Gay nous a mis à même, par les collections de Valparaïso et par les notes manuscrites qu'il a bien voulu nous communiquer, d'ajouter encore d'importantes observations sur ce genre, et d'en faire connaître une seconde espèce, tout aussi nouvelle pour les zoologistes que l'était celle du Brésil.

Le Pinguipède du Chili.

(*Pinguipes Chilensis*, nob.; *Rollisso*, Gay, notes manuscrites.)

Cette espèce, peu abondante sur les côtes du Chili, offre, dans l'ensemble de ses formes, dans la nature si caractéristique des ventrales, une ressemblance frappante avec celle des côtes du Brésil. On lui trouve cependant

le corps un peu plus alongé. La tête plus courte. Un rayon épineux de moins, et deux rayons mous et plus à la nageoire du dos, et une épine de plus à celle de l'anus.

B. 6; D. 6/29; A. 2/26; C. 17; P. 18; V. 1/5.

Les écailles sont âpres et aussi grandes que dans l'espèce du Brésil; mais, comme on devait le prévoir à cause de la plus grande longueur du corps, il y en a davantage, près de cent, entre l'ouïe et la caudale.

M. Gay nous a communiqué le dessin fait par lui sur le poisson frais, et nous le montre

d'un brun roussâtre sur le dos et grisâtre sur les flancs et le ventre. Deux séries de taches arrondies, blanchâtres, suivent le dessus et le dessous de la ligne latérale. Une tache noire foncée paraît sur la base du lobe supérieur de la caudale; elle s'efface bientôt après la mort sur l'adulte; mais elle reste beaucoup plus apparente sur les jeunes individus. Un trait noirâtre, interrompu par l'œil, va du bout du museau sur la tempe. Les nageoires sont plus foncées que

le dos. Une grande partie de la portion épineuse de la dorsale est
même noirâtre, assez foncée. La lèvre supérieure est noire; l'inférieure jaunâtre. L'iris de l'œil est rosé.

Le jeune âge a des teintes rougeâtres assez sensibles, mêlées dans
le brun gris du dos; elles paraissent s'éteindre dans le brun noirâtre
que prend l'adulte. Les taches blanches sont aussi plus foncées que
chez les jeunes sujets.

Cet habile naturaliste nous apprend que ce poisson s'appelle *rollisso* par les habitans de Valparaïso. Il vit sur les
contrées rocailleuses de la côte, se nourrit de petits coquillages : c'est un poisson peu farouche, qui a même l'air
de regarder le pêcheur; il nage lentement et ne saute point
au-dessus de l'eau. Sa chair est très-bonne à manger.

L'individu adulte que le Muséum doit à M. Gay, a plus
d'un pied de long; un autre jeune n'a que quatre pouces.

Enfin, un troisième, long de cinq, offre une légère variété dans le nombre des rayons épineux de la dorsale. Je
ne lui en compte que cinq; il n'a d'ailleurs aucune autre
différence.

Nous avons pu examiner les viscères de cette belle espèce; ils
nous ont fourni les observations suivantes. Le foie se trouve composé de deux lobes semblables, à peu près égaux, minces, arrondis
vers leur extrémité, et dont les bords sont peu festonnés. La vésicule
du fiel est alongée, étroite et cylindrique. L'œsophage se continue
en un vaste estomac à parois très-minces, dont la veloutée est
très-fine et ne nous a pas montré l'apparence de rides. La branche
montante est fort courte et un peu plus épaisse. Il y a autour du
pylore quatre cœcums assez gros et courts; un est à droite de l'estomac; un second est au-dessous de ce viscère; les deux autres
sont à sa gauche. L'intestin est très-large, de peu de longueur; il
ne fait qu'un seul repli; il se rétrécit un peu vers le rectum, dont la
veloutée a de nombreuses rides longitudinales. Les ovaires forment

deux sacs très-gros, rejetés vers l'arrière de l'abdomen. Les œufs sont plus gros que ceux de la perche ordinaire. La vessie aérienne est reculée au-delà des organes sexuels; elle est plus haute que large, et se prolonge dans une sorte de conduit osseux, formé par des petites côtes qui vont se réunir sur les premiers interépineux de l'anale. Les reins sont peu volumineux et se contournent sur la vessie aérienne, de manière à passer sur les interépineux de l'anale avant de déboucher tout près de l'anus. Le péritoine est blanc. J'ai trouvé un petit poulpe dans l'estomac de ce poisson.

Page 211. Addition à l'article du *percophis du Brésil.*

M. d'Orbigny a pris, le long de la côte de Buénos-Ayres, par trente-six degrés de latitude sud, le temps étant calme, et par vingt brasses de profondeur, le percophis du Brésil. Le dos était brun tacheté de brun plus foncé, le ventre blanc. Il en pêcha cinq à six individus, tous de dix-huit pouces de long, qui vécurent peu de temps hors de l'eau. Leur chair était ferme et de fort bon goût.

TOME QUATRIÈME.

Page 182, après l'article du *platicéphale lisse,* ajoutez :

Le PLATYCÉPHALE ESCARBOUCLE.

(*Platycephalus carbunculus,* nob.)

M. Dussumier vient de rapporter de Bombay deux espèces nouvelles de platycéphale.

L'une d'elles n'a pas la ligne latérale épineuse, et se distingue de celles que nous connaissons par la largeur et la brièveté de son museau, et par la force et la quantité des épines qui hérissent la tête. Sa longueur fait le tiers de celle du corps, la caudale n'y étant pas comprise. La tête, au-devant des yeux, est d'un tiers plus large que la distance prise du bout du museau au bord antérieur de l'orbite; distance qui ne fait pas le tiers de la longueur de la tête. Les yeux sont rapprochés. L'espace qui les sépare n'a que le quart du diamètre de l'œil, qui n'est que du quart de la longueur de la tête. Il y a deux petites épines au-devant de l'œil; l'une sur le bord postérieur du nasal et l'autre, plus faible, sur le bord antérieur du premier sous-orbitaire. Les crêtes surcilières sont élevées, fortement dentelées; elles se prolongent sur l'occiput, et sont terminées par une forte épine. Le long du bord supérieur du préopercule il y a une crête dentelée, portant trois épines. Une autre crête, composée de quatre épines, dont les deux moyennes sont très-fortes, règne le long du surscapulaire. L'arête du troisième sous-orbitaire a cinq épines. L'angle du préopercule se prolonge en une pointe forte et aiguë, qui en porte une plus petite à sa base et en dessous. L'os de l'épaule donne aussi une grosse épine.

Les écailles sont rudes; mais la ligne latérale n'a point d'épines.

D. 9 — 11; A. 12; C. 11; P. 18; V. 1/5.

Ce poisson, d'après M. Dussumier, est fauve, marbré de noirâtre, avec trois larges bandes verticales noirâtres. La première sous la fin de la première dorsale; la seconde sous le milieu de la deuxième nageoire du dos, et la troisième sur la queue. Les nageoires sont jaunes, variées de noirâtre.

La longueur de notre individu est de six pouces.

Page 185, après l'article du *platycéphale raboteux*, ajoutez :

Le PLATYCÉPHALE A BANDELETTE.

(*Platycephalus vittatus*, nob.)

La seconde espèce que nous devons au zèle éclairé du même voyageur, vient de la côte de Malabar, et elle a, comme le platycéphale raboteux, la ligne latérale épineuse; mais elle en diffère par une tête beaucoup plus étroite et plus longue, et parce que l'intervalle des yeux est beaucoup plus étroit, à peine du tiers du diamètre de l'orbite. Le sillon creusé entre les deux arêtes surcilières et dentelées, est plus profond; en cela l'espèce nouvelle se rapproche du platycéphale de Rodrigue; mais elle a l'occiput moins large, les carènes plus prononcées et les dents de la crête du troisième sous-orbitaire moins nombreuses. On ne lui en compte que trois, connues dans le platycéphale raboteux.

La ligne latérale ressemble à celle de cette dernière espèce.

D. 9 — 13; A. 12, etc.

M. Dussumier a pris ce poisson à Bombay avec le *platycephalus scaber*.

Ses couleurs, décrites d'après le frais, sont d'un fauve foncé sur le dos et clair sur le ventre. Trois bandes pâles traversent le corps. La première est sur l'occiput; la seconde à la base du premier rayon de la seconde dorsale; la troisième sur la queue. Une bandelette longitudinale jaune vif brille sur chaque côté. La première dorsale et les ventrales sont noirâtres. Les autres nageoires sont variées de noir et de jaune.

La longueur de l'individu est de quatre pouces.

Page 224, après l'article général sur les *scorpènes étrangères*, ajoutez :

La Scorpène de Madère.

(*Scorpæna Madurensis*, nob.)

Nous avons cru reconnaître la scorpène truie (*scorpæna scrofa*, Linn.) dans un dessin envoyé de Madère par M. Bowdich. Mais il existe en outre sur les côtes de cette île une petite scorpène d'une espèce particulière, et qui a été donnée à Londres à M. Cuvier lors du dernier séjour qu'il y a fait.

Comparée avec la scorpène truie, elle présente les différences suivantes :

Le dos est plus élevé, les épines du sommet de la tête sont plus pointues, les crêtes de la tempe plus élevées : celles du sous-orbitaire postérieur qui cuirasse la joue, et celles de l'opercule, le sont moins ; l'épine du sous-orbitaire antérieur plus aiguë. On compte une épine de plus au bord du préopercule, de sorte que leur nombre est de six. Les lambeaux charnus sont presque nuls comme dans le *porcus*, avec lequel on ne peut confondre cette nouvelle espèce, qui a les écailles plus grandes et à peu près comme chez le *scrofa* ; trente-cinq ou quarante entre l'ouïe et la caudale. L'intervalle entre les yeux est aussi plus large, et peut-être même encore plus que chez le *scrofa*.

La longueur et la force du second rayon épineux sont aussi un caractère remarquable.

D. 11 — 1/9 ; A. 3/5, etc.

Cette scorpène a le corps rougeâtre, marbré de grandes taches marron plus ou moins vif. Sur le bas de la joue et sous les branches de la mâchoire inférieure il y a de nombreux points bruns. Ses nageoires sont aussi variées de taches brunes ; mais je ne vois sur aucun des individus la grande tache noire que porte le *scrofa* sur les derniers rayons épineux de sa première dorsale.

Nos individus sont longs de trois et de quatre pouces.

Page 224, après l'article de la *scorpène du Brésil*, ajoutez :

La Scorpène scrofine.

(*Scorpæna scrofina*, nob.)

Nous avons fait connaître, sous le nom de scorpène du Brésil, un poisson très-voisin du *scorpæna porcus*, en même temps qu'il tient de la scorpène truie de la Méditerranée. Voici une seconde espèce des mêmes côtes, qui ressemble encore plus au *scorpæna scrofa;* elle s'en distingue par des nuances plus légères que l'autre ne différait de la rascasse.

Les armures de la tête paraissent plus pointues; mais elles sont en même nombre et dans le même ordre. Les rayons épineux de la dorsale, surtout les antérieurs, sont plus hauts et plus grêles. La pectorale est plus arrondie et moins longue; elle a deux rayons de plus.

D. 12/9; A. 3/5; C. 17; P. 19.

Les couleurs paraissent avoir été des marbrures rouges et brunâtres, avec des taches rouge vermillon et de gros points noirâtres sur la caudale et sur l'anale. La dorsale et la pectorale n'en ont que de petits. Les rayons de celle-ci sont rouge vif, et dans l'aisselle il y a de grosses gouttes blanches. Les ventrales sont d'une belle couleur rose vif. Sur la tête, les joues, l'opercule, il y a des marbrures blanches, qui deviennent des veinules sous les branches de la mâchoire.

Cette espèce a été rapportée de Rio-Janéiro par M. Gay. Les gouttelettes blanches de l'aisselle, et l'absence de tache noire sur la fin de la dorsale épineuse, nous paraissent suffisantes pour la distinguer de celles auxquelles nous l'avons comparée.

L'individu est long de huit pouces.

Page 251, après l'article de la *sébaste à dorsale tachetée*, ajoutez :

La Sébaste oculée.

(*Sebastes oculata*, nob.; *Cabrilla*, Gay, notes manuscrites.)

Le même naturaliste nous a communiqué une sébaste d'une espèce nouvelle, prise sur la côte de Valparaíso; elle ressemble à celle de nos mers et à celles du Cap.

Le corps est peu trapu. Sa hauteur fait le quart de sa longueur totale. La tête porte une première épine derrière la narine. Une seconde au-devant de l'orbite; trois autres en arrière, en remontant vers l'occiput, qui lui-même en a deux assez fortes. L'opercule, le surscapulaire et le scapulaire, en ont de plus petites. Les dentelures du préopercule sont très-distinctes et fortes comme des épines. Les rayons osseux de la dorsale sont grêles; ceux de l'anale sont plus longs et plus forts. La caudale est coupée carrément.

D. 18/14; A. 3/8; C. 17; P. 18; V. 1/5.

Le dessin que M. Gay nous a montré, la peint en rouge brun sur le dos, et en rose argenté sous le ventre. Quatre taches rosées brillent sur le brun du dos à la base de la dorsale. La première au pied du quatrième rayon épineux; la seconde sous le neuvième; la troisième au commencement de la portion molle, et la quatrième sous le dernier rayon de la nageoire : une cinquième tache est placée sur les flancs, à la hauteur de l'épaule et entre les deux premières taches. Les nageoires sont brunes, plus ou moins foncées et bordées de rose assez vif.

L'individu est long de quatre pouces et demi; mais le dessin a été fait sur un autre qui avait près de huit pouces.

M. Gay nous apprend dans ses notes que ce poisson se nomme *cabrilla* sur la côte, qu'il vit dans les parties rocailleuses et à de grandes profondeurs : on ne le voit jamais à la surface de la mer; aussi ne se prend-il qu'à l'hameçon. Il se nourrit de petits poissons et de crustacés. Sa chair est délicate et fort bonne.

On voit que les habitudes de cette espèce sont très-semblables à celles de la sébaste de nos mers.

Page 322, après l'article du *pélor du Japon*, ajoutez :

Le Pélor de Chine.

(*Pelor sinense*, nob.)

Nous nous sommes procuré, depuis l'impression du quatrième volume, une nouvelle et belle espèce de pélor, qui faisait partie d'objets envoyés directement de Canton. Elle tient du pélor tacheté par la forme de son corps et par les taches blanches qui sont sur le dessus du crâne; mais elle ressemble plus au pélor du Japon par l'écartement des crêtes surcilières.

Le corps est un peu moins alongé que celui de cette dernière espèce. La tête ne fait pas le quart de la longueur totale. La portion antérieure du museau est beaucoup moins relevée, ce qui rend très-peu sensible les deux cavités du devant des orbites. L'arête qui joint les orbites ne fait pas d'angle saillant en avant. Le bord des crêtes surcilières a quelques dentelures mousses. Les épines du premier sous-orbitaire sont au nombre de quatre, mais plus pointues; celles du milieu de celui qui cuirasse la joue, sont plus écartées. Le bord du préopercule n'en a que deux, et la supérieure a une base élevée comme une crête dont l'angle antérieur est fait comme une épine. Les deux arêtes de l'opercule sont bien faibles. La crête de la tempe n'a qu'une seule épine faible, et la crête sus-occipitale n'en a que deux. La dorsale a les rayons plus grêles et un peu plus hauts, et sous la pectorale on trouve deux rayons libres.

D. 18/6; A. 2/11; C. 16; P. 10 — 2; V. 1/5.

Ce poisson a la tête grise, pointillée de noirâtre, avec des taches blanches comme du lait. Une est plus bas que l'œil, sur le bord de la fosse anté-orbitaire; une autre, impaire, est entre les orbites, dont les bords antérieurs sont blanchâtres, et derrière l'arête transverse qui réunit les crêtes orbitaires il y a six de ces taches. Le corps est noirâtre, avec de grandes marbrures blanchâtres. La dorsale a des taches blanchâtres sur un fond noirâtre. L'anale est plus foncée. La caudale porte un trait blanc vertical près de sa base; puis une large bande noirâtre; ensuite une série verticale de points ou de taches blanches, et la moitié terminale de la nageoire devient tout-à-fait noire. Les ventrales ont la même teinte. Les pectorales sont grises en dessus, avec des rayures irrégulières obliques, noirâtres, et quelques traits blancs et très-fins perpendiculaires aux rayons. Le dessous de la nageoire est noirâtre vers l'extrémité; gris à la base, et a dans le milieu deux bandes de grosses taches rondes et blanches comme du lait.

Nous n'avons qu'un seul individu de cette espèce, qui a six pouces de longueur.

Page 350, après l'article de l'*hoplostèthe de la Méditerranée*, ajoutez :

L'HOPLOSTÈTHE CORNU.

(*Hoplostethus cornutus*, nob.)

Lorsque nous avons fait connaître, dans le quatrième volume de notre ouvrage, p. 344, la singulière espèce de poisson de la Méditerranée nommée Hoplostèthe, nous étions loin de nous attendre qu'une seconde espèce du même genre se retrouverait dans l'océan Atlantique austral, vers la pointe sud de l'Amérique.

L'individu qui va servir à notre description, est un de ces poissons curieux que nous ont procurés les recherches faites dans l'estomac des grands poissons voraces; il fut pris dans l'estomac d'un requin, harponné par 26 degrés latitude sud. L'ichtyologie doit cette découverte à M. Gay, qui a bien voulu nous permettre de la faire connaître dans ce supplément.

Cet hoplostèthe a l'ovale du corps moins régulier, parce qu'il est plus rétréci entre les ventrales et l'anale. C'est à l'aplomb de ces nageoires paires que l'on mesure la plus grande hauteur du corps; laquelle fait la moitié de la longueur, la caudale non comprise. Le corps a très-peu d'épaisseur; car elle ne fait que le cinquième de la hauteur. A l'aplomb du premier rayon de l'anale la hauteur du corps est comprise deux fois et deux tiers dans la verticale prise aux ventrales, et sa hauteur entre la caudale et les deux autres nageoires impaires n'est pas même la moitié de la mesure prise de l'anale. A partir du bout du museau, la courbe du profil monte en arc de cercle régulier jusqu'à l'occiput; de ce point à l'origine de la dorsale, cette ligne devient légèrement concave; puis elle s'abaisse par une pente très-douce jusqu'à la caudale. Le profil inférieur forme une saillie assez renflée sous les branches de la mâchoire inférieure. De l'angle de cette mâchoire jusqu'à l'insertion des ventrales, la ligne est droite, et de ce point jusqu'à la fin de l'anale elle remonte très-brusquement et rétrécit de beaucoup l'arrière du corps.

La tête, caverneuse comme celle de l'hoplostèthe, présente plusieurs particularités spécifiques fort remarquables; elle est d'un tiers plus courte que haute, et sa longueur n'est que du tiers de celle du corps, sans y comprendre la caudale. L'œil est placé haut sur la joue. L'orbite est arrondi et fait un peu moins que le tiers de la longueur de la tête. L'espace qui les sépare égale une fois et demie leur diamètre; il est bombé, et cette portion du chanfrein est creusée par deux larges fossettes ovales. Une troisième fossette, en forme de losange, creuse le dessus de la tête jusqu'à l'occiput. L'angle antérieur de chaque cavité donne deux petites pointes, dont l'interne est dirigée en avant et forme une épine saillante sur la branche montante de l'intermaxillaire. L'externe, dirigée un peu obliquement, va rejoindre le bord supérieur du sous-orbitaire, et forme une petite fossette au-devant de l'œil, dans laquelle est la narine. Une cloison mince et membraneuse en sépare l'entrée en deux, et forme, comme d'ordinaire, deux orifices de la narine; ils sont ronds, et l'antérieur est un peu plus petit que l'autre. De l'angle postérieur de la grande fossette frontale paire s'élèvent deux crètes osseuses, minces, tranchantes, divergentes. L'espace entre l'interne et le bord de la fossette est sculpté par plusieurs stries plus ou moins profondes. Sur les côtés de l'occiput, à la suite de cette crête, s'en élève une autre, dont la pointe postérieure se prolonge en une grosse épine, qui forme une corne sur l'arrière de la tête. La pointe antérieure de cette même crête donne une petite épine courte. L'angle médian de l'occiput en donne aussi une petite. Au-dessous de la corne est également une double pointe, et les côtés du crâne en arrière de l'œil portent trois tubercules plus ou moins pointus, situés au-dessus de l'articulation du préopercule.

Le sous-orbitaire est très-mince, caverneux, et couvre presque toute la joue; mais il est plus étroit que celui de l'espèce de la Méditerranée. Je ne lui compte que sept fossettes, tandis que le premier en a neuf. Ces fossettes sont limitées par des crêtes osseuses, rayonnantes de l'œil, et c'est par l'arête de la quatrième que le sous-orbitaire s'articule avec la crête élevée et verticale qui borde le limbe du préopercule, lequel est creux, parce que le bord externe de l'os est relevé; mais il n'est pas divisé en petites fossettes. Ce limbe est strié; le bord n'offre aucune dentelure. De l'angle du préopercule saille une forte épine, dirigée vers le bas. Toute la surface de ces pièces est hérissée de scabrosités. Le bord horizontal du préopercule est très-court, parce que les mâchoires inférieures sont encore plus grosses que dans l'hoplostèthe ordinaire, et que la tête est beaucoup plus courte.

L'opercule est mince, haut et fort étroit. Sa surface est entièrement striée. Le sous-opercule et surtout l'interopercule sont très-petits, étroits, alongés, et cachés sous l'angle inférieur du préopercule. Il faut y faire attention pour ne pas les compter au nombre des rayons branchiostèges.

Les ouïes sont très-amplement fendues jusqu'entre les branches de la mâchoire inférieure. L'isthme est court, étroit et placé presque sur la symphyse. La membrane branchiostège est étroite et a huit rayons grêles.

L'ouverture de la gueule est très-grande et oblique. Quand la mâchoire inférieure s'abaisse, elle dépasse la supérieure; la langue paraît comme un gros mamelon arrondi, charnu et lisse au fond de la bouche. Les maxillaires sont étroits, légèrement dilatés vers l'extrémité. Cette palette est striée. L'intermaxillaire est très-grêle, point protractile; il porte une rangée de petites dents grêles, très-fines, toutes égales.

La mâchoire inférieure a des branches fort élargies, courbes, qui se touchent sous la gorge. La moitié inférieure est creusée par une large fossette longitudinale. Les dents de cette mâchoire sont très-petites; mais quelques-unes s'alongent en canines, surtout vers la symphyse des mâchoires. L'angle postérieur et inférieur de la branche se prolonge en une épine courte.

Le palais est lisse et sans dents, à moins qu'il n'y ait quelques légères âpretés sur le bord externe des palatins.

Le scapulaire et l'huméral sont longs, étroits, sculptés par de nombreuses stries; ils se plient en angle ouvert au-dessous du second tiers de la hauteur du corps. Le radial est caché sous les muscles latéraux, et a l'air d'être fort large et de former avec sa réunion aux os pelviens, et en avant des ventrales, une carène osseuse, qui n'est point, comme celle de l'hoplostèthe de la Méditerranée, cuirassée par des écailles. La pectorale est insérée près de l'angle de l'ossature de l'épaule, de manière que sa pointe monte sur le dos. Sa longueur est moindre que le quart de celle du corps. Je lui compte seize rayons. Les ventrales, un peu plus reculées que les précédentes et plus courtes, ont une épine et six rayons articulés. La dorsale s'élève sur le milieu de la longueur du corps, la caudale non comprise. Ses premiers épineux sont courts et au nombre de trois. J'en compte ensuite douze articulés. L'anale est fort courte, placée en arrière, tellement que son premier rayon répond au dernier de la dorsale. La caudale est fourchue.

B. 8; D. 3/12; A. 2/6; C. 4 ou 5 — 17 — 5 ou 4; P. 16; V. 1/6.

Ce poisson n'a point d'écailles. La peau est couverte d'âpretés, dont la base élargie a quelques stries rayonnantes.

La ligne latérale va parallèlement au dos près de la ligne du profil, par le septième de la hauteur.

La couleur paraît être un gris plombé plus ou moins argenté.
Je n'ai pu rien voir des viscères de ce curieux poisson.

TOME CINQUIÈME.

Page 53, après l'article de l'*otolithe royal*, ajoutez :

L'OTOLITHE DE LA CAROLINE.

(*Otolithus Carolinensis*, nob.)

Il existe sur les côtes de l'Amérique septentrionale un
second otolithe, assez voisin du royal ; mais qui en diffère
par un corps trapu, dont la hauteur n'est que le quart de la longueur totale ; par une tête plus longue, sa longueur n'étant contenue que trois fois et demie dans celle du corps. Celle de l'otolithe
royal y est comprise une fois de plus. Les écailles sont beaucoup
plus petites. On en compte plus de quatre-vingts entre l'ouïe et la
caudale ; tandis que le nombre de celles de l'otolithe royal dans
le même espace, n'est que de soixante à soixante-cinq. Enfin, il
y a deux rayons mous de moins à la seconde dorsale et à l'anale.

D. 10 — 1/27 ; A. 1/11, etc.

Les couleurs offrent aussi des différences sensibles. Celle du dos
est un plombé verdâtre, à reflets argentés. Le ventre est blanc ; on
n'y voit point de taches. Les deux dorsales sont grises, tachetées
de noir. La caudale, plus foncée, offre de même des points noirs.
L'anale est d'un bleu noirâtre, assez foncé. Cette même nageoire
est blanche dans l'otolithe royal.

Nous avons examiné la vessie aérienne de ce poisson : elle ressemble à celle de l'otolithe royal ; mais les cornes qu'elle fournit
en avant sont plus alongées.

Nous devons ce poisson à M. Holbroock, que nous
avons déjà eu l'honneur de citer plusieurs fois. L'individu
qu'il a envoyé au Muséum est long de quatorze pouces.

Page 54, après l'article de l'*otolithe verdâtre*, ajoutez :

*L'*OTOLITHE DU SÉNÉGAL.

(*Otolithus Senegalensis*, nob.)

Les mers de la rade de Gorée nous ont procuré un otolithe à queue lancéolée et voisin du verdâtre par le petit nombre des rayons de l'anale; mais on lui en compte davantage à la seconde dorsale.

Sa hauteur est du sixième de la longueur totale, qui comprend quatre fois la longueur de la tête. L'œil est avancé vers l'extrémité du museau, et la longueur de son diamètre mesure le sixième de celle de la tête. Les dents sont médiocres. L'épine de l'opercule est faible. La longueur du rayon mitoyen de la caudale est contenue cinq fois et demie dans la longueur totale du corps. La pectorale est lancéolée, et aussi longue que la caudale.

D. 10 — 1/30, le dernier divisé jusqu'à la racine; A. 2/7; P. 17; V. 1/5.

Ce poisson paraît avoir eu le dos verdâtre, à reflets dorés, et le ventre argenté.

On compte vingt-quatre lignes obliques sur le corps, dont les vingt supérieures sont formées de séries de petits points noirâtres, et les quatre inférieures sont jaunâtres ou dorées.

Nous avons reçu ce poisson par les soins de M. Rang. L'individu est long de treize pouces.

Un autre individu du même envoi, long de vingt pouces, n'a plus que quelques traces éparses de taches sur le dos. Il est cependant de la même espèce que le précédent; car il a les mêmes formes, les mêmes nombres de rayons et le même nombre de rangées d'écailles entre l'ouïe et la caudale, qui est de quarante-cinq à cinquante. Les nageoires sont verdâtres et sans tache. La première dorsale est finement lisérée de noirâtre.

Nous avons fait l'anatomie de ce poisson : son foie est petit et réduit à un seul lobe gauche, étroit, et qui ne dépasse pas la pointe de l'estomac. Ce viscère est un sac cylindrique, qui n'atteint à peine qu'un tiers de la cavité abdominale. Il y a près du pylore six appendices cœcales, peu alongées. Le duodénum a un étranglement très-notable vers la portion correspondante à la pointe des cœcums. L'intestin se dilate ensuite un peu, fait un premier repli, et tout de suite après un second près de la pointe de l'estomac, et il se rend ensuite directement à l'anus, en diminuant de plus en plus de largeur. La vessie aérienne est très-remarquable et semblable à celle du corb de Nigritie, que nous avons figurée sur la planche 138; mais les filets latéraux dans lesquels les cornes se subdivisent, sont beaucoup plus nombreux et divisés en deux paquets, dont l'un se compose de quinze ou seize tuyaux, et l'autre de cinq à six.

Addition à l'article de l'*otolithe tourou*, page 56; et corrections à l'article du *corb acoupa*, p. 80.

M. Frère vient de nous donner l'otolithe tourou sous le nom d'acoupa. Cette indication paraît devoir nous servir à rectifier la synonymie que nous avions cru devoir faire, en rapprochant le chéilodiptère acoupa de M. de Lacépède de notre *corvina trispinosa*. Les nombres de l'acoupa sont ceux de notre otolithe, et non pas de notre corb; et comme M. de Lacépède avait reçu de Cayenne, sous le nom d'acoupa, un poisson qui a exactement les mêmes nombres que celui qui vient de nous être remis sous ce même nom par M. Frère, nous pensons que le chéilodiptère acoupa doit être rapporté à notre otolithe tourou.

Page 59. Addition à l'article de l'*otolithe à petite épine anale.*

Cet otolithe porte à Cayenne le nom de loubine. M. Frère vient de nous en donner un bel individu long de vingt-cinq pouces.

Page 71. Addition à l'article du *corb soldado.*

Nous avons trouvé, dans les dernières collections de M. Dussumier, un individu bien conservé du corb soldado.

Le nombre des rayons de la seconde dorsale s'élève jusqu'à trente; mais tous les autres caractères assignés dans notre description sont parfaitement conformes à ce que l'on peut observer sur le poisson même.

La vessie natatoire n'était pas bien conservée; mais elle était garnie d'appendices frangées le long de chaque côté, et elle doit beaucoup ressembler à celle du johnius ponctué, que nous avons figurée t. V, pl. 139. M. Dussumier dit que la couleur du dos est verdâtre; celle du reste du corps argentée. L'anale, la caudale, sont jaunes; les deux dorsales, bordées de noir, et les ventrales, blanches: c'est un bon poisson, abondant à Bombay.

Page 120, après l'article de l'*Eleginus Maclovinus,* ajoutez:

L'ÉLÉGINUS DU CHILI.

(*Eleginus Chilensis,* nob.; *Robalo,* Gay, notes manuscrites.)

Nous devons aux recherches de M. Gay la connaissance d'une troisième espèce d'éléginus, assez voisine de celle des Malouines; mais que nous en distinguons, parce que

le corps est plus alongé; la tête est plus courte, et l'œil est plus grand. Le dessus de la tête est moins bombé. Les nombres des rayons sont ceux de l'espèce des Malouines.

C. 6; D. 9 — 25; A. 1/22, etc.

Le poisson, conservé dans l'eau-de-vie, paraît gris verdâtre, avec des petites taches noirâtres sur la seconde dorsale et sur la caudale. M. Gay, qui l'a vu frais, le représente vert sombre mêlé de gris sur le dos, et les nageoires supérieures de couleur brune du bistre. L'iris de l'œil est blanc jaunâtre.

Ce poisson porte à Valparaïso le nom de *robalo*, que nous avons vu donner, par les Espagnols établis sur la côte occidentale, à un poisson d'une famille différente, le centropome ondécimal; mais qui peut offrir par un examen léger quelque ressemblance par leurs deux dorsales et par leur couleur.

Page 133, après l'article de l'*ombrine de Kuhl*, ajoutez :

L'OMBRINE DE DUSSUMIER.

(*Umbrina Dussumieri*, nob.)

Une autre ombrine des mers de l'Inde vient de nous être rapportée de ces parages.

Elle a le museau gros et renflé, le barbillon court, la caudale carrée. Le dos est de couleur fauve, à reflets verdâtres dorés; le ventre est argenté; les nageoires sont roussâtres, à l'exception des ventrales, dont la couleur est jaune clair.

D. 10 — 1/25; A. 2/7, etc.

Les nombres diffèrent peu de ceux de l'ombrine de Kuhl; mais la nouvelle espèce se distingue de celle que nous citons, par la brièveté de son barbillon et par l'absence de taches.

L'individu pêché sur la côte de Coromandel est long de six pouces.

Page 173, après l'article de la *belle gorette*, ajoutez :

La Gorette a croissant.

(*Hœmulon arcuatum*, nob.)

Cette nouvelle espèce se rapproche de la belle gorette (*Hœmulon formosum*, nob.), parce qu'elle a, comme celle-ci, la tête rayée longitudinalement; mais elle a une forme différente, et les raies de la tête ne sont pas semblables.

Le corps est beaucoup plus élevé, et sa hauteur n'est que le tiers de la longueur totale. Le profil est concave vers l'extrémité du museau; la tête est plus courte, l'œil plus petit, le préopercule plus haut, à dentelures plus grosses. Les dents, et surtout celles de la mâchoire inférieure, sont bien plus grosses. Les écailles sont plus ciliées.

On compte un rayon mou de plus à la dorsale.

D. 12/17; A. 3/9, etc.

Les raies bleues de la tête sont plus étroites, moins nombreuses; et on n'en voit plus au-dessus de l'œil et sur l'occiput. Le fond de la couleur est un vert noirâtre plus ou moins foncé, avec un croissant doré brillant sur chaque écaille. Les nageoires sont noirâtres.

L'individu que nous venons de décrire est long de onze pouces, et nous a été envoyé de Charlestown par M. le docteur Holbroock.

Page 188, après l'article du *pristipome de Jubelin*, ajoutez :

Le Pristipome a groin de cochon.

(*Pristipoma suillum*, nob.)

Il existe dans la rade de Gorée une autre espèce, à museau encore plus long que le pristipome de Jubelin, et qui est voisin du kaakan et de cette petite tribu de pristipomes à corps tacheté.

Le corps est alongé, ayant une hauteur qui n'égale pas tout-à-fait le quart de la longueur totale. La tête est grande, et longue du tiers de la longueur du corps, sans y comprendre la caudale, qui entre pour un sixième dans la longueur totale. Le museau est pointu et long. Le profil monte obliquement jusqu'au-devant de l'œil, où il est un peu relevé en bosse; puis il existe une légère dépression sur le front au-dessus de l'œil, et ensuite la ligne se courbe et remonte sur l'occiput, de façon que la hauteur de la tête, mesurée à cet endroit, égale à peu près les trois quarts de sa longueur. L'œil est placé au milieu de la longueur de la tête; son diamètre n'est que du sixième de la distance du bout du museau à l'extrémité de l'opercule. Le sous-orbitaire est grand, presque sans écailles. Le préopercule a une large sinuosité rentrante au-dessus de son angle arrondi; ses dentelures sont fines et peu solides. La gueule est peu fendue; les deux mâchoires, d'égale longueur, sont garnies d'une bande large de dents en velours fin; et il n'y en a point une rangée de plus grosses sur le bord. La dorsale est peu élevée, composée d'épines assez faibles par rapport à la taille du poisson. Les épines de l'anale ne sont pas non plus très-fortes. La caudale est fourchue; les pectorales, pointues et longues, ont à peu près le cinquième de la longueur du corps.

D. 12/15; A. 3/9; C. 17; P. 17; V. 1/5.

Les écailles sont de grandeur moyenne, au nombre de cinquante-cinq rangées entre l'ouïe et la caudale; elles sont beaucoup plus hautes que larges. Les rayons de l'éventail sont fins et entaillent peu le bord radical; l'autre bord n'est pas cilié.

Sur un fond olivâtre le dos offre des rangées obliques de points verdâtres dorés, qui deviennent des séries droites au-dessous de la ligne latérale. Tout le poisson a de beaux reflets argentés, mélangés d'or sur le dos par le reflet des points qui le colorent. Il y a une belle tache dorée sur l'opercule, et du noir sur son bord membraneux. La dorsale, d'un gris violacé, est blanchâtre à la base, qui porte une rangée de gros points verdâtres entre chaque rayon. L'anale est verdâtre, sans taches; la caudale est plus foncée; les pectorales et les ventrales sont jaunâtres.

Nous avons reçu ce beau pristipome par M. Rang, qui a envoyé un individu long de vingt et un pouces.

Le Pristipome de Rang.

(*Pristipoma Rangii,* nob.)

Un second pristipome de la même rade, et provenant du même envoi de M. Rang,

a le museau moins pointu que le précédent; mais il l'a plus que le pristipome de Jubelin ou de Pérotet. Le diamètre de l'œil n'est contenu qu'une fois et demie entre l'extrémité du museau et le bord antérieur de l'orbite. Le profil de la nuque atteint à la dorsale par une courbure moins relevée. Le bord montant du préopercule est plus droit. Les nombres sont les mêmes.

D. 12/15; A. 3/8.

Les couleurs sont aussi très-semblables. Sur un fond argenté, le dos est glacé de verdâtre, et porte quatorze à seize lignes obliques de points verdâtres, et neuf à dix au-dessous de la ligne latérale. Ces lignes ont des reflets dorés. La dorsale est verdâtre, et a une suite de gros points plus foncés sur la base de la membrane entre chaque rayon. La caudale est noirâtre, et l'anale jaunâtre; les pectorales transparentes, les ventrales grises.

Nos individus sont longs de huit pouces.

Page 194, après l'article du *pristipome de Dussumier*, ajoutez:

Le Pristipome argyre.

(*Pristipoma argyreum*, nob.)

M. Dussumier vient de rapporter de son dernier voyage à la côte de Coromandel encore un pristipome nouveau, voisin de celui que nous lui avons dédié.

Celui-ci a la tête plus grosse, le museau plus arrondi, le préopercule plus rejeté en arrière, les écailles beaucoup plus grandes, et la caudale carrée; ce dernier caractère le distingue facilement de toutes ces espèces si voisines les unes des autres.

D. 12/13; A. 3/7, etc.

La couleur est blanche, à reflets dorés verdâtres sur le dos, et argenté brillant sur la plus grande partie du corps. La caudale est blanche comme les autres nageoires. Il y a un point noirâtre entre chaque rayon de la seconde dorsale.

Il est long de sept pouces.

Un autre individu de cette espèce nous a été récemment communiqué par M. J. Desjardins de l'Isle-de-France. Il tenait ce poisson de Sumatra. Il n'a que six pouces.

Enfin, nous en trouvons un autre individu plus petit parmi les espèces recueillies à Batavia par M. Reynaud.

Page 201. Addition à l'article du *pristipome de la Conception.*

M. d'Orbigny vient de nous envoyer de Valparaïso plusieurs exemplaires du *pristipoma Conceptionis.* Nous en trouvons aussi la figure parmi les dessins faits au même endroit par M. Gay. Il le peint bleu sur le dos, et argenté au-dessous de la ligne latérale. Ce poisson, nommé *Cabiza,* abonde sur cette côte. On ne le prend que pendant la nuit, parce qu'il entre dans les trous où se retirent des crustacés de différentes sortes, afin d'en faire sa nourriture. Les pêcheurs ont l'adresse de tendre leurs filets au-devant des trous, et d'effrayer ensuite le poisson, qui se jette dans ces nasses en voulant fuir. Pendant le jour cette espèce se tient loin de la côte et à une assez grande profondeur. Sa chair est peu estimée.

Page 203, après l'article du *pristipome petite scie*, ajoutez :

Le PRISTIPOME A HUIT RAIES.

(*Pristipoma octolineatum*, nob.)

Les mers de Gorée nous ont fourni un pristipome de la seconde division, et qui ressemble un peu à la petite scie de la Martinique.

Sa hauteur est égale au quart de sa longueur totale. La tête est aussi haute que le corps est long. L'œil est très-grand; son diamètre surpasse le tiers de la longueur de la tête. Les dentelures du préopercule sont grosses et bien séparées.

La dorsale est continue et d'égale hauteur dans toute son étendue; et on compte un rayon épineux et un rayon mou de plus qu'à la dorsale de la petite scie, et deux rayons mous de moins à l'anale; la caudale est à peine échancrée.

D. 13/14; A. 3/7, etc.

Les écailles sont petites, âpres, et avancent sur le bout du museau et sur le sous-orbitaire jusqu'au-devant de l'œil; elles couvrent aussi les branches de la mâchoire inférieure, de façon qu'il n'y a que les os du nez et les intermaxillaires qui soient sous une peau sans écailles; elles sont plus petites que celles de la petite scie, et le nouveau pristipome du Sénégal diffère encore de ce dernier, parce qu'il a les nageoires peu garnies d'écailles.

Les couleurs étaient très-brillantes. Il avait le fond verdâtre, à reflets rouges de cuivre sur la tête et sur le dos. Quatre lignes bleues règnent le long des flancs; la première est près de la base de la dorsale, et se termine vers les premiers rayons mous de la même nageoire; la seconde part du front, traverse la tête et va se perdre sous les derniers rayons mous de la nageoire du dos; la troisième commence sur le haut de l'orbite, et la quatrième à la partie inférieure; elles traversent la tête et s'évanouissent sur la queue, sans atteindre la caudale.

La dorsale et la caudale sont olivâtres, mélangées de brun noirâtre; l'anale est plus claire; les pectorales ont leurs rayons orangés, et ceux des ventrales sont d'un bleu-jaune vif.

Nous devons ces poissons à M. Rang; ils sont longs de dix pouces.

Page 205, après l'article du *pristipome de Surinam*, ajoutez:

Le Pristipome a queue blanche.

(*Pristipoma leucurum*, nob.)

Nous avons enfin à ajouter à nos pristipomes une espèce des Séchelles, qui a la forme du pristipome de Surinam; c'est-à-dire,

que son corps est court et élevé, le dos très-arqué. La hauteur n'est que la moitié de la longueur du corps, la caudale n'y étant pas comprise, et comptant pour le septième de la longueur totale. Les écailles sont petites et âpres. Les nageoires verticales sont arrondies. La dorsale est légèrement échancrée.

D. 14/17; A. 3/7, etc.

Ce poisson est noir, avec le bord de chaque écaille blanc. La caudale est d'un blanc pur et transparent; la dorsale molle et l'anale sont bordées de cette même couleur.

9.   46

M. Dussumier, à qui nous devons ces détails sur la couleur, nous apprend que c'est un bon poisson, rare aux Séchelles, où il est connu sous le nom de *carpe de mer.* Il croît jusqu'à deux pieds de long. Notre individu n'a que quatre pouces.

Page 272. Addition à l'article du *chéilodactyle de Carmichaël.*

Nos lecteurs ont pu voir que nous avions indiqué le chéilodactyle de Carmichaël d'après la seule description de ce poisson, donnée par ce capitaine dans les Mémoires de la Société Linnéenne.

Les collections faites au Chili par M. Gay, nous permettent aujourd'hui de revenir sur cette espèce et de la faire mieux connaître.

Ce poisson a le museau assez pointu. Le crâne est large et aplati entre les yeux; mais la ligne du profil se relève ensuite assez brusquement, et donne une hauteur considérable au dos; elle fait le tiers de la longueur totale. La courbe du dos s'abaisse lentement vers la queue; celle du ventre est aussi fort soutenue depuis la tête jusqu'à l'anale; mais le profil, depuis l'anale jusqu'à la caudale, suit presque une direction horizontale : disposition qui rend la queue assez basse, et ne lui donne que près du sixième de la hauteur totale.

La bouche est peu fendue. L'œil est grand. Son diamètre a presque le tiers de la longueur de la tête, qui fait elle-même près du quart de la longueur totale. Le frontal antérieur fait une saillie surcilière assez remarquable au-devant de l'œil.

Le sous-orbitaire est haut et presque quadrilatère; l'angle du préopercule est large et arrondi; le limbe est bien marqué; l'opercule est triangulaire; le sous-opercule étroit et presque vertical; l'interopercule arqué et un peu moins étroit que le subopercule. L'ossature de l'épaule est large et couverte de petites écailles, semblables à celles que l'on voit sur l'arrière du front, sur le bord supérieur du sous-orbitaire, près de l'angle supérieur du préopercule et sur celui du même os près de l'articulation de la mâchoire inférieure, sur tout l'opercule et sur le bord supérieur du sous-opercule et de l'interopercule. Le reste de la tête n'a qu'une peau sans écailles. La pectorale a quinze rayons; dont six inférieurs simples et neuf bifides : ceux-ci, presque tous égaux, forment une nageoire coupée carrément, dont la longueur est contenue cinq fois dans celle du corps. Le premier rayon simple a une longueur double de la pectorale; il atteint jusqu'au second rayon épineux de l'anale. La dorsale a des rayons épineux, alternativement larges et épais, qui se recouvrent et se cachent complétement dans la rainure du dos quand la nageoire s'abaisse. La seconde épine de l'anale est très-grosse. La caudale est fourchue. Le premier rayon mou des ventrales s'alonge en filet.

Voici les nombres tels que nous les comptons sur le poisson que nous avons sous les yeux.

B. 6; D. 17/24; A. 3/12; C. 17; P. 9 — VI[1]; V. 1/5.

Les écailles sont grandes, minces et légèrement striées. On en compte quarante-cinq environ entre l'ouïe et la caudale. Une écaille observée après avoir été détachée du corps, montre qu'elle est plus haute que large; que sa surface radicale est plus grande que la surface nue, et on trouve quinze à seize rayons à l'éventail. La ligne latérale court parallèlement au dos par le quart de la hauteur.

Ce poisson, conservé dans la liqueur, a quelques traces de bandes verticales sur le corps, une tache noirâtre, marquée sur l'épaule et sur la nuque, et une autre au-dessous de l'œil.

M. Gay lui donne dans son dessin un teinte rougeâtre, rembrunie sur le dos. Le ventre est tout-à-fait blanc. Le noir de la

---

1. *NB.* C'est par une faute d'impression que dans notre première description M. Cuvier a dit que les nombres de la pectorale sont de dix-sept (11/VI). Le capitaine Carmichaël dit positivement que la pectorale a quinze rayons, les six inférieurs simples : *pectoral fin fifteen rayed, six lower simple.*

joue, au-dessous de l'œil, y est indiqué. La caudale est couverte de points noirâtres.

Il est impossible de douter de l'identité d'espèce entre le poisson décrit ici et le chétodon monodactylus du capitaine Carmichaël. Cette description justifie la séparation de ce chéilodactyle des côtes d'Amérique d'avec celui de Forster, qu'il plaçait avec raison dans les sciènes sous le nom de *sciœna macroptera,* et que les compilateurs ont ensuite éloigné de sa famille naturelle. Le naturaliste anglais ajoute, dans son Mémoire, que son poisson abonde autour de l'île Tristan-d'a-Cunha, et qu'il fait sa nourriture des feuilles du *fucus pyriferus,* préférant celles qui sont couvertes de serpules.

M. Gay nous fait connaître le sien sous le nom de *Brecca* de l'île San-Juan-Fernandez. Il y est fort commun, mais fort peu recherché, à cause de ses nombreuses arêtes. Les pêcheurs le coupent par lambeaux et en font des amorces pour leurs hameçons.

Page 272, après l'article du *chéilodactyle à doigt court,* ajoutez :

Le Chéilodactyle varié.

(*Cheilodactylus variegatus,* nob.; *Pintadilla,* Gay, notes manuscrites.)

Les côtes du Chili produisent encore un autre chéilodactyle à doigt court,

dont le corps est en ovale alongé, comprimé. Sa hauteur est comprise trois fois et un tiers dans sa longueur totale.

Le museau est court et obtus. Le front est convexe et légèrement renflé entre les yeux. La dorsale est basse; la caudale fourchue. Le premier rayon simple est plus court que le second; mais il dépasse à peine les rayons supérieurs, de sorte qu'elle est arrondie. Les nombres sont assez différens de l'espèce précédente.

B. 6; D. 16/31; A. 3/10; C. 17; P. 7 — VII; V. 1/5.

Les couleurs sont, suivant le dessin de M. Gay, du noir trèsfoncé sur le dessus de la tête et le devant du dos; il devient plus clair sous la seconde dorsale et le long du ventre. Six bandes noirâtres prennent naissance sur la base de la dorsale, et y font des taches plus longues que larges, qui traversent le dos et viennent s'effacer dans l'argenté du bas du ventre. La première dorsale est jaunâtre; la seconde a de plus une bordure grise. La caudale est orangée, sans taches. L'anale est plus pâle; la pectorale est jaunâtre.

Notre individu est long de trois pouces; il vient de Valparaïso, où l'espèce se nomme *Pintadilla*.

Le CHÉILODACTYLE DE SAINT-ANTOINE.

(*Cheilodactylus Antonii*, nob.)

M. Gay avait envoyé, dès 1829, un chéilodactyle pris non loin du cap Saint-Antoine, sur la côte du Chili, à quarante lieues de Valparaïso, qui ressemble beaucoup à l'espèce du Cap (*cheilodactylus fasciatus*), à cause des couleurs disposées par bandes; mais qui en diffère

par la brièveté des rayons simples de la pectorale; ce qui nous le fait rapprocher de l'espèce à doigt court décrite un peu plus loin. Le premier rayon simple ne dépasse la pectorale que d'un sixième de sa longueur, laquelle est contenue six fois dans celle du corps. Nous lui comptons un rayon simple de plus à la pectorale. Les nombres de la dorsale et de l'anale sont aussi fort différens.

D. 17/29; A. 3/7; C. 17; P. 8 — V; V. 1/5.

Les écailles sont plus petites et chagrinées par de fines granulations.

M. Gay représente le poisson d'une couleur brune rougeâtre sur le dos, passant au verdâtre et devenant verte sur le bas des flancs, où elle forme ainsi quatre ou cinq bandes verticales verdâtres, détachées sur le fond jaunâtre du ventre. La joue est couverte de points noirâtres. La première dorsale a une teinte jaunâtre, salie de brun; la seconde est plus rembrunie. La caudale est brune à la base et orangée rougeâtre dans son croissant. La pointe des pectorales et des ventrales est rougeâtre, et la base brune. L'anale, brune, a le bord orangé.

L'individu empaillé est en bon état et long d'un pied.

Page 279. Addition à l'article du *latile argenté*.

Nous avons trouvé notre latile argenté parmi les poissons apportés du Japon, et donnés au Cabinet de Berlin par M. Langsdorff. Son nom japonais est *kussuna*.

Je vois que M. Langsdorff avait cru retrouver dans cette espèce le *coryphœna japonica* de Gmelin ou d'Houttuyn. Cela ne serait pas impossible, quoique nous pensions plus convenable de donner à notre latile pour synonyme le *coryphœna sima;* car on ne peut pas dire du *latilus argenteus : corpus teneris squamis vestitum.*

L'individu de Berlin a treize pouces de long.

Page 283, après l'article du *latile cerclé*, ajoutez :

Le LATILE CHRYSOPE.

(*Latilus chrysops,* nob.)

Voici une troisième espèce d'un genre que nous ne connaissions pas encore dans l'océan Atlantique. Le grand océan Indien et les côtes du Japon nous avaient fourni les deux latiles décrits dans notre ouvrage. M. Gay a été assez heureux pour trouver le troisième sur les côtes du Brésil; c'est à lui que nous sommes redevables de pouvoir publier cette nouvelle acquisition ichtyologique. Elle prouve avec la suivante que cette forme générique est plus répandue que nous le pensions.

Ce poisson a le corps alongé et assez épais. Sa hauteur est comprise quatre fois et trois quarts dans la longueur totale. L'épaisseur mesure près de la moitié de la hauteur. La tête est moins haute que le corps. La queue n'a que le tiers de celle du milieu.

Le museau est gros et obtus. Le profil monte obliquement jusqu'à l'orbite, au-dessus duquel le front fait une saillie assez prononcée. Après l'orbite, la ligne monte très-insensiblement sur l'occiput, et se rend à la queue par une ligne droite. La courbe du ventre est plus prononcée. La longueur de la tête est comprise quatre fois et demie dans la longueur totale. Sa hauteur à la nuque est moindre que sa longueur. L'œil est placé sur le haut de la joue, sans que l'orbite entame la ligne du profil; il est grand : son diamètre fait le quart de la longueur de la tête. Les deux ouvertures de la narine sont petites, rapprochées l'une de l'autre et de l'œil. L'antérieure a un petit rebord membraneux, prolongé comme un petit tentacule.

Le premier sous-orbitaire est recouvert par une peau nue, qui fait une large plaque carrée en devant de l'œil, parce qu'elle s'étend au-delà de l'os; car il n'est qu'un triangle placé obliquement en avant de l'œil, de manière à ce que la base soit le long du maxillaire, et que le sommet atteigne sous le milieu de l'orbite, dont le bord est par conséquent formé par la peau et non par le pourtour de l'os. Les autres sous-orbitaires sont étroits. Le préopercule a un limbe fort étroit et sans écailles, le bord vertical a de fortes dentelures. Toute la joue est couverte d'écailles. L'opercule, terminé par un angle osseux, saillant, en épine plate, est confondu avec le sous-opercule et caché sous les écailles qui les revêtent.

L'interopercule n'a que quelques écailles; il est étroit et mince. Les ouïes sont bien fendues. La membrane branchiostège est fortement unie à celle du côté opposé, de manière à ne laisser en quelque sorte qu'une fente, approchant de la direction verticale : elle porte six rayons branchiostèges; mais le premier est difficile à voir. La bouche est médiocrement fendue. L'intermaxillaire a quelque protractilité; il porte, ainsi que la mâchoire inférieure, des lèvres charnues, assez épaisses. Le maxillaire est arrondi, étroit, et couché sur le bord de l'intermaxillaire. Les dents sont sur une bande étroite, sur les deux mâchoires, et en velours ras. Cependant celles du rang externe sont un peu plus fortes, et près de l'angle de la bouche on trouve, tant en haut qu'en bas, deux crochets prononcés; ceux de la mâchoire inférieure sont les plus gros. Le palais est tout-à-fait lisse et sans aucune dent. Les pharyngiennes sont fines et en velours. La langue est courte et entièrement adhérente au fond de la bouche. La dorsale commence à l'aplomb de l'angle de l'ouïe. Ses huit premiers rayons sont épineux, quoique faibles; ils sont moins hauts que les suivans; ceux-ci sont rapprochés, et l'avant-dernier s'alonge un peu au-dessus des autres. L'anale, d'un tiers plus courte que la dorsale, lui ressemble d'ailleurs. La caudale est échancrée en croissant. La pectorale, coupée en faux, atteint au premier rayon de l'anale. Les ventrales sont attachées très-peu en arrière des pectorales, et elles sont de longueur moyenne.

B. 6; D. 8/24; A. 2/22; C. 17; P. 17; V. 1/5.

Les écailles sont âpres et petites; elles avancent jusque sur le front entre les yeux, et sur tout le préopercule, le limbe excepté. Il y en a plus de cent dix entre l'ouïe et la caudale, et près de cinquante sur une ligne verticale, prise à la plus grande hauteur du corps. Examinée seule, chaque écaille est plus longue que haute. Sa surface radicale est beaucoup plus grande que la portion libre. Son éventail n'a que sept branches.

La ligne latérale est fine, avec une légère courbure convexe au-dessus de la pectorale, puis elle est droite, et suit une ligne parallèle au dos par le quart de la hauteur.

La couleur paraît avoir été du rouge plus ou moins marbré de jaune. Le dessous du ventre est argenté. Le dessus de la tête et la peau nue qui recouvre le sous-orbitaire, ont une couleur bleue ou violette, glacée d'argent, très-brillante. Le bord inférieur de l'orbite a un ruban jaune doré brillant, qui s'élargit en avant et vient s'évanouir sur la région des narines. La dorsale est grise ou violette, avec des taches irrégulières bleues. Les autres nageoires n'ont pas de taches. Une tache verdâtre colore le haut de l'huméral, au-dessus de l'aisselle de la pectorale.

Quoique les viscères ne fussent pas parfaitement conservés, leur examen m'a fourni les observations suivantes :

Le foie est petit et divisé en deux lobes pointus. Sa substance est molle et jaunâtre. L'estomac se renfle en un sac arrondi, situé presque derrière le diaphragme; il se continue en un long intestin, plusieurs fois replié sur lui-même. Je n'ai pu voir les cœcums. Les organes mâles étaient fort petits et rejetés vers le fond de l'abdomen. La vessie aérienne est simple et mince. Les épiploons contenaient des masses de graisse considérables.

L'individu est long d'un pied; il avait été pris à l'hameçon et probablement à une profondeur assez considérable, car son estomac était renversé dans la bouche, ainsi que cela a lieu dans les poissons qui vivent dans le fond des eaux.

Le Latile jugulaire.

(*Latilus jugularis*, nob.; *Blanquillo*, Gay, notes manuscrites.)

Cette quatrième espèce de *latilus* présente un caractère notable par la position avancée de ses ventrales. Nous avons eu soin de noter que, dans notre latile cerclé, les ventrales sont attachées sous la base des pectorales. Nous faisions cette remarque pour fixer l'attention des naturalistes sur la position plus avancée des ventrales des latiles, que dans la plupart des poissons thoraciques.

Cette nouvelle espèce justifie la nécessité de cette observation; car un ichtyologiste qui ferait de la position si variable des nageoires inférieures un caractère de premier ordre, éloignerait ce poisson de la famille des sciénoïdes, et le séparerait des *latilus,* auprès desquels on doit le placer, ainsi que nous espérons le prouver par la description qu'on va lire.

Ce poisson a le corps alongé et un peu arrondi. Sa hauteur aux pectorales est comprise cinq fois et un tiers dans la longueur totale. L'épaisseur surpasse un peu la moitié de la hauteur. Le museau est gros et arrondi, sans que le profil descende très-brusquement. La courbe du dos est assez sensible; celle du ventre l'est peu. La tête fait le quart de la longueur totale. Les yeux sont grands, ovales. Le diamètre vertical mesure les trois quarts du longitudinal; et celui-ci égale, à très-peu de chose près, le tiers de la longueur de la tête. Ils sont gros et ils échancrent fortement le profil supérieur de l'orbite, de façon qu'ils sont rapprochés sur le crâne, l'intervalle qui les sépare étant à peine du tiers du plus grand diamètre.

Les narines sont petites, ouvertes sur le dessus du crâne, près de l'œil. L'ouverture antérieure est un trou rond, la postérieure une fente longitudinale.

Le premier sous-orbitaire est un trapèze assez haut; les autres sont fort étroits. Le préopercule est grand : son bord vertical est aux deux tiers de la tête; il est plutôt épineux que dentelé, tant sont écartées les pointes qui hérissent le bord. L'inférieur est lisse. Le limbe est peu distinct du reste de l'os; le tout étant recouvert d'écailles. Il faut même détacher avec le scalpel la peau de l'os, pour s'assurer de l'existence des dentelures. L'opercule et le sous-opercule sont réunis en une seule pièce, terminée par une pointe plate. L'interopercule n'a que de très-petites écailles.

La bouche est petite; ses deux mâchoires sont égales, et garnies d'une bande étroite de dents en velours et bordée d'une rangée externe de plus fortes. Le palais est lisse et sans dents. La langue est petite, pointue et assez libre. Les ouïes ont six rayons branchiostèges.

L'épaule n'offre rien de remarquable. La pectorale est de grandeur médiocre, arrondie. La dorsale commence sur l'aplomb de l'insertion de la nageoire de la poitrine; elle est peu haute, mais étendue tout le long du dos. Le premier rayon de l'anale répond au quatrième de la dorsale, et se prolonge autant qu'elle. La caudale est coupée carrément. Les ventrales sont longues; elles s'insèrent un peu en avant des pectorales, presque sous l'aplomb de la pointe de l'opercule. On ne peut cependant pas dire que le poisson soit un véritable jugulaire; car la nageoire ventrale n'est pas assez avancée. Les nageoires paires inférieures sont longues; leur pointe atteint à l'anus, et presque au bord postérieur de la pectorale. Elles sont un peu semblables à celles des pinguipes, avec lesquels le poisson décrit ici a quelques traits de ressemblance extérieure.

B. 6; D. 4/29; A. 2/21; C. 17; P. 20; V. 1/5.

Les écailles sont petites et âpres au toucher : il y en a environ quatre-vingts entre l'ouïe et la caudale. Une écaille, vue à part et à la loupe, montre que sa forme est un rectangle alongé, à bord libre, cilié; les deux côtés supérieur et inférieur sont finement striés longitudinalement, et l'éventail a onze branches. La ligne latérale suit une courbe assez semblable à celle du dos par le quart de la hauteur.

M. Gay nous a communiqué un dessin qui le peint rougeâtre, plus ou moins brun sur le dos, et d'un bel argenté sous le ventre. Des bandes brunes transversales et obliques, plus ou moins effacées sous l'argenté du corps, paraissent au nombre de cinq à six. La dorsale est brune rougeâtre; la caudale, noirâtre, a le bord terminal jaunâtre et l'inférieur finement liséré de blanc. Les autres nageoires sont jaunâtres.

Le foie de ce *latilus* est petit et séparé en deux lobes arrondis : le droit porte une vésicule de fiel étroite et très-alongée. L'estomac est un grand sac ovoïde, dont la branche montante est fort courte : il y a quatre appendices cœcales assez grosses, de longueur médiocre. L'intestin se replie deux fois, en faisant de nombreuses sinuosités; son diamètre est assez grand. Le rectum est court : il n'y a pas de vessie aérienne. Les reins forment deux longs rubans grêles, situés de chaque côté de la colonne vertébrale. Le péritoine brille d'un bel éclat d'argent mat.

Ce poisson, qui vit en petites troupes sur les côtes sablonneuses de Valparaïso nous en avait été envoyé par M. d'Orbigny sous le même nom que M. Gay lui assigne, celui de *Blanquillo*. Mais ce dernier naturaliste ajoute au dessin que nous avons pu consulter pour en décrire les couleurs, que ce poisson se nourrit de crustacés, qu'il se tient toujours au fond de l'eau, ne se montrant jamais à la surface, et qu'il est recherché à cause de la bonté de sa chair.

Nos individus sont longs de six à huit pouces; mais celui dessiné par M. Gay en avait onze.

Ce sciénoïde est remarquable; car sa tournure, la grosseur de ses yeux rapprochés sur la tête, la petitesse de sa bouche, la position avancée des ventrales, le petit nombre de rayons de la dorsale et de l'anale, l'étendue de ces deux nageoires, lui donnent un aspect fort semblable à celui des percis, avec lesquels on pourrait fort aisément le confondre. Mais on voit aussi que, par l'absence de dents au palais, il appartient aux sciénoïdes, et que par tous les autres caractères ichtyologiques il doit être placé près des *latilus*.

Page 301, après l'article de l'*amphiprion chrysopterus*, ajoutez :

L'Amphiprion de Clarck.

(*Amphiprion Clarckii*, nob.; *Anthias Clarckii*, Wittch. Bennett, fasc. VI, n.° 29.)

Le poisson figuré par M. J. Wittchurch-Bennett, pl. 29 de son Histoire des poissons de Ceilan, sous le nom d'*anthias Clarckii*, est un amphiprion offrant encore une combinaison de couleurs différentes de tous ceux que nous avons décrits. Il se rapproche de notre amphiprion chrysoptère; mais la dorsale et l'anale sont autrement colorées dans cette nouvelle espèce.

Le corps est traversé par trois bandes blanches et tranchées sur un fond pourpre foncé, presque noir. Le front, le bout du museau, le dessous de la gorge, la poitrine, la pectorale, la ventrale, la base de la queue et la caudale, sont d'une belle couleur jaune dorée; le jaune de la tête prend une teinte orangée. La dorsale et l'anale sont pourprées ou noirâtres : elles se terminent en pointe; et la caudale est légèrement échancrée.

Voici les nombres donnés par M. Bennett; mais écrits suivant notre habitude.

B. 2? — D. 10/15; A. 2/13; C. 16; P. 18; V. 1/5.

Les Cingalois nomment l'espèce *pol-kitchyah;* et M. Bennett ajoute que *pol* signifie la noix de coco. Son nom, dit-il, dérive de celui du beau moineau de Java. Le poisson est rare, atteint à peine quatre pouces ou quatre pouces et demi. Sa chair est ferme et de bon goût.

L'AMPHIPRION A DOUBLE CEINTURE.

(*Amphiprion bicinctus,* Rupp.)

Nous devons encore ajouter cette espèce de la mer Rouge, décrite et figurée par M. Ruppel, tab. 35, fig. 1.

Elle a le corps de couleur brune, avec deux bandes bleuâtres lisérées de noir : l'une descendant de la base du premier rayon de la dorsale, et traversant le bord du préopercule, une petite portion de l'opercule, et s'arrêtant sur le sous-opercule; la seconde prend naissance sous les deux derniers rayons épineux de la dorsale, et s'arrête sur les côtes de la queue, vis-à-vis de la seconde épine anale.

Voici les nombres comptés par M. Ruppel.

D. 12/15; A. 2/10.

La dorsale épineuse et le premier rayon de la ventrale sont bruns. La dorsale molle est verdâtre. La pectorale, la ventrale, l'anale et la caudale sont jaunes, plus ou moins orangées. Les lèvres sont jaunâtres.

Page 323, après l'article du *pomacentre ponctué*, ajoutez :

Le POMACENTRE PORTE-SCIE.

(*Pomacentrus pristiger*, nob.)

Nous nommerons ainsi une nouvelle espèce de Pomacentre, récemment rapportée de l'Isle-de-France par M. Lamarre-Piquot.

Elle a le corps oblong. Sa hauteur est contenue deux fois dans celle du corps, la caudale non comprise. La ligne du profil supérieur est assez arquée. Le bord postérieur du sous-orbitaire et celui du préopercule sont fortement dentelés, plus que dans aucune autre. Les nombres diffèrent également de ceux de toutes les autres espèces.

D. 12/15; A. 2/15; C. 17; P. 19; V. 1/5.

Les portions molles de la dorsale et de l'anale, et les lobes de la caudale, sont arrondis. Le premier rayon de la ventrale est prolongé en filet. La couleur a été plus ou moins brune ou bleue foncée, variée de verdâtre. La portion épineuse de la dorsale est brune, bordée de bleu noirâtre. Cette dernière teinte colore les autres nageoires.

La longueur est de cinq pouces.

Page 341. Addition à l'article du *glyphisodon rahti.*

M. Dussumier vient de rapporter un assez grand nombre d'individus de ce glyphisodon. Il nous donne les détails suivans sur ses couleurs et ses habitudes.

Le corps est d'une belle couleur jaune argentée sous le ventre, et traversé par cinq à six bandes noires. La tête et les nageoires sont verdâtres.

Ce poisson, commun à Bombay, devient long de dix pouces, et est un fort bon manger.

Le même naturaliste en a trouvé une troupe nombreuse, nageant autour d'un morceau de bois flottant dans le milieu du golfe de Bengale. Ils n'avaient tous que deux pouces de longueur.

Nous croyons encore devoir rapporter à ce rahte le *Chétodon Tyrwhitti,* décrit et figuré par M. Wittchurch-Bennett dans le fascicule V, pl. 29, des poissons de Ceilan, quoique l'auteur indique des nombres un peu différens de tous ceux que nous comptons dans ces espèces si voisines les unes des autres. Les couleurs, la position des bandes, conviennent parfaitement à ce que la nature nous offre; le poisson de M. Bennett aurait cependant quelques taches noires éparses et irrégulières sur le corps. Les Cingalois nomment cette espèce *Radeya;* elle remonte dans les rivières assez loin de leur embouchure, comme le font communément dans nos fleuves des pleuronectes, tels que les flets, les soles, les limandes et beaucoup d'autres poissons.

On devra toutefois ajouter ce chétodon à la liste des glyphisodons, si les nombres ont été comptés exactement.

Page 348. Addition à l'article du *glyphisodon cœlestinus*.

Nous devons encore au zèle infatigable de M. Dussumier les observations suivantes sur ce beau glyphisodon des mers de l'Inde. Elles ajoutent à ce que nous en savions .déjà, que ce poisson abonde aux Séchelles, qu'on l'y nomme *macondé*, que sa chair est délicate et saine. Il se prend très-difficilement à l'hameçon, mais communément au filet. Sa taille n'excède pas cinq à six pouces.

Page 356. Addition à l'article du *glyphisodon luridus*.

Ce glyphisodon vit effectivement sur les côtes de l'île de Madère. M. Cuvier a exposé dans la collection du Muséum de beaux échantillons de cette espèce, provenant de la collection faite à Madère, et qu'on lui a donnés pendant son dernier séjour à Londres. Comme ils ont encore conservé leurs couleurs, nous pouvons rectifier notre description en ce qui les concerne.

Le corps paraît avoir été brun rougeâtre, avec le bord de chaque écaille d'une nuance plus claire. Une tache d'un beau bleu entoure toute l'aisselle, et paraît au-dessus de l'angle de la pectorale. Des points de la même couleur sont épars sur la base de la nageoire et sur le devant de la poitrine : on en voit de plus brillans sur le front et tout autour de l'œil. Deux petits traits déliés sont tracés au-devant de l'œil, l'un au-dessus et l'autre au-dessous dès deux ouvertures de la narine.

Les nageoires sont un peu plus foncées que le corps. Le rayon épineux de la ventrale et la seconde moitié du premier rayon mou sont de la couleur de l'aisselle de la pectorale.

Page 371, après l'article de l'*héliase chauffe-soleil*, ajoutez :

L'Héliase castagnette.

(*Heliases crusma*, nob.; *Castañeta*, Gay, notes manuscrites.)

M. Gay vient de rapporter de la côte du Chili un héliase tellement semblable à celui de la Martinique, que nous ne l'en distinguons qu'avec doute.

Deux individus, longs de cinq pouces et demi, rapportés de Valparaïso, offrent les mêmes proportions, la même courbure rentrante sur le bord du préopercule; mais des nombres de rayons à l'anale un peu différens.

B. 6; D. 13/12; A. 2/11, etc.

La caudale est plus fourchue, et les lobes de la dorsale et de l'anale sont plus arrondis.

Un autre individu plus grand, car il a huit pouces de longueur, vient de l'île Juan-Fernandez.

Sa forme générale est la même que celle des précédens; mais celui-ci a le bord vertical du préopercule droit et sans courbure rentrante; son angle est plus aigu. La dorsale molle est plus aiguë, le lobe supérieur de la caudale plus pointu et plus prolongé; ce qui rend la nageoire un peu plus fourchue encore. Ses nombres diffèrent aussi des autres.

B. 6; D. 12/13; A. 2/12, etc.

La couleur des trois individus est absolument la même. M. Gay nous a communiqué le dessin d'un de ceux de Valparaïso; il le représente bleu ardoisé sur le corps, le dos étant très-foncé, presque noir, et le ventre argenté. Les nageoires ont quelques teintes verdâtres. L'iris de l'œil est orangé.

Le nom de ce poisson, sur la côte du Chili, est *Castañeta*. Nous ne trouvons aucune autre note sur ces poissons.

Malgré leur affinité avec celui de la Martinique, nous ne les croyons pas de la même espèce; mais nous avouons que nous manquons de données suffisantes pour les caractériser nettement.

Nous prenons occasion de ces nouvelles recherches pour faire observer à nos lecteurs que le nombre des rayons branchiaux du chauffe-soleil est, comme dans celui de Valparaïso, de six, et non pas de cinq, ainsi qu'il a été marqué, sans doute par une faute d'impression; je l'ai vérifié de nouveau.

*L'*Héliase bordé.

(*Heliases limbatus,* nob.)

Mais nous ajoutons aux espèces du genre héliase une nouvelle bien caractérisée et originaire de Madère; c'est encore une de ces jolies espèces données à M. Cuvier, et que mon illustre maître a déposées dans les galeries du Muséum.

Elle est un peu plus alongée que le chauffe-soleil; sa hauteur fait le tiers de la longueur totale. Le sous-orbitaire est étroit et sans dentelure; celui du préopercule n'en a pas non plus, mais il est un peu rugueux.

B. 6; D. 14/11; A. 2/11; C. 17; P. 17; V. 1/5.

La dorsale et l'anale sont légèrement arrondies; la caudale profondément échancrée, et les ventrales terminées en fil assez délié. Le nombre des rayons branchiostèges est de six.

Les écailles sont grandes, minces : on en compte vingt-neuf à trente entre l'ouïe et la caudale. La couleur paraît avoir été rougeâtre, glacée d'argent sur les parties inférieures. Le dessous de l'œil, de la mâchoire inférieure et de la poitrine est plus blanc et plus brillant. La dorsale a sa portion épineuse et les quatre premiers rayons mous bordés de noir; le reste de la portion molle est blanc. L'anale a la même disposition de couleur. Le noir fait une large bordure sur les deux épines qui sont fortes, et sur les sept rayons mous antérieurs; les quatre derniers rayons sont blancs. La caudale a une large bordure noire sur chaque lobe, et le centre du croissant blanc. Les pectorales et les ventrales sont toutes blanches.

L'individu est long de quatre pouces.

FIN DU TOME NEUVIÈME.

AVIS AU RELIEUR

POUR PLACER LES PLANCHES.

9.

---

[1] Les planches sous les numéros 248, 249, 250, 257 à 279, seront publiées avec le 10.ᵉ volume.